普通高等教育“十二五”工程训练系列规划教材
国家级精品课程教材
国家级精品资源共享课程教材

工程训练简明教程

主　编　朱华炳　田　杰
副主编　席　赟　王连超　张文祥
参　编　阚绪平　胡友树　周建峰　彭　婧
　　　　张　晔　任祥东　吴　炜　李小蕴
主　审　傅水根

机械工业出版社

本书为国家级精品课程、国家级精品资源共享课程的配套教材。本书介绍了工程材料及其成形技术、机械加工、特种加工等制造工程中常用的加工方法及设备。本书保留传统的机械制造工艺方法的内容，增加了部分现代生产工艺和设备知识、生产环境及其保护和安全知识。本书注重学生的综合工程能力与创新能力的培养。

本书可作为普通高等院校非机类、理科类和文科类学生的工程训练指导用书，也可作为相关专业教师及技术人员参考书。

图书在版编目（CIP）数据

工程训练简明教程/朱华炳，田杰主编. —北京：机械工业出版社，2014.11（2023.9 重印）

普通高等教育“十二五”工程训练系列规划教材　国家级精品课程教材　国家级精品资源共享课程教材

ISBN 978-7-111-48198-0

Ⅰ.①工…　Ⅱ.①朱…②田…　Ⅲ.①机械制造工艺-高等学校-教材　Ⅳ.①TH16

中国版本图书馆 CIP 数据核字（2014）第 230719 号

机械工业出版社（北京市百万庄大街 22 号　邮政编码 100037）

策划编辑：丁昕祯　责任编辑：丁昕祯

版式设计：霍永明　责任校对：路清双

封面设计：张　静　责任印制：李　昂

北京捷迅佳彩印刷有限公司印刷

2023 年 9 月第 1 版第 7 次印刷

184mm×260mm · 11 印张 · 244 千字

标准书号：ISBN 978-7-111-48198-0

定价：35.00 元

电话服务	网络服务
客服电话：010-88361066	机　工　官　网：www.cmpbook.com
010-88379833	机　工　官　博：weibo.com/cmp1952
010-68326294	金　书　网：www.golden-book.com
封底无防伪标均为盗版	机工教育服务网：www.cmpedu.com

前 言

工程训练是高等学校培养学生工程意识和实践能力的重要环节。工程训练课程不同于一般的专业课程，也不同于金工实习，课程定位是提高动手能力，转变思维方式。工程训练是以通识性、实践性、综合性和创新性为特点，在现代教育技术和先进制造技术相融合的准工业环境中，让学生学习工艺知识，了解工业过程，体验工程文化，培养实践能力。

2014 年 1 月出版的《制造技术工程训练》（978-7-111-45160-0）是面向高等学校机械类和近机类本科生的工程训练教材，本简明教程为非机类、理科类和文科类学生编写。教程内容以介绍机械制造基本工艺知识为主，同时选择性介绍部分先进制造技术、工业生产环境及其保护和安全生产知识。不同专业应根据其培养目标和培养要求选用相关内容。

本书共分 10 章，包含工程材料及其成形技术、机械加工、特种加工等制造工程中常用的加工方法及装备。全书由合肥工业大学朱华炳、田杰担任主编，参与编写的有合肥工业大学王连超（第 1 章），席赟（第 2 章），吴炜（第 3 章），李小蕴（第 4 章），周建峰、阚绪平（第 5 章），胡友树（第 6 章），朱华炳、张文祥（第 7 章），彭婧、张晔（第 8 章），任祥东（第 9 章），阚绪平、田杰（第 10 章）。合肥工业大学桂贵生教授参加全书的策划、组织及统稿，全书由清华大学傅水根教授主审，对两位教授的辛勤劳动一并致谢。

限于编者水平有限，本书难免存在谬误和不足之处，敬请读者批评指正。

编　者

目　录

第1章 工程材料及金属热处理

本章导读

工程上用的材料简称工程材料，例如机器零部件材料、汽车零部件材料、建筑材料等。对工程材料的基本要求是：能承受一定的载荷，经久耐用，易于获取，便于加工处理，对环境无污染，价格低廉。

金属材料是重要的工程材料，约占各种机械设备材料使用量的80%以上，金属材料包括钢铁材料（黑色金属）和非铁金属材料（有色金属）两种。钢和铁不要混为一谈，其化学成分和力学性能是不同的。

为了改善金属材料的力学性能和加工性能，常采用热处理方法，通常称为四把火，即退火和正火，淬火与回火。例如菜刀的刃口应有一定的强度和硬度，切硬的食材时出现卷口或崩口现象，这是由于刃口钢火太嫩或钢火太大所致（指硬度不足或过高）。

为了提高金属材料的耐蚀性，常对零件表面进行处理，如电镀、发蓝等。

除金属材料还有非金属材料、复合材料，如塑料、橡胶、陶瓷、金属陶瓷、玻璃钢等，复合材料由于性能优越，广泛应用于喷气机的机翼、尾冀，直升机的螺旋桨，发动机的油嘴等结构零件上。

实训目的与要求

1）了解常用金属材料的种类、牌号、性能及用途。

2）了解金属热处理的作用及钢铁材料常用热处理的方法。

3）了解钢铁材料常用表面处理方法。

4）初步了解塑料、橡胶、陶瓷材料的性能及用途。

5）初步了解复合材料的性能特点及其发展趋势。

6）了解热处理环境保护及安全操作知识。

1.1 概述

工程材料是指制造工程构件和机器零件用的材料。工程材料分为金属材料、有机高分子材料、无机非金属材料（陶瓷）和复合材料四类，如图 1-1 所示。

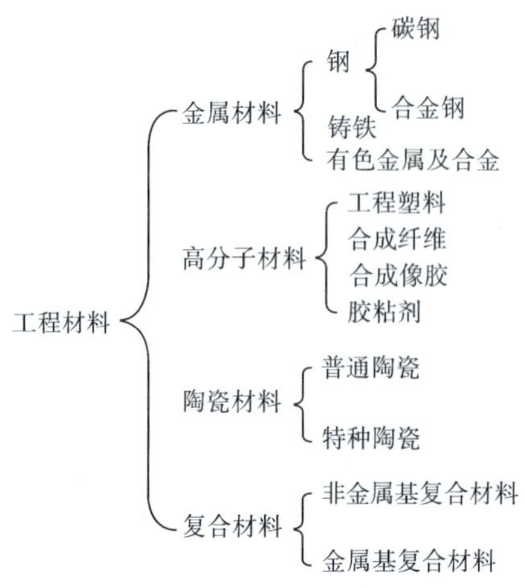

图 1-1　工程材料分类

1.2　金属材料

金属材料包括钢铁材料和非铁金属材料两种。金属材料来源丰富，性能优良，约占各种机械设备材料使用量的 80% 以上，是重要的工程材料。

1.2.1　金属材料的基本性能

金属材料的基本性能包括力学性能、工艺性能、物理性能和化学性能。

1. 金属材料的力学性能

金属材料在外力作用下所表现出的各项性能指标统称为金属材料的力学性能。主要指标有：强度、硬度、塑性、冲击韧度和疲劳强度等。力学性能是零件设计计算、选择材料、工艺评定以及材料检验的主要依据。

（1）强度　评价材料强度和塑性最简单有效的方法是拉伸试验。拉伸试验是用静拉伸力对标准拉伸试样进行缓慢的轴向拉伸，直至试样被拉断为止的一种试验方法。拉伸试样如图 1-2 所示。

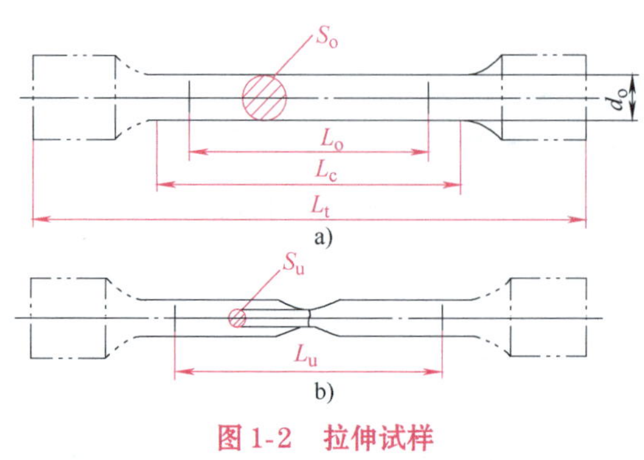

图 1-2　拉伸试样

a）拉伸前　b）拉伸后

材料在拉断前所承受的最大力为 F_m，材料在拉断前所承受的最大拉应力称为抗拉强度，用 R_m 表示。R_m 越大，说明材料抵抗破坏的能力越强。

（2）塑性　金属材料在外力的作用下产生永久变形（塑性变形）而不断裂的能力称为塑性。金属材料在被拉伸到一定程度时，长度和横截面都会发生变化，因此，金属的塑性可以用断后伸长率 A 和截面收缩率 Z 来评定。

断后伸长率和截面收缩率越大，表示材料的塑性越好，即材料承受较大的塑性变形而不被破坏。一般把断后伸长率大于5%的金属称为塑性材料（如低碳钢等），而把断后伸长率小于5%的金属称为脆性材料（如灰铸铁等）。

（3）硬度　金属材料抵抗其他更硬的物体压入其表面的能力称为硬度。硬度反映金属材料表面抵抗局部塑性变形、压痕或划痕的能力。由于大多数常用钢材的强度和硬度之间有一个近似比例关系，根据硬度可以近似估计材料的抗拉强度。目前，用于测量材料硬度的方法有三种：布氏硬度法、洛氏硬度法和维氏硬度法。

1）布氏硬度。用硬质合金钢球作为压头，根据被测材料的种类、硬度范围和试样厚度的不同，选择不同直径的压头、试验力、保持时间等参数。布氏硬度用HBW表示，如350HBW5/70，表示5mm的硬质合金球在7.335kN试验力下保持10～15s，测得的布氏硬度值为350。

2）洛氏硬度。用顶角为120°的金刚石锥体或直径为1.58mm的淬火钢球作为压头。卸载后，测量残余压痕深度。实际操作中，洛氏硬度值可以直接在硬度试验机的表盘上读出。由于压头和施加试验力的不同，洛氏硬度有多种标尺，常用的有HRA、HRC、HRB。各种洛氏硬度标尺的试验条件和应用范围见表1-1。

表1-1　洛氏硬度标尺的试验条件和应用范围

洛氏硬度	压头类型	总试验力/N	测量范围	应用举例
HRA	120°金刚石	588.4	20～88HRA	高硬度表面
HRB	直径1.588mm球	980.7	20～100HRB	软钢、灰铸铁、有色金属
HRC	120°金刚石圆锥	1471	20～70HRC	淬火回火钢

在中等硬度情况下，洛氏硬度HRC与布氏硬度HBW之比约为1∶10，例如40HRC相当于400HBW左右。洛氏硬度的优点是操作简单、压痕很小、适用范围广，缺点是测量结果分散大。

3）维氏硬度（HV）。试验原理与布氏硬度试验相似，也是以压痕单位表面积所承受试验力大小来计算硬度值。它是用一个相对面夹角为136°的金刚石正四棱锥体压头，在规定载荷 F 的作用下压入被测金属表面，保持一定时间后卸除载荷，然后再测压痕的两对角线长度的平均值 d 来计算硬度，维氏硬度用符号HV表示，符号前面的数字为硬度值，后面的数字按顺序分别表示载荷值及载荷保持时间。一般用于测量氮化层等硬度。

维氏硬度试验所用载荷小，压痕深度浅，适用于零件薄的表面硬化层、金属镀层及薄片金属硬度的测量。因压头为金刚石四棱锥，载荷可调范围大，故对软、硬材料均适用，测定范围为0～1000HV。

1

(4) 冲击韧性　冲击韧性是材料抵抗冲击载荷作用的能力，一般用材料单位横截面积的冲击消耗能量——冲击韧度 a_k 作为冲击韧性指标。一般将冲击韧性低的材料称为脆性材料，冲击韧性高的材料称为韧性材料。前者在断裂前无明显塑性变形，断口较平整，呈晶状或瓷状，有金属光泽；后者在断裂前有明显塑性变形，断口呈纤维状。

2. 金属材料的工艺性能

金属材料通过各种加工方法被制造成零件或产品，材料对各种加工方法的适应性称为材料的工艺性能。主要工艺性能有：

(1) 铸造性能　金属材料通过铸造方法制成优质铸件的难易程度。其影响因素主要包括材料的流动性和收缩性，材料的流动性越高，收缩性越小，则铸造件能越好。

(2) 锻压性能　金属材料在锻压加工过程中获得优良锻压件的难易程度。它与金属材料的塑性及变形抗力有关。材料的塑性越高，变形抗力越小，则锻压性能越好。

(3) 焊接性能　金属材料在一定焊接工艺条件下，获得优质焊接接头的难易程度，其影响因素包括材料的成分、焊接方法、工艺条件等。

(4) 热处理性能　金属材料在改变温度和冷却中获得所需要的结构和性能的能力。对钢而言，常指淬透性、淬硬性、回火脆性及产生裂纹的倾向性等。

(5) 切削加工性能　用刀具切削加工金属材料的难易程度。材料切削加工性能的好坏主要体现在切削速度、已加工表面质量、切屑的控制或断屑的难易、切削力等。影响材料切削加工性能的主要因素是材料的物理性能、化学成分和金相组织等。

3. 金属材料的物理性能和化学性能

(1) 物理性能　金属材料的物理性能是指金属材料对自然界各种物理现象，如温度变化、地球引力等所引起的反应。主要包括密度、熔点、导热性、导电性、磁性、热膨胀性等。

(2) 化学性能　金属材料的化学性能主要是指在常温或高温时，抵抗各种活泼介质化学侵蚀的能力，即金属材料的化学稳定性，包含抗氧化性和耐蚀性。

1.2.2　钢、铸铁材料

钢铁材料按碳的含量（质量分数）一般分为三大类：

1）工业纯铁（$w_C \leqslant 0.0218\%$），一般不用来制造机械零件。

2）钢（$0.0218\% < w_C \leqslant 2.11\%$）。

3）铸铁（$2.11\% < w_C \leqslant 6.69\%$）。

1. 钢

(1) 钢的分类

1）按化学成分可分为非合金钢（即碳素钢）、低合金钢和合金钢。

① 非合金钢（碳素钢）分为低碳钢（$w_C \leqslant 0.25\%$）、中碳钢（$0.25\% < w_C \leqslant 0.6\%$）、高碳钢（$w_C > 0.6\%$）。

② 低合金钢、合金钢按合金元素含量（质量分数）划分，其界限值在相关标准中进行了规定。

2）按使用特性可分为结构钢、工具钢和特殊性能钢。

① 结构钢主要用来制造各种工程构件（如桥梁、船舶、建筑等的构件）和机器零件，一般属于低碳钢和中碳钢。

② 工具钢主要用来制造各种刃具、量具、模具，这类钢碳的质量分数较高，一般属于高碳钢。

③ 特殊性能钢指具有特殊物理、化学性能的钢，这类钢主要有不锈钢、耐热钢、耐磨钢，一般属于合金钢。

（2）非合金钢（碳素钢）的牌号、主要性能及用途　常用非合金钢（碳钢）的牌号、主要性能及用途见表1-2。

表1-2　非合金钢的牌号、主要性能及用途

分类	牌号及含义		性能与应用范围	应用举例
	牌号举例	含　义		
碳素结构钢	Q235AF	Q表示“屈”字汉语拼音字首，235表示屈服强度值，A表示质量等级。F表示沸腾钢	普通碳素结构钢的焊接性能好而强度不高，一般用于制造受力不大的机械零件	钢筋、套环、桥梁、高压线塔、建筑构件
优质碳素结构钢	08～25	优质碳素结构钢的牌号是用两位数表示平均碳的质量分数的万分比。45钢表示碳的质量分数为0.45%	塑性、韧性较好，主要用于制作较重要的机械零件。该类钢一般都要经过热处理，以提高其力学性能	壳体、容器
	30～50			轴、齿轮、连杆
	60以上			轧辊、弹簧、钢丝绳、偏心轮
碳素工具钢	T7，T7A T8，T8A	常用的碳素工具钢牌号中“T”是“碳”的汉语拼音字首，数字表示平均碳质量千分数。若为高级优质碳素工具钢，则在其牌号后加字母“A”	经淬火、低温回火后具有高的硬度、耐磨性；但塑性较低，淬透性低，易变形。碳素工具钢主要用于制造截面较小、形状简单的各种低速切削刀具、量具和模具	冲头、錾子、手钳、锤子
	T9，T9A T10，T10A			板牙、丝锥、钻头、车刀
	T12，T12A T13，T13A			刮刀、锉刀、量具

（3）低合金高强度结构钢的牌号、主要性能及用途　低合金高强度结构钢是一种合金元素含量较少、强度较高的工程用钢，价格与普通碳素结构钢相近，但强度比一般低碳结构钢高10%～30%，且具有良好的塑性（截面收缩率$Z>20\%$）和焊接性能，便于冲压或焊接成形。低合金高强度结构钢主要用于各种受力的工程结构。

低合金高强度结构钢的牌号表示方法与碳素结构钢相同，即以字母“Q”开始，后面以3位数字表示最低屈服强度，最后以符号表示其质量等级。如Q345A表示屈服强度不低于345MPa的A级低合金高强度钢。常用低合金高强度钢的牌号、化学成分、力学性能见表1-3。

（4）合金钢的分类及牌号　合金钢是在碳钢的基础上加入某些合金元素所获得的高性能钢种。按合金钢用途可分为合金结构钢、合金工具钢、特殊性能钢。合金钢的牌号表示方法见表1-4。

表 1-3 常用低合金高强度钢的牌号、化学成分、力学性能

牌号	相应旧牌号举例	化学成分（质量分数）（%）						力学性能		应用举例
		C	Mn	V	Nb	Ti	Ni	R_{eL}/MPa	A（%）	
Q345（A，B，C，D，E）	16Mn、12MnV	≤0.20	≤1.70	0.15	0.07	0.2	0.5	345	20	桥梁、船舶、压力容器、车辆
Q390（A，B，C，D，E）	15MnV，15MnTi	≤0.20	≤1.70	0.2	0.07	0.2	0.5	390	20	桥梁、船舶、压力容器、起重机
Q420（A，B，C，D，E）	15MnVN，15MnVTiRe	≤0.20	≤1.70	0.2	0.07	0.2	0.8	420	19	桥梁、船舶、高压容器
Q460（C，D，E）		≤0.20	≤1.80	0.2	0.11	0.2	0.8	460	17	大型桥梁、大型船舶、高压容器

表 1-4 合金钢的牌号表示方法

分类	牌号表示方法	举例
合金结构钢	“数字”+“合金元素符号”+“数字”三部分组成。前两位数字表示钢中平均碳质量万分数，其后的数字表示该元素平均质量百分数，当其平均质量分数小于1.5%时，只需写出元素符号；高级优质钢在钢号最后加“A“。易切削钢前面加“Y”，滚动轴承钢在钢号前面加“G”，铬质量分数用千分数表示。其中低合金高强度钢牌号的新标准表示方法与普通碳素结构钢相同	渗碳钢：20Cr、20Mn2、20CrMnTi、20Cr2Ni4、18Cr2Ni4WA 合金调质钢：40CrMn、38CrMoAl、40CrNiMoA、25Cr2Ni4WA 合金弹簧钢：65Mn、60Si2Mn、55SiMnVB 滚动轴承钢：GCr15、GCr15SiMn
合金工具钢	碳的平均质量分数小于1%时，用一位数字表示平均质量分数的千分数；如平均碳质量分数不小于1%时，则不标出其质量分数。合金元素含量的表示方法与合金结构钢相同	低合金刀具钢：9SiCr、CrWMn、9Mn2V 高速工具钢：W18Cr4V、W6Mo5Cr4V2 合金冷作模具钢：Cr12MoV、Cr4W2MoV 合金热作模具钢：5CrNiMo、3Cr2W8V 合金量具钢：CrWMn、GCr15、9Cr18
特殊性能钢	牌号前面的两位数字表示平均碳含量的质量分数（万分之几表示）。但当平均质量分数不大于0.003%，用三位数字（十万分之几表示）。合金元素含量的表示方法与合金结构钢相同	不锈钢：20Cr13、40Cr13、12Cr13、10Cr17Ti 耐热钢：06Cr18Ni11Ti、14Cr11MoV 耐磨钢：ZGMn13

2. 铸铁

铸铁是碳的质量分数大于2.11%的铁碳合金。一般含有硅、锰元素及磷、硫等杂质。铸铁在工业生产上应用比较广泛，与碳钢比较，其力学性能相对较差，但具有优良的减震性、耐磨性、切削加工性和铸造性能，生产成本也比较低。

1）根据碳在铸铁中存在的形式可分为白口铸铁、灰铸铁和麻口铸铁。

① 白口铸铁中的碳完全以渗碳体的形式存在，断口呈银白色，硬而脆，难以进行切

削加工。一般用于不需加工但需耐磨且要求较高硬度的零件，如铧犁、球磨机的磨球、轧辊等。

② 灰铸铁中的碳大部分以片状石墨形式存在，断口呈暗灰色，工业应用比较广泛。

③ 麻口铸铁中的碳以石墨和渗碳体的混合形式存在，断口呈灰白相间的麻点状，脆性较大。

2）根据石墨在铸铁中的形状可分为普通灰铸铁、球墨铸铁和可锻铸铁。

① 普通灰铸铁中的石墨呈片状，抗压强度明显大于抗拉强度，同时还具有良好的切削加工性、减振性、吸振性等特点。它还具有熔点低、流动性好、收缩量小等优点，因此铸造性能良好。

② 球墨铸铁中的碳主要以球状石墨形式存在，是在铸铁液中加球化剂进行球化处理获得的。球墨铸铁既有灰铸铁的优点，又具有较高的强度和一定的塑性和韧性，因此，综合力学性能优越。

③ 可锻铸铁是由白口铸铁经过长时间石墨化退火而获得的，具有团絮状石墨的铸铁。它具有较好的强度、塑性和韧性。

常用铸铁的牌号、性能及应用见表 1-5。

表 1-5　常用铸铁的牌号、性能及应用

分　类	牌　号		性　能	应用举例
	牌号举例	说　明		
灰铸铁	HT100 HT200 HT300 HT350	HT + 数字。“HT” 表示灰铸铁代号。数字表示最低抗拉强度	铸造性、减振性、耐磨性、切削加工性优异	机床床身、各种箱体、壳体、泵体、缸体等
球墨铸铁	QT400-15 QT600-3	QT + 两组数字。“QT” 表示球墨铸铁代号。第一组数字表示最低抗拉强度值；第二组数字表示最低断后伸长率值	比灰铸铁的力学性能优良；可进行各种热处理；可制造承受振动、载荷大的零件	汽车、拖拉机的曲轴、连杆、传动齿轮等
可锻铸铁	KTH300-06	KTH、KTB、KTZ 分别为黑心、白心、珠光体可锻铸铁代号；第一组数字表示最低抗拉强度值；第二组数字表示最低断后伸长率值	塑性好、韧性好、耐腐蚀性较高	汽车、拖拉机的前后轮壳、管接头、低压阀门等
蠕墨铸铁	RuT260	RuT + 一组数字；“RuT” 表示蠕墨铸铁代号数字表示最低抗拉强度值	强度、塑性和抗疲劳性能优于灰铸铁	钢锭模、玻璃模具、柴油机汽缸、汽缸盖、排气阀、耐压泵的泵体

1.2.3 非铁金属材料

通常把钢铁以外的金属称为非铁金属，也称为有色金属。非铁金属中，密度小于 4.5g/cm^3 的（铝、镁等）称为轻金属，密度大于 4.5g/cm^3 的（铜、镍、铅等）称为重金属，非铁金属还包括难熔金属、贵金属等。非铁金属的产量和用量虽不如钢铁，但其具有许多特殊性能，它是现代工业，特别是国防工业不可缺少的材料。常用的非铁金属材料有铜及铜合金、铝及铝合金等。

1. 铜及铜合金

铜和铜合金是人类最早发现和使用的金属材料之一，由于铜及铜合金具有良好的导电性、导热性、抗磁性、耐蚀性和工艺性，故在电气工业、仪表工业、造船业及机械制造业中得到了广泛应用。

（1）工业纯铜　工业上使用的纯铜是玫瑰红色的金属，表面形成的氧化亚铜呈紫色，故称为紫铜。纯铜的密度为 8.93g/cm^3，熔点 1083℃。退火状态下的力学性能：R_m = 240MPa，HBW = 35，A = 45%。纯铜具有良好的导电性、导热性、抗磁性、耐蚀性和塑性。纯铜在电气、动力机械和仪器仪表工业中获得广泛的应用。

工业纯铜的牌号使用“铜”的汉语拼音字首“T”和随后的一位数字表示。如 T1、T2、T3 等，数字越大，铜的纯度越低。

（2）铜合金　铜合金按化学成分分为黄铜、青铜和白铜。

1）黄铜是以锌为主加元素构成的铜基合金。用“H”表示，如 H68，表示 w_{Cu} = 68%，w_{Zn} = 32% 的黄铜。HPb59-1 表示 w_{Cu} = 59%，w_{Pb} = 1%，其余为锌的黄铜。

2）青铜是以锡、铝、硅、铍等为主加元素构成的铜基合金。青铜的牌号采用“Q + 主加元素符号 + 主加元素的质量分数”表示。如 QSn10-1 表示 w_{Sn} = 10%，附加元素质量分数 1%，w_{Cu} = 89% 的青铜。锡青铜的力学性能随含锡量的变化而变化，w_{Sn} < 8% 时，具有较好的塑性，适用于压力加工；w_{Sn} > 10% 时，塑性低，只适合铸造。锡青铜主要制造轴承、衬套、涡轮、螺母等耐磨件。

3）白铜是以镍为主加元素的铜合金。其牌号采用“B”和后面的数字表示，数字表示镍的平均质量分数。如添加第三种元素，则在 B 字后面增加该元素的化学符号和平均质量分数。如 B19 表示 w_{Ni} = 19% 的普通白铜；BM3-12 表示 w_{Ni} = 3% 和 w_{Mn} = 12% 的锰白铜。

2. 铝及铝合金

（1）纯铝　纯铝为银白色，密度为 2.72g/cm^3，熔点 660℃。力学性能：R_m = 90MPa，HBW = 28，A = 38%。导电性好、导热性好、耐蚀性能好、塑性好、强度低。可制造板材、箔材、线材、带材及型材。纯铝是配制铝合金的主要材料。根据 GB/T3190—2008 规定，工业高纯铝牌号有 1A30、1A50、1A99 等，其中“1”表示纯铝，“A”表示原始纯铝，最后两位数字表示铝的纯度。工业纯铝牌号有 1070A、1050A、1060A 等，后两位数字直接表示铝的纯度，末尾数字“A”表示优质纯铝。

（2）铝合金　通过在纯铝中添加一定量的合金元素制成铝合金，铝合金的强度比纯铝高。根据铝合金的成分和生产加工方法，铝合金分为变形铝合金和铸造铝合金两类。

1）变形铝合金分为防锈铝合金、硬铝合金、超硬铝合金和锻铝合金。其牌号用四位字符体系表示。牌号的第一、第三、第四位为数字，第二位 A 为字母。第一位数字是依主要合金元素 Cu、Mn、Si、Mg、Zn 等的顺序来表示变形铝合金的组别。最后两位数字用以标识同一组别中的不同铝合金。

① 防锈铝合金强度比纯铝高，具有良好的耐蚀性、塑性和可焊性，但切削性能较差。主要有 5A50、3A21 等牌号。

② 硬铝合金主要是 Al—Cu—Mg 系合金，它由于强度和硬度高，所以称为硬铝。主要有 2A01、2A11 等牌号。

③ 超硬铝合金是在硬铝合金的基础上添加锌元素制备而成。由于具有强烈的时效强化效果，强度超过硬铝。主要有 7A04 等牌号。

④ 锻铝合金的合金元素含量较少，在加热状态下具有良好的塑性和耐热性，锻造性能好，所以称之为锻造铝合金。主要有 6A02、2A50、2A14 等牌号。

2）铸造铝合金用“ZL”加三位数字表示，如 ZL107 等。分成铝硅、铝铜、铝镁及铝锌等四大系列，其铸造性能好，导热性及耐蚀性较好，又具有一定的强度，可用于制造形状较复杂、要求导热、耐蚀性较高的结构件和零件。

1.3　钢、铸铁材料的热处理

所谓热处理就是将固态金属材料通过加热、保温和冷却，改变其组织结构和性能的一种工艺方法，在机械制造业中被广泛应用。热处理的目的是提高零件的性能，充分发挥材料的潜力，延长零件的使用寿命。此外，热处理还可以改善工件的工艺性能，提高加工质量，减少刀具磨损。热处理工艺过程的温度-时间关系曲线示意图如图 1-3 所示。

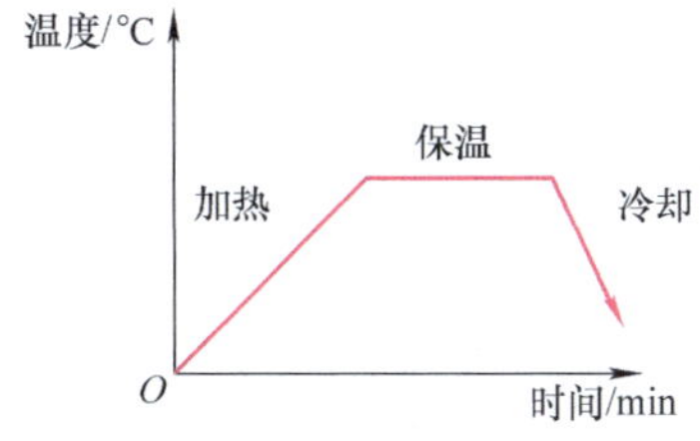

图 1-3　热处理工艺过程的温度-时间关系曲线示意图

热处理之所以能使钢的力学性能发生变化，其根本原因是铁具有同素异构转变现象，所以，钢铁在加热和冷却的过程中组织和结构发生变化，因而由材料的组织结构所决定的性能也随之发生改变。

根据加热和冷却的方法不同，将热处理分为普通热处理和表面热处理。常用的普通热处理方法有正火、退火、淬火和回火。表面热处理有表面淬火和化学热处理。

1.3.1 普通热处理

1. 退火

退火是将工件加热到某一合适温度，保温一定时间，然后缓慢冷却（通常是随炉冷却，也可埋入导热性较差的介质中冷却）的一种工艺方法。根据退火的工艺特点和目的的不同，退火工艺可分为完全退火、等温退火、球化退火、去应力退火等。

退火的目的是降低硬度，便于切削加工；细化晶粒、改善组织，提高力学性能；消除内应力，并为后续热处理做好组织准备。

退火主要适用于各类铸件、锻件、焊接件和冲压件，退火一般是机械加工及其他热处理工序之前的预备热处理工序。

2. 正火

正火是将工件加热到某一温度，碳钢一般加热到780～900℃，保温一定时间后，出炉在空气中冷却的一种工艺方法。正火的主要目的是改善切削加工性能，与退火相比，其生产效率高、成本低。对于形状复杂、截面有急剧变化的结构件，淬火时易变形、开裂，在保证性能的前提下，可用正火代替淬火作为最终热处理。

3. 淬火

淬火是将钢件加热到某一合适温度，保温后在淬火介质中冷却的热处理工艺。淬火可提高钢的硬度和耐磨性，如工具、模具、滚动轴承等。最常用的淬火介质有水、油、盐溶液和碱溶液及其他合成淬火介质。淬火冷却的基本要求是，既要使工件淬硬，又要避免产生变形和开裂。因此，选用合适的淬火介质十分重要，碳钢淬火一般用水或盐水冷却，合金钢淬火则用油冷却。

4. 回火

工件经淬火后硬度、强度及耐磨性都有显著提高，而脆性增加，并产生很大的内应力，为了降低脆性、消除内应力必须进行回火。回火是把淬过火的工件重新加热到某一温度，保温一定时间后，冷却到室温的一种工艺方法。由于回火温度决定钢的组织和性能，所以生产中一般以工件所需的硬度来决定回火温度。根据回火温度的不同，通常将回火分为低温回火、中温回火和高温回火。

调质处理是淬火加高温回火。调质处理后的力学性能与正火相比，不仅强度高，而且塑性和韧性也较好，具有良好的综合力学性能。对许多重要的机械零件，如连杆、齿轮及轴等零件进行调质处理。中碳钢经调质处理后的硬度一般为200～300HBW。

1.3.2 表面热处理

有些零件要求工作表面具有高的硬度和耐磨性，而心部要有较好的塑性和韧性，如齿轮、传动轴。这类零件大多需要表面热处理。表面热处理主要有表面淬火和表面化学热处理。

1. 表面淬火

表面淬火是指将工件表层快速加热到一定温度状态，热量未传到工件心部时，立即采用某种介质冷却，使表面层组织发生改变，而心部仍然保持原来组织状态的热处理工艺。根据淬火加热方式的不同分为感应淬火、火焰淬火和激光淬火。

(1) 感应淬火 将工件放在通有一定频率交流电的感应线圈内，利用工件内部产生的涡流（感应电流）加热工件，然后淬火冷却的热处理工艺。感应淬火的原理如图1-4所示。

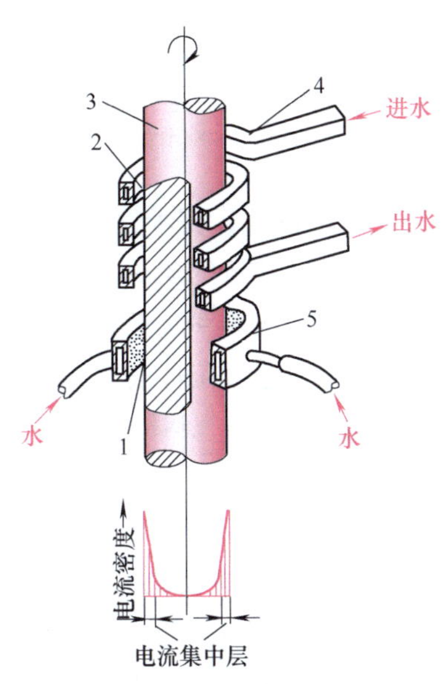

图1-4 感应淬火的原理

1—加热淬硬层 2—间隙 3—工件 4—加热感应圈 5—淬火喷水套

由于工件产生的涡流具有“趋肤效应”，即工件表面电流密度大，心部的电流密度小，很快将工件表面层加热到淬火温度，可工件心部的温度变化不大，随后水冷（或油等其他介质），工件表面层被淬硬，而心部保持原状。交流电的频率越高，工件表面电流密度越大，加热层越薄，所需时间也越短，淬火硬化层也薄。为了得到不同的淬硬层深度，采用不同频率的电流进行加热。

感应淬火后必须进行回火，可以低温回火（180～200℃）或采用自回火，即当淬火冷却到200℃时停止喷水，利用工件的余热达到回火的目的。

感应淬火的特点是：加热速度快，淬火质量高；淬硬层厚度容易控制，易于实现自动化。

(2) 火焰淬火 火焰淬火是利用乙炔-氧或煤气-氧的混合气体燃烧的火焰，对零件表面快速加热并随之快速冷却的工艺。火焰淬火的原理如图1-5所示。加热火焰温度高达2000～3000℃，加热速度很快，在很短时间内使零件表面层加热到淬火温度，迅速喷水冷却，表面层获得细小组织，而心部保持原始组织。火焰淬火的淬硬层深度为2～6mm。这种方法的缺点是加热温度和淬硬层深度不易控制，淬火质量不稳定，常造成表面过热或熔化。但不需要复杂的设备，适于简单或小批量生产。

为了消除淬火后的内应力，要进行低温回火或利用工件余热自回火。

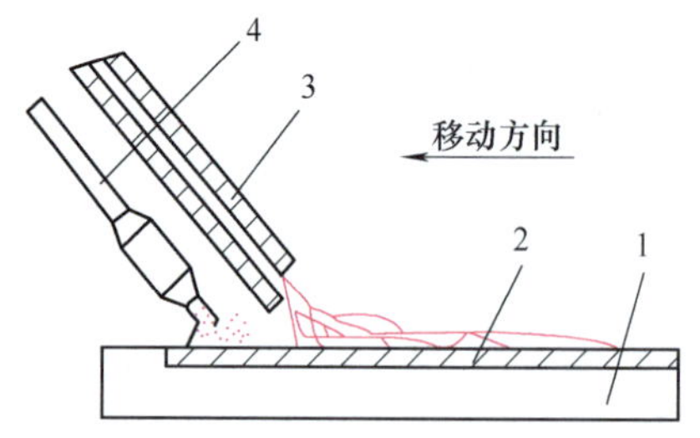

图 1-5 火焰淬火的原理示意图

1—工件 2—淬硬层 3—喷水管 4—火焰喷嘴

(3) 激光淬火 激光具有高度的单色性、相干性、方向性和亮度，是一种聚焦性好、功率密度高、易于控制、能在大气远距离传输的能源。

激光淬火是在 20 世纪 70 年代出现了大功率激光器之后才发展起来的一种具有广阔应用前景的新技术。利用高能密度激光束对金属工件表层迅速加热和随后激冷，使其表层发生固态相变而达到表面强化的一种淬火工艺，具体处理过程是用高能激光束扫描工件表面，使工件表层迅速加热到淬火温度，而工件心部的温度变化不大，随后进行水（或油等其他介质）冷，工件表面层被淬硬，而心部保持原状，达到表面强化的目的。

激光淬火是一种新的淬火工艺，与常规表面淬火相比，具有如下优点：激光功率密度高，加热速度极快，热变形小；冷却速度很快，可自淬火而无需冷却介质；表面粗糙度值低，处理后不需磨削，可作为最后一道工序；表面硬度高，一般不需回火；适合对于形状复杂的工件（如带有不通孔、小孔、薄壁工件）进行局部处理。

激光淬火过程包括四个阶段：工件吸收光束、能量传递、组织转变和激光作用后的冷却。涉及的工艺参数主要有功率、光斑尺寸、扫描速度。为了保证工件表面不熔化，加热时的功率密度一般小于 $10^4 W \cdot cm^{-2}$，通常采用 $1000 \sim 6000 W \cdot cm^{-2}$。

2. 化学热处理

零件的化学热处理是将零件放入某种介质的氛围中加热、保温，使一种或几种元素渗入零件的表面，以改变零件表面的化学成分与组织，达到所要求的性能的一种热处理工艺。化学热处理的方法有许多种，生产上常用的有渗碳、渗氮、碳氮共渗等。

(1) 渗氮 渗氮是指在一定温度下（一般在 Ac_1 点以下）使活性氮原子渗入工件表面的化学热处理工艺。生产上常用的渗氮方法有气体渗氮、液体渗氮、离子渗氮等，其中气体渗氮应用比较广泛。

工件经渗氮后其表面形成一层极硬的合金氮化物，如 CrN、MoN、AlN 等，硬度可达 1000 ~ 1200HV，且渗氮层具有较高的热硬性。渗氮层的致密性和化学稳定性很高，因此，渗氮工件具有良好的耐蚀性。

渗氮主要用于要求耐磨和精度要求较高的零件，如精密齿轮、磨床主轴、高速柴油机的曲轴、阀门等。

(2) 渗碳处理 渗碳是指为了提高工件表层碳的质量分数并在其中形成一定的碳浓度梯度，将工件在渗碳介质中加热并保温，使碳原子渗入其表层的化学热处理工艺。渗碳后的工件表层是高碳组织，而心部仍然是原先的低碳组织。渗碳使用的介质通常称为渗碳剂。根据渗碳剂物理状态不同，渗碳可分为固体渗碳、液体渗碳和气体渗碳三种。

气体渗碳应用较广，固体渗碳次之。气体渗碳的工作原理是渗碳剂在900～950℃的高温下发生分解，产生活性碳原子，活性碳原子渗入工件表面，经过一定时间后获得要求的表面碳浓度、渗层深度和合适的碳浓度梯度。渗碳后通常还需淬火处理，淬火可采取直接淬火，也可降温后重新加热升温淬火。

气体渗碳法的渗碳过程容易控制，渗碳质量好，生产率高，易实现机械化和自动化，所以在生产中得到广泛应用。

渗碳用钢一般为低碳钢或低碳合金钢（$w_C \leqslant 0.25\%$），如20CrMnTi、20Cr、20MnVB等。工件经渗碳、淬火和低温回火后，表层具有较高的硬度、耐磨性和抗疲劳性，而心部仍保持较高的塑性、韧性和一定的强度。

1.4 钢、铸铁材料的表面处理

1. 电镀

电镀是用电解的方式，在工件（金属或非金属）表面沉积层不同于基体的金属层、合金镀层或复合镀层的工艺方法。通常对电镀层特性的基本要求是：镀层结构致密、厚度均匀、镀层与基体结合牢固，并能够耐受一定环境条件下的腐蚀（指镀层对基体的防护特性）。

工业上常用由镀Cu、镀Cr、镀Ni、镀Au等获得单金属镀层的电镀；也有镀Cu-Zn、镀Cu-Sn-Ni等获得合金镀层的合金电镀；镀Ni-P-SiC、Cu-SiC等复合镀层的复合电镀，还有非晶态电镀、非金属电镀等。电镀工艺一般包括电镀前预处理、电镀及镀后处理三个流程。

（1）镀前处理流程　该流程包括表面整平-脱脂（除油）-酸洗（除锈）-浸蚀（活化表面）。

（2）电镀流程　电镀是一种电化学过程，也是一种氧化还原过程。基本过程是将工件浸在金属盐的溶液中作为阴极，金属板作为阳极，接直流电源后，在两极之间流过适当大小的直流电，在阴极和阳极间发生一系列化学反应，结果工件表面上形成一层厚度均匀、结晶致密、平滑光亮的镀层。

（3）镀后处理流程　该流程一般包括有清洗、钝化处理、氧化处理、磷化处理等，视镀层的要求安排不同的镀后处理。

电镀工艺过程较长，一般适用于大批量生产，通常能在工件全部表面形成镀层。电镀在工业生产中得到广泛的应用。

2. 化学镀

化学镀也称无电解镀，是一种不使用外电源，采用金属盐和还原剂，在材料表面发生自催化反应而获得镀层的工艺方法。化学镀发展非常迅速，在电子工业、陶瓷、塑料、金属基复合材料等领域得到广泛的应用。例如，化学镀Ni-P和Ni-B工艺，在模具方面有成功的应用。

3. 发蓝

发蓝处理属于表面氧化处理的一种工艺方法，它主要应用于碳钢和低碳工具钢。发蓝是将工件放入含有苛性钠和硝酸钠（亚硝酸钠）的溶液中加热处理，使其表层生成一层很薄的黑色或黑蓝色的氧化膜的过程。常见的氧化膜呈黑色或深黑蓝色，个别含锰高的工件呈暗红色。发蓝一般用于提高工件的耐蚀能力，它不仅对金属表面起防锈作用，还能增加金属表面的美观，对淬火工件来说还能起到消除应力的作用，所以发蓝处理在精密仪器、光学仪器和机械制造上得到广泛的应用。

发蓝处理的机理是钢在溶液中加热，表面开始受到微腐蚀作用，析出铁离子，铁离子与碱和氧化剂发生作用生成亚铁酸钠（Na_2FeO_3）和铁酸钠（$Na_2Fe_2O_4$）。然后铁酸钠和亚铁酸钠继续作用生成了四氧化三铁（Fe_3O_4）氧化膜。发蓝过程的颜色变化如下：黄色、橙色、红色、紫红色、紫色、蓝色，最后变成黑色。

发蓝工艺流程：发蓝前检验→去油（苛性钠+碳酸钠）→水洗→烘干→去锈（盐酸溶液）→水洗→热水洗（60~80℃）→化学氧化→水洗→钝化处理→干燥→浸油（机油或防锈油）→检验→入库。

发蓝处理的溶液配方及工艺条件见表1-6。

表1-6 发蓝处理溶液配方及工艺条件

溶液配方	工艺条件		
	工件中碳的质量分数	温度/℃	时间/min
$NaNO_3$：200g NaOH：1400g H_2O：600kg	含量0.7%以上及生铁	135~138	10~20
	0.7%~0.4%	138~142	25~40
	0.4%~0.1%	140~145	40~60
	合金钢	140~145	60~120

1.5 非金属材料及复合材料

非金属材料包括有机高分子材料和陶瓷材料。有机高分子材料因其原料丰富、成本低、加工方便，目前已得到广泛应用。陶瓷材料具有耐高温、耐蚀、高硬度等某些独特的优异性能，在工程应用中日益受到重视。

复合材料既保留了组成材料各自的优点，又具有单一材料所没有的新特性，因此复合材料越来越引起人们的重视。

1.5.1 非金属材料

1. 塑料

塑料是高分子材料的一种，是以高分子量的合成树脂为主要组分，加入适当添加剂，如增塑剂、稳定剂、阻燃剂、润滑剂、着色剂等，经加工成型的塑性材料，或固化交联形成的刚性材料。塑料是20世纪的产物，自从它问世以来，各方面的应用日益广泛。塑料的品种很多，根据各种塑料使用特性，通常将塑料分为通用塑料、工程塑料和特种塑料三种，按受热时的形状又分为热固性塑料与热塑性塑料，前者无法重新塑造使用，后者可以再重复生产。本节主要介绍工程塑料。

(1) 工程塑料特点及应用　工程塑料是近几十年发展起来的新型工程材料，具有质量轻、比强度高、韧性好、耐蚀、消声、隔热及良好的减摩、耐磨和电性能等特点，是一种原料易得、加工方便、价格低廉，在工农业生产、国防和日常生活的各个领域广泛应用的有机合成材料，其发展速度超过了金属材料。常用的工程塑料有尼龙、酚醛树脂、聚碳酸酯、聚四氟乙烯等。

工程塑料主要用于飞机、汽车、电子电气、家用电器、办公机械、医疗器械等要求轻型化的设备。可用作对比强度要求高的零件，如车门拉手、保险杠、外护板、操纵杆等；也可用作耐磨性要求高的零件，如轴承、轴瓦、齿轮、凸轮、机床导轨、高压密封圈。

(2) 工程塑料的主要成型方法　工程塑料成型是将各种形态（粉料、粒料、溶液和分散体）的塑料制成所需形状的制品或坯件的过程。工程塑料成型方法的选择主要取决于塑料的类型（热塑性还是热固性）、起始形态以及制品的外形和尺寸。加工热塑性塑料常用的方法有挤出、注射成型、压延、吹塑和热成型等，加工热固性塑料一般采用模压、传递模塑，也用注射成型。

1）注射成型也称注塑成型，是利用注射机将熔化的塑料快速注入模具中，并固化得到各种塑料制品的方法。几乎所有的热塑性塑料（氟塑料除外）均可采用此法。注射成型具有能一次成形形状复杂件、尺寸精确、生产率高等优点；但设备和模具费用较高，主要用于大批量塑料件的生产。注射成型原理如图1-6所示。

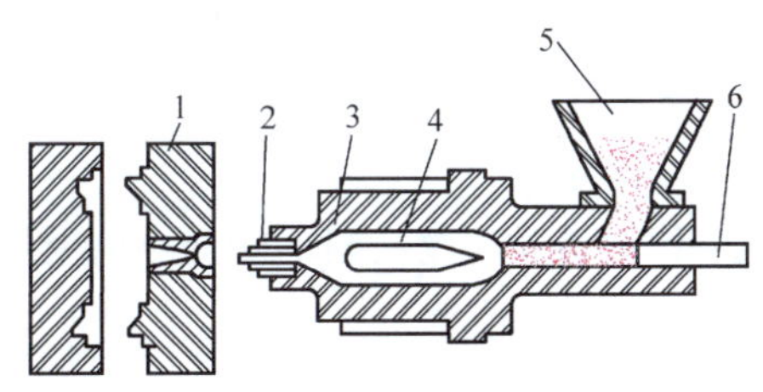

图1-6　注射成型原理示意图

1—模具　2—喷嘴　3—料筒　4—分流梳　5—料斗　6—注射柱塞

2）挤出成型是利用螺杆旋转加压的方式，连续地将塑化好的塑料挤进模具，通过一定形状的口模时，得到与口模形状相适应的塑料型材的工艺方法。挤出成型主要用于截面一定、长度大的各种塑料型材，如塑料管、板、棒、片、带材和截面复杂的异形材。它的特点是能连续成型、生产率高、模具结构简单、成本低、组织紧密等。除氟塑料外，几乎所有的热塑性塑料都能挤出成型，部分热固性塑料也可挤出成型。挤出成型原理如图1-7所示。

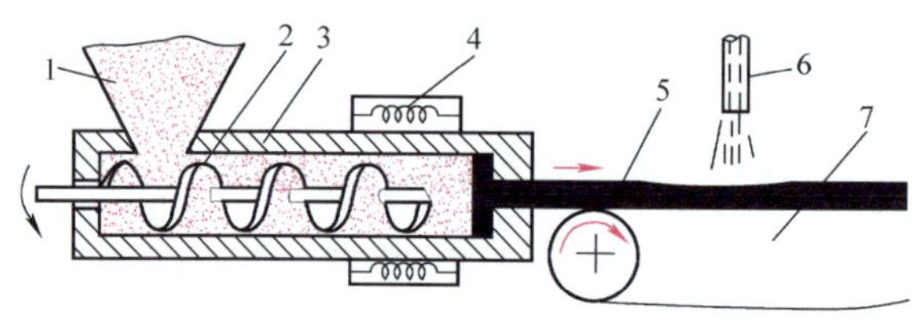

图 1-7 挤出成型原理示意图

1—料斗 2—螺杆 3—料筒 4—加热器
5—成形塑料 6—冷却装置 7—传输装置

2. 橡胶

橡胶是以高分子聚合物为基础的具有高弹性的材料。橡胶与塑料的不同之处是橡胶在很宽的温度范围（-50～150℃）内能处于高弹态，具有优良的伸缩性和积储能量的能力，可作为常用的弹性材料、密封材料、减振材料和传动材料。经硫化处理和炭黑增强后的橡胶具有高的抗拉强度和疲劳强度，其抗拉强度达 25～35MPa，并具有不透水、不透气、耐酸碱和电绝缘性能，这些良好性能使橡胶成为重要的工业原料，应用广泛。

橡胶可分为天然橡胶和合成橡胶。前者主要用于制造轮胎、运输带、胶管、胶板、垫片、密封装置等，后者主要用于制造在高温、低温辐射环境中和在酸、碱、油等特殊介质下工作的制品。

3. 工业陶瓷

工业陶瓷按使用性能分为结构陶瓷、功能陶瓷和生物陶瓷。

（1）结构陶瓷　这类陶瓷具有较好的力学性能，如强度、硬度、耐蚀及高温性能等。常用的有 Al_2O_3、SiN_4、ZrO_2 等。主要用于生产轴承、球阀、刀具、模具等要求耐磨性及高温性能的各种结构零件。

（2）功能陶瓷　利用无机非金属材料的某些优异的物理和化学性能，如电磁性能、光性能等，用于制作电磁元件的铁氧体、铁电陶瓷，用于电容器的介电陶瓷，用于力学传感器的压电陶瓷以及固体电解质陶瓷等。

（3）生物陶瓷　专指能够作为医学生物材料的陶瓷。这类陶瓷主要用于人牙齿、骨骼系统的修复和替换，如人造骨、人工关节等。

1.5.2 复合材料

复合材料是指由两种以上在物理和化学性能上不同的物质组合起来而得到的一种多相固体材料。复合材料有突出的性能特点：比强度及模量高，疲劳强度较高，减振性能好，有较高的耐热性和断裂安全性，以及良好的自润滑性等。但是它也有一定的缺点，如断裂伸长率较小，抗冲击性较差，横向强度较低，成本较高等。

复合材料的优异性能使其得到较广泛的应用，在航空、航天、交通运输、机械工业、建筑工业、化学工业及国防工业等部门起着重要的作用。例如，喷气机的机翼、尾翼，直升机的螺旋桨，发动机的油嘴等结构零件都使用了复合材料。

（1）纤维增强复合材料　玻璃纤维增强复合材料，俗称玻璃钢，具有较高的力学、介电、耐热、抗老化性能，工艺性能优良，常用于制造轴承、齿轮、仪表盘、壳体、叶片等零件；碳纤维增强复合材料，常用于制造喷嘴、喷气发动机叶片、导弹的鼻锥体及重型机械轴瓦、齿轮、化工设备的耐蚀件等。

(2) 层压复合材料　层压复合材料常用于制作无油润滑轴承，也用于制作机床导轨、衬套、垫片等；还常用于航空、船舶、化工等工业，如飞机、船舶等的隔板及冷却塔等。

(3) 颗粒复合材料　由一种或多种材料的颗粒均匀分散在基体材料内组成的材料，是一种优良的工程材料。可用来制作硬质合金刀具、拉丝模等。金属陶瓷是一种常见的颗粒复合材料。它具有高硬度、高强度、耐磨损、耐高温、耐蚀和膨胀系数小等优点。

复合材料的发展非常迅速，其应用范围也在不断扩大。除了聚合物基、金属基和无机非金属基复合材料等“传统”复合材料以外，现在又陆续出现了许多新型的复合材料，例如纳米复合新材料、仿生复合材料等，这些材料是当前复合材料新的发展方向。

1.6　热处理环境与安全操作

1. 热处理环境

热处理工艺应用于各种加热炉、酸碱盐化学溶液、大电流和中高频电磁场，对环境有不同程度的污染，对人体健康也有不同程度的损害，需要对环境进行保护和自我身体防护。

环境污染主要有大气污染、水体污染、噪声污染和电磁辐射等。污染和污染源见表 1-7。

表 1-7　热处理工艺的环境污染

污染类型	工艺过程	污染源
大气污染	燃烧加热 淬火冷却 盐浴热处理 化学热处理 喷砂、喷丸	煤、油、液化气、天然气，发生炉煤气加热炉燃烧废气（含 SO_x、NO_x、CO、CO_2）排放 淬火、回火、等温分级淬火油蒸发物（CO、C_mH_n） 盐蒸发物 HCl、$BaCl$、HCN、NH_3 渗剂，致冷剂（氨、甲醇、丙酮、异丙醇、乙醇、氟利昂） 泄漏，反应产物（HCl、HCN、CO、NH_3）的排放 排入大气的粉尘
水体污染	盐浴加热淬火 油淬火后清洗 盐渣处理	含氰 $BaCl_2$、亚硝盐水 含油清洗、漂洗液 无害化处理后溶液的排放
噪声污染	辅助过程	鼓风机，压缩机，风扇，中频发电机，排风、炉气循环，气氛制备、气动机构
电磁辐射	感应热处理	中频、高频辐射

热处理环境保护措施很多，如采用先进的热处理工艺，降低能耗，废液废气的回收再利用等。

2. 热处理实习操作安全事项

1）实习前，操作者必须穿戴好防护用品，防止碰伤和烫伤。

2）设备危险区如电炉的电源导线、配电屏、调整仪表等不得随便触动，以免发生事故。

3）工件装炉后，要求学生不要碰触电阻丝，以防触电。装小料时，严禁掉入炉膛沟槽内，以防电阻丝短路。

4）热处理的工件，不能用手去摸，以免工件未冷而造成灼伤。

5）油淬操作时，油槽的温度不得高于30℃，油槽应装槽盖以保持油的清洁和防止火灾。

6）两人以上方可操作高频设备，并指定操作负责人。操作高频设备时应穿戴好绝缘防护用品，加高频后手不许触及汇流排和感应器。工作过程中发生故障时，应先切断高压电源，再分析与排除故障。

7）在进行电镀操作时不得直接用手接触电镀溶液，在工作场地禁止饮食和吸烟，防止药水入口。

8）实习结束后，应切断电源，清理场地。

复习思考题

1-1　什么是金属材料的力学性能？其力学性能指标有哪些？

1-2　要测量下列材料或零件的硬度，应采用何种硬度计较为合理？

①灰铸铁　②锉刀　③铜　④薄铝片　⑤淬火钢

1-3　普通碳素结构钢Q235AF中字母及数字各代表什么含义？

1-4　根据石墨在铸铁中的形状，铸铁可分为几类？试说出其性能。

1-5　简述铝合金的性能特点及种类。

1-6　说明黄铜与青铜的主要应用。

1-7　什么是热处理，常用的热处理方法有哪几种？

1-8　中碳钢齿轮要求表面很硬、心部有足够的韧性，应采用什么热处理工艺？

1-9　回火的作用是什么，回火温度对淬火钢的硬度有什么影响？

1-10　为什么有的工件要进行渗碳、渗氮处理，渗碳后一般要进行什么热处理工艺？

1-11　什么叫发蓝，其机理是什么？

1-12　工程塑料典型的成型方法有哪些？

1-13　什么叫复合材料，与传统材料比有什么特点？

第2章 铸造成形

本章导读

在材料成形的各类工艺方法中，铸造成形是历史最悠久的一种，并且在现代化生产中也占有非常重要的位置。我国的铸造技术历史悠久，已有6000多年历史，自殷商时期就已展现了卓越的青铜器铸造技术，如河南安阳出土的殷朝祭器司母戊鼎，重超过700kg，长、高超过1m，四周铸有精美图案。

然而我国近现代的铸造生产与国外相比处于落后状态，其差距主要体现在铸造的工艺、质量及效益上，如工业发达国家多采用自动铸造生产线，废品率约为2%；我国除汽车等行业采用半自动和自动生产线外，多数工厂仍在采用自动化程度很低的造型、浇注技术，废品率约为8% ~15%。

实训目的与要求

1）了解铸造生产工艺过程、特点和应用。

2）了解砂型铸造工艺的主要内容。

3）熟悉两箱造型（整模、分模、挖砂等）的工艺特点和应用。

4）能独立完成简单铸件的两箱造型。

5）了解常见铸造缺陷。

6）初步了解机器造型的过程、特点和应用。

7）初步了解特种铸造方法的特点和应用。

8）了解铸造生产环境保护及安全操作知识。

2.1 概述

铸造是将熔融金属注入铸型，凝固后获得一定形状、尺寸和性能的金属毛坯或零件的成形方法。用铸造方法获得的金属毛坯或零件称为铸件。铸造方法至今仍是机械制造中生产机器毛坯或零件的主要方法之一。用于铸造生产的金属主要有铸铁、铸钢以及有色金属，其中铸铁应用最广。铸件在机械产品中占有很大的比重，如在机床、内燃机、重型机器中，铸件约占70%～90%。

1. 铸造的特点

1）铸造成形方法的适应性强，几乎不受工件尺寸、重量等因素的限制，铸件大到十几米、重数百吨，小到几毫米、几克。铸造方法可以生产铸钢件、铸铁件、铝合金、铜合金、镁合金等各种金属材料。

2）铸造成形可以获得复杂的外形以及常规机械加工方法难以加工的复杂内腔，例如发动机缸体、缸盖多采用铸造成形的方法生产。

3）铸件的生产批量不受限制，可单件小批生产，也可大量生产。

4）铸造用原材料来源广泛，材料的回收利用率高。尤其是精密铸造，可以直接铸出零件，是少切削、无切削加工的范例，可节约资源和能源。

2. 铸造的分类

铸造生产方法很多，通常可以按照铸造工艺方法、铸造合金以及铸造质量进行分类。

1）按照铸造工艺方法分类。可分为砂型铸造和特种铸造，其中砂型铸造是最常用的铸造方法。

2）按照铸造合金分类。可分为黑色金属铸造和有色金属铸造，黑色金属铸造又包括铸铁件和铸钢件的生产。

3）按照铸造质量分类。可分为普通铸造和精密铸造。

2.2 砂型铸造

将型砂制成铸型，将熔炼好的金属液体注入砂型中，凝固后形成铸件的方法称为砂型铸造。砂型铸造的造型材料广泛、价格低廉、成本较低。因此，砂型铸造是目前生产小型铸件用得最多的铸造方法，约占铸件总量的90%以上。

采用砂型铸造生产套筒铸件的主要工艺过程如图2-1所示，包括准备铸造模样和芯盒、制备型砂及芯砂、造型、制芯、合型、熔化金属及浇注、铸件凝固后开型落砂、表面清理和质量检验等。模样是用来形成铸型型腔，型腔形状与铸件外形相似；将型芯置于型腔中以获得铸件内腔；将金属液浇入型腔中冷却凝固后即可获得铸件；铸件经切削加工最后成为零件。

2.2.1 型砂和芯砂的制备

1. 型砂与芯砂的成分

砂型和砂芯是用型砂和芯砂制造的，型（芯）砂一般由原砂、粘结剂、水及附加物等原材料配制而成的，砂多采用优质的硅砂或海（河）砂，粘结剂常用粘土、水玻璃或树脂等，附加物常用煤粉、重油和木屑等。这些原材料的性质、配比和制备方法决定了型砂与芯砂的质量，与铸件的砂眼、夹砂、气孔、裂纹等缺陷有密切的关系。

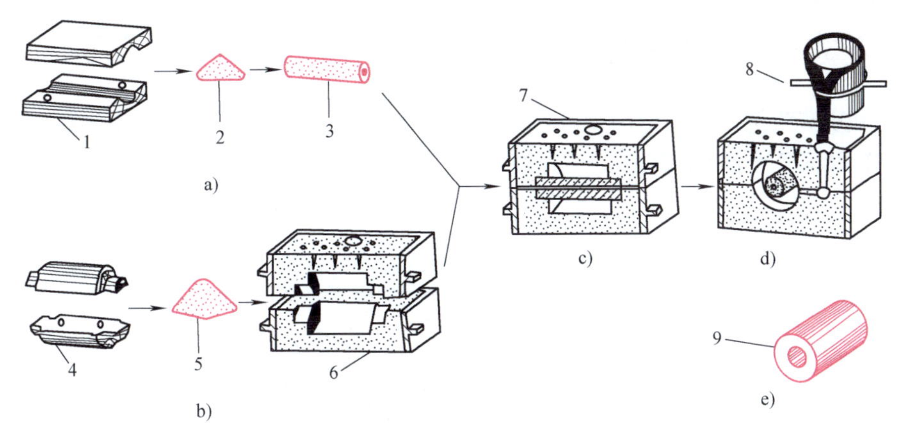

图2-1 套筒铸件生产的工艺过程

a）制芯 b）造型 c）合型 d）浇注 e）落砂清理

1—芯盒 2—芯砂 3—砂芯 4—模样 5—型砂 6—砂型 7—铸型 8—浇包 9—铸件

2. 型砂与芯砂的制备

型砂与芯砂的性能还与配砂的操作工艺有关，通常通过混砂将原砂、粘结剂、附加物和水混制成型砂。混砂的目的是将各组成成分混合均匀、使粘结剂均匀分布在砂粒表面。混制越均匀，型砂与芯砂的性能越好。实际生产中，型（芯）砂的混制是在混砂机中进行的。

3. 型（芯）砂性能的检测

混制好的型砂与芯砂应经性能检测合格后才能使用。批量生产时可用型砂性能试验仪检测；单件小批生产时，可用手捏法检验型砂性能，即用手把型砂捏成砂团，手放开后砂团不松散，可看出清晰的轮廓，折断时断面无碎裂状，表明型砂具有足够的强度，如图2-2所示。

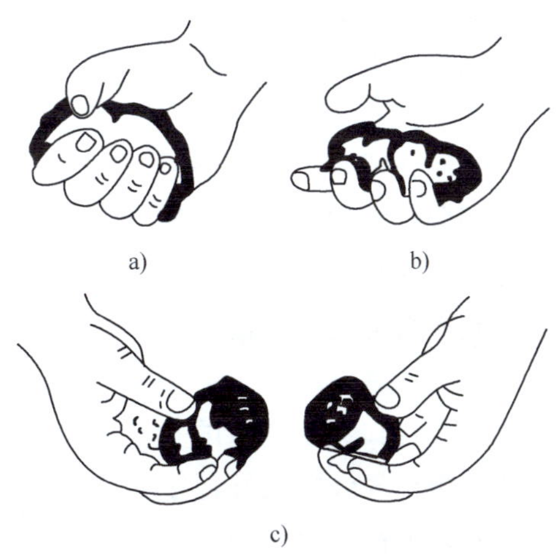

图2-2 手捏法检测型砂

a）型砂湿度适当时可用手捏成砂团 b）手放开后可看出清晰的手纹

c）折断时断面没有碎裂块，表明有足够的湿强度

2.2.2 砂型与浇注系统的结构

以两箱分模造型为例，取出模样、完成合型等待浇注前的砂型结构如图 2-3 所示，通常可以分为以下几个组成部分：上下砂箱、分型面、上下砂型、砂芯、型腔、浇注系统、通气孔、冒口等。

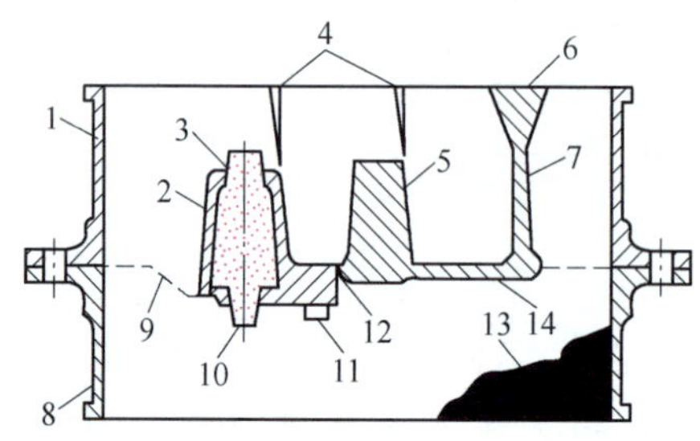

图 2-3 砂型组成

1—上砂箱 2—型腔（铸件） 3—上型芯头 4—通气孔
5—冒口 6—外浇口 7—直浇道 8—下砂箱 9—分型面
10—下型芯头 11—冷铁 12—内浇道 13—型砂 14—横浇道

型腔是指从砂型中取出模样后留下的空腔；上下砂型间的结合面称为分型面，一般位于模样的最大截面；砂芯的作用是获得铸件的内孔、局部外形或异形腔，砂芯的外伸部分称为芯头，用来固定砂芯；砂型中用以固定砂芯芯头的空腔称为芯座；通气孔是指用来排出型腔中的气体、浇注时产生的气体以及金属液析出的气体等而设置的沟槽或孔道；浇注系统是在铸型中用来引导金属液流入型腔的通道；冒口一般设置在铸件厚壁处、最高处或最后凝固的部位，其作用是补充铸件凝固时所需要的金属液，使缩孔进入冒口，此外还起到排气和集渣的作用。

浇注系统是在铸型中为将金属熔体填充至型腔而开设的一系列通道，一般由外浇口、直浇道、横浇道和内浇道组成，如图 2-4 所示。

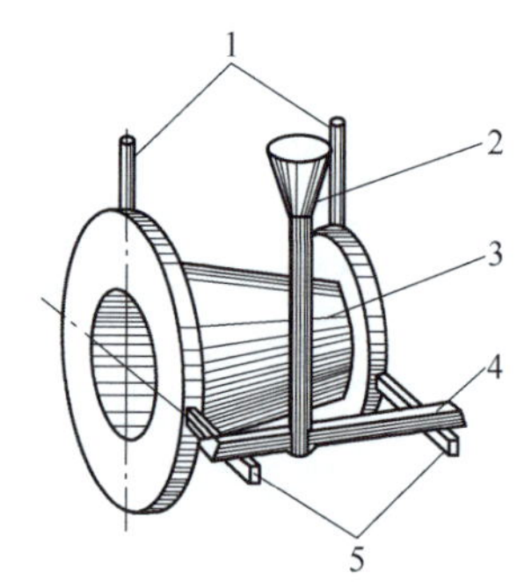

图 2-4 铸件的浇注系统

1—通气口 2—外浇口 3—直浇道
4—横浇道 5—内浇道

（1）外浇口 外浇口可单独制作或直接在铸型上形成，成为直浇道顶部的扩大部分。它的作用是承接从浇包倒出来的熔融金属、减轻浇注时液体金属对砂型的冲击并使熔融金属平稳地流入直浇道中，便于熔渣浮于金属液表面。

（2）直浇道 直浇道是连接外浇口和横浇道的垂直通道，通常带有一定的斜度，防止气体吸入并便于起模。利用直浇道的高度产生一定的静压力，使金属液充满型腔的各个部分。直浇道高度越高，产生的充型压力越大，熔融金属流入型腔的速度越快，就越容易充满型腔的薄壁部分。

（3）横浇道 横浇道是将直浇道的金属液引入内浇道的水平通道，其目的是使液流平稳地流入内浇道并起挡渣作用。横浇道一般位于内浇道上部，断面多为梯形。

(4) 内浇道　内浇道是浇注系统中引导熔融金属流入型腔的部分，一般开设在下型分型面上，其断面多为扁梯形或三角形。它的作用是控制熔融金属流入型腔的方向和速度、调整铸件各部分的温度分布和冷却速度。内浇道的形状、位置和数量以及导入液流的方向，是决定铸件质量的关键之一。

合理的浇注系统可以保证液态金属平稳地流入型腔，以免冲坏铸型，防止熔渣、砂粒等杂物进入型腔，并补充铸件在冷凝收缩时所需的金属液体。

2.2.3　砂型的制作方法

造型和制芯是铸造生产过程中的重要环节，对铸件的质量和生产率有很大影响。砂型的制作方法可分为手工造型和机器造型。手工造型是指用手工或手动工具完成的砂型的制作，主要用于单件小批量生产；机器造型是指用机器完成全部或部分的砂型的制作，是现代化砂型铸造生产的基本方式，主要用于大批量生产。

手工造型的特点是操作灵活，适应性强，但劳动强度大，生产效率低，对操作人员的技能要求高。手工造型常用造型工具与修型工具如图 2-5 所示。

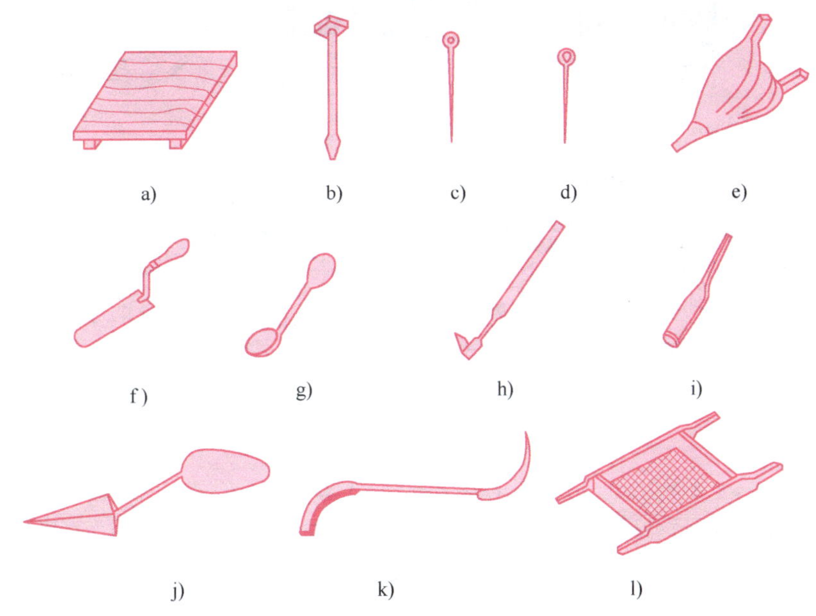

图 2-5　手工造型工具与修型工具

a) 底板　b) 舂砂锤　c) 通气针　d) 起模针　e) 皮老虎　f) 镘刀　g) 秋叶　h) 提勾　i) 半圆　j) 铲勺　k) 法兰勺　l) 筛子

手工造型的方法很多，根据铸件的结构特点、生产批量及生产条件分类，常用的造型方法有整模造型、分模造型、活块造型、挖砂造型、假箱造型、刮板造型、三箱造型、地坑造型等。下面简要介绍整模造型、分模造型、挖砂造型和机器造型。

2

1. 整模造型

整模造型的特点是模样为整体结构，模样的最大截面处于一端且为平面，使该端面位于分型面处。造型时模样轮廓全部放在一个砂箱内（一般为下砂箱），整个模样能从分型面方便地取出。整模造型操作简单，不受上下箱错位影响导致错型，铸型型腔的形状和尺寸精度好，适用于形状简单的铸件，如盘类、齿轮、轴承座等。整模造型操作步骤如图 2-6 所示。

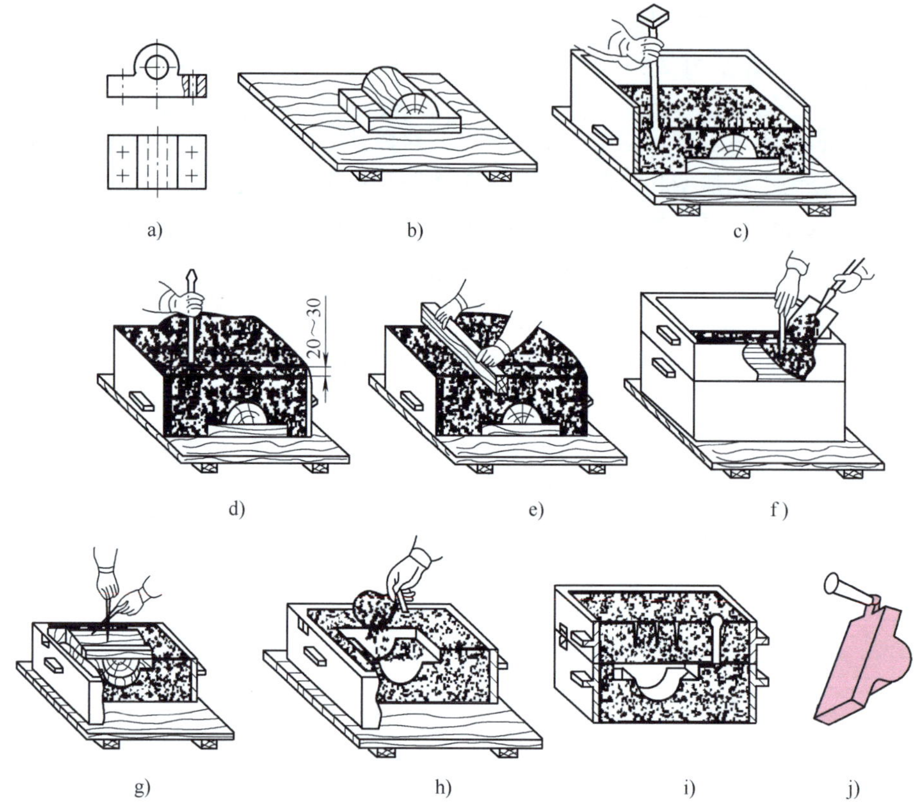

图 2-6 整模造型操作步骤

a) 轴承零件图 b) 将模样放在底板上 c) 舂砂 d) 舂砂锤平头打紧
e) 用刮砂板刮平砂箱 f) 造上砂型 g) 起模 h) 修型、开内浇道 i) 合型 j) 铸件

(1) 安放模样　将模样放在底板上，放好下箱，并使模样位于砂箱的合适位置，使模样周围留有足够的砂层厚度（称为吃砂量）。

(2) 舂砂　在模样的表面撒上一层约 2mm 左右的面砂，将模样盖住，再往下砂箱填砂。逐层加砂，用舂砂锤的圆头舂砂，从砂箱的四周朝中间移动，再用平的一头舂平，除去多余型砂。

(3) 撒分型砂　翻转下型砂箱，在下型分型面上撒分型砂，放上上砂箱，放浇口棒。在浇口棒周围填砂，用手压紧。再填放型砂，用舂砂锤圆头舂紧，用平头舂平。

(4) 开外浇口　取出浇口棒，开设外浇口。

(5) 扎通气孔、做合型线　用通气针在模样上方扎通气孔，在上、下砂箱侧面划定位线。

(6) 开内浇道 打开上箱，将模样及浇口四周的砂面修平整后开设内浇道。

(7) 起模 把模样四周轻轻敲松动后，用起模针进行起模，并修正型腔。

(8) 合型 对准合型线，防止错型。

2. 分模造型

分模造型的特点是模样的最大截面处于中间位置，可将模样沿外形的最大截面分成两半，在上下砂箱中分别造出上半型和下半型，利用这样的模样造型称为分模造型。有时对于结构复杂、尺寸较大、具有几个较大截面又互相影响起模的模样，可以将其分成几个部分。模样的分模面常作为砂型的分型面。分模造型的方法简便易行，适用于形状复杂的铸件，特别是用于有孔、有内腔需下芯的铸件，如套筒、管子和阀体等。分模造型时上、下砂型定位不准将产生错型，分模造型的工艺过程如图 2-7 所示。

1) 用下半模造下砂型。

2) 反转下砂型，安放上半模，撒分型砂，放浇口棒，造上砂型。

3) 开外浇口，扎通气孔。

4) 开箱起模，开内浇道，下芯，开排气道。

5) 合型。

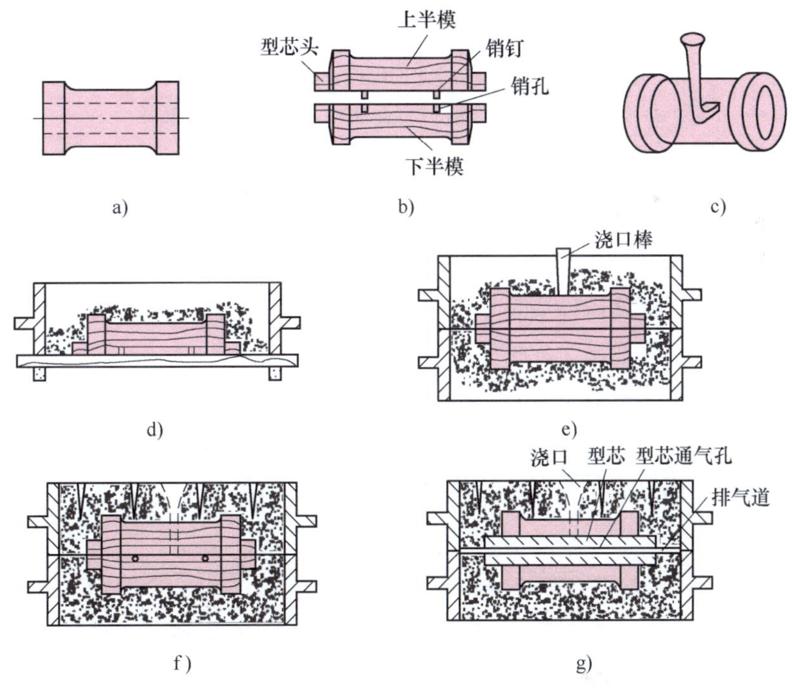

图 2-7 分模造型工艺过程

a) 零件 b) 模样 c) 落砂后的铸件 d) 造下砂型
e) 造上砂型 f) 开外浇口，扎通气孔 g) 最终砂型

3. 挖砂造型

当铸件的最大截面不在其顶端，铸件的外形轮廓为曲面或阶梯面，而又不便分模时

（如分模后的模样太薄、制模困难等），只能将模样做成整模，并在造型时挖掉妨碍起模的型砂，形成曲面的分型面称为挖砂造型。图 2-8 为手轮的挖砂造型过程。在挖砂造型时，挖砂的深度应处于模样的最大截面处，控制的分型面应光滑平整、坡度合适，以便开型和合型操作。挖砂造型的缺点是生产率低、劳动强度大，铸件精度受操作人员的技术水平影响大，因此只适用于单件或小批量生产。

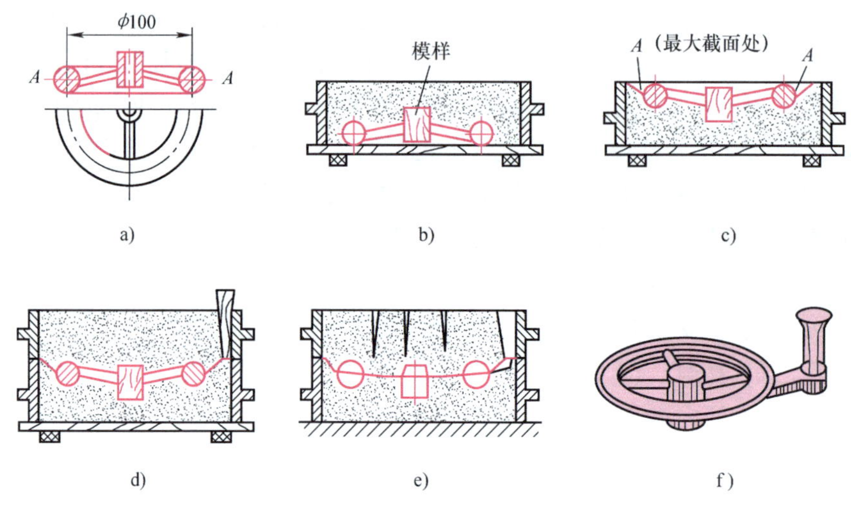

图 2-8 手轮的挖砂造型过程

a）零件图 b）造下型 c）挖修分型面

d）造上型、敞箱、起模 e）合型 f）带浇注系统的铸件

4. 机器造型

机器造型是以机器全部或部分代替手工填砂、紧砂和起模等造型工序。机器造型与机械化砂处理、浇注和落砂等工序共同组成流水线生产，是现代化砂型铸造生产的基本方式。机器造型可以大大提高铸件质量和生产率、改善劳动条件，但是设备和工装模具投入大，生产准备时间长，仅适用于成批生产。

机器造型必须使用模板造型，且只能使用两箱造型方式。模板是指模样和浇注系统沿分型面与造型底板紧固连接而成的整体，分为上模板和下模板，如图 2-9 所示。造型时利用上、下模板分别造成上、下铸型，然后合型组成完整的铸型。

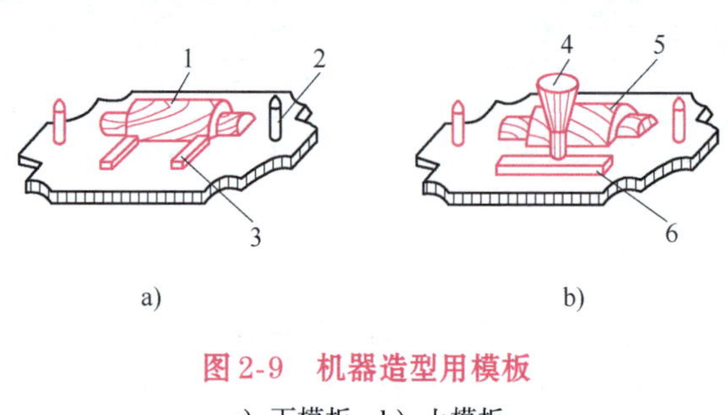

图 2-9 机器造型用模板

a）下模板 b）上模板

1—下模样 2—定位销 3—内浇道

4—直浇道 5—上模样 6—横浇道

2.2.4 砂芯的制备

为获得铸件的内腔或局部外形，用芯砂等材料制成的安放在型腔内部的铸型组件称为砂芯，制造砂芯的过程称为制芯或造芯。多数情况下用型芯盒制芯，芯盒的内腔形状与铸件的内腔对应。浇注时型芯被金属液流冲刷和包围，因此要求型芯有更好的强度、透气性、耐火性和退让性，并能易于从铸件内部清除。

根据生产批量的不同，制芯也分为机器制芯和手工制芯。对于形状对称、结构较复杂的砂芯，常使用对开式芯盒制芯，其过程如图2-10所示。

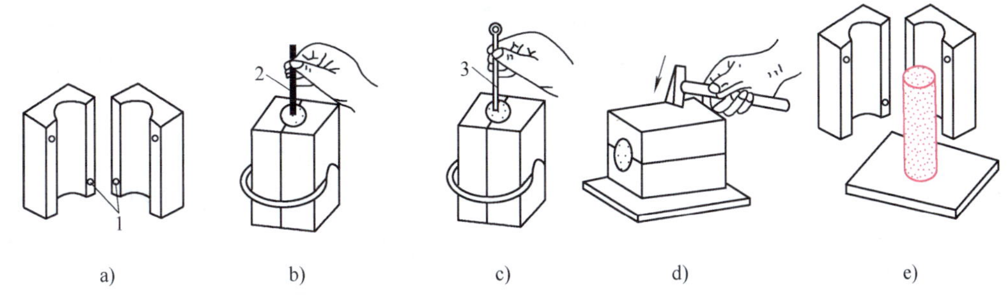

图2-10 对开式芯盒制芯

a）准备芯盒 b）舂砂、放芯骨 c）刮平、扎气孔 d）敲打芯盒 e）打开芯盒、取芯

1—定位销和定位孔 2—芯骨 3—通气针

2.2.5 合型

将上型、下型、砂芯、浇注系统等组合成一个完整铸型的操作过程称为合型，又称合箱。合型是制造铸型的最后一道工序，直接关系到铸件的质量。合型应保证型腔的几何形状、尺寸的准确、砂芯安放牢固等。即使铸型和砂芯的质量很好，若合型操作不当，铸件的形状、尺寸和表面质量得不到保证，还会引起气孔、砂眼、错箱、偏芯、飞边和跑火等缺陷。合型工序主要有：

（1）铸型的检验和装配　下芯前，先清除型腔、浇注系统和砂型表面的浮砂，检查其形状、尺寸及排气通道是否合格，然后固定好型芯，并确保浇注时金属液不会钻入芯头而堵塞排气道，最后再准确平稳地合上上型箱。

（2）铸型的紧固　金属液充满型腔后，上型及砂芯将受到金属液向上的浮力。当上型重力小于金属液的浮力，则上型被抬起，金属液从分型面的缝隙流出，产生“跑火”。因此，装配好的铸型必须进行紧固，单件小批量生产时，多使用压铁压住上箱。大批量生产时，可采用卡子或螺栓紧固铸型。

2.2.6 铸铁的熔炼与浇注

铸造合金的熔炼与浇注是获得优质铸件的关键环节，合金熔炼过程控制不当会导致铸件成分、组织及力学性能不合格，浇注工艺不当也会造成冷隔、夹渣、缩孔等缺陷。

铸铁是最常用的铸造合金，是 w_C =2.7% ~3.6%、w_{Si} =1.1% ~2.5%、以铁为主的铁碳合金。铸铁中的碳有两种形态，即碳化铁和石墨。以碳化铁存在时，铸铁的断口呈银白色，称为白口铸铁，其脆性大，硬度高，很难切削加工；主要以石墨存在时，铸铁的断口呈暗灰色，称为灰铸铁，其易于铸造和切削加工，耐磨性、减振性好，成本较低。

熔炼铸铁的设备主要有冲天炉、感应电炉、反射炉、电弧炉等。小规模生产中常使用感应电炉熔炼，大规模生产中常用的是冲天炉熔炼或冲天炉与感应电炉双联熔炼。由于冲天炉可连续熔炼、投资少、生产率高，但铁液温度不易控制，铁液质量不如电炉，因此在双联熔炼中用冲天炉初步熔炼，再送至电炉中保温及调整成分。

合金熔炼后，将熔融金属从浇包浇入铸型的过程，称为浇注。为了获得合格的铸件，除正确的造型及熔炼合格的合金熔液外，还需控制浇注温度、浇注速度以及浇注操作技术。

1）合金熔液浇入铸型时的温度称为浇注温度。合金熔液在较高的浇注温度下流动性能好，有利于夹杂物的积聚和上浮，减少气孔和夹渣等缺陷。但过高的浇注温度，会使铸型表面烧结，铸件表面容易粘砂，合金熔液氧化严重，熔液中含气量增加，冷凝时收缩量增大，铸件易产生气孔、缩孔、热应力大、裂纹等缺陷。浇注温度过低，合金熔液的流动性变差，又容易产生浇不到、冷隔等缺陷。所以，应在保证获得轮廓清晰铸件的前提下，采用较低的浇注温度。铸铁的浇注温度一般为1250~1360℃。

2）单位时间内注入铸型中的合金熔液的质量称为浇注速度。较快的浇注速度，可使合金熔液很快地充满型腔，减少氧化程度，但过快的浇注速度容易冲坏砂型、产生气孔或产生抬箱、跑火等缺陷。较慢的浇注速度易于补缩，获得组织细密的铸件，但过慢的浇注速度使金属液降温过多，易产生夹砂、冷隔、浇不到等缺陷。所以，应根据合金的种类、铸件的结构、大小等因素合理地选择浇注速度。

3）浇注操作技术是保证铸件质量和人员安全的重要因素。工作前要将浇包修整并烘干，清除场地积水。浇注前应进行扒渣操作，浇注时应在砂型出气口等处引燃逸出的气体，浇注过程中不能断流，保持外浇口处于充满状态。

2.2.7 铸件的落砂、清理

（1）铸件的落砂　落砂是待铸件在砂型中冷却到一定温度时，打开砂箱、取出铸件的过程。落砂应注意铸件温度和凝固时间。落砂过早，高温铸件在空气中急冷，易产生变形和开裂，表面也易形成白口组织导致难以切削加工。落砂过晚，铸件的冷却收缩会受到铸型或型芯的阻碍而引起铸件变形和开裂，铸件组织粗大，同时还影响生产率及砂箱的周转。铸件在砂箱中停留的时间，与铸件的形状、大小及壁厚有关。一般情况下，应在保证铸件质量的前提下尽早落砂。小型铸件用手工就地落砂，批量生产时，可采用震动落砂机等机器落砂。

（2）铸件的清理　落砂后的铸件清理包括切除浇冒口、清除芯砂、清除粘砂及铸件修整等。

2.2.8 铸件的缺陷分析

清理完的铸件应进行质量检验，影响铸件质量的因素很多，某一缺陷可能由多种因素造成，或一种因素可能引起多种缺陷。表2-1列有常见的铸件缺陷及其产生的主要原因。

表2-1 常见铸造缺陷的名称、特征及产生的主要原因

类别	名称	图例及特征	主要原因
形状类缺陷	错型	铸件在分型面处有错移	1. 合型时上、下砂箱未对准； 2. 造型时上、下箱有错动，或定位不准； 3. 模样上、下半模有错移； 4. 合型后上、下砂箱未夹紧
	偏芯	铸件上孔偏斜或轴心线偏移	1. 型芯放置偏斜或变形； 2. 浇口位置不对，液态金属冲偏了型芯； 3. 合型时碰偏了型芯； 4. 制模样时，型芯头偏心
	变形	铸件向上、向下或其他方向弯曲或扭曲	1. 铸件结构设计不合理，壁厚不均匀； 2. 浇冒口设计不合理； 3. 型砂性能不适合，或铸型过于紧实
	浇不足	铸件残缺，但其边角圆滑光亮，浇注系统是充满的	1. 铸件壁太薄，铸型散热太快； 2. 合金流动性不好或浇注温度太低； 3. 浇注速度太慢或断流； 4. 浇口太小，排气不畅； 5. 内浇道截面尺寸太小，位置不当
	冷隔	铸件表面似乎熔合，实际未熔透，有浇坑或接缝	1. 铸件设计不合理，铸壁较薄； 2. 合金流动性差； 3. 浇注温度太低，浇注速度太慢； 4. 浇口大小或布置不当，浇注曾有断流
孔洞类缺陷	气孔	铸件内部析出气孔多而分散，尺寸较小，位于铸件各断面上，常为梨形、圆形，孔内壁光滑	1. 砂被舂得太紧或铸型透气性差； 2. 型砂太湿，或起模、修模时刷水过多； 3. 型芯未烘干或排气孔被堵塞； 4. 浇注系统不正确，气体无法排出； 5. 熔炼工艺不合理，金属液吸收了较多的气体，或浇包未烘干

2

（续）

类别	名称	图例及特征	主 要 原 因
孔洞类缺陷	缩松与缩孔	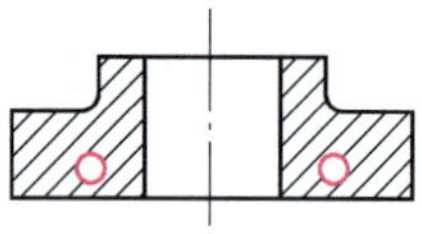 铸件的厚大部分有形状不规则的孔洞，孔内壁粗糙；或铸件截面上出现细小而分散的缩孔	1. 铸件结构设计不合理，壁厚不均匀，局部过厚； 2. 浇注系统或冒口设置不正确，无法补缩或补缩不足； 3. 浇注温度太高，金属液收缩过大； 4. 金属液成分不合格，收缩过大
表面缺陷	砂眼	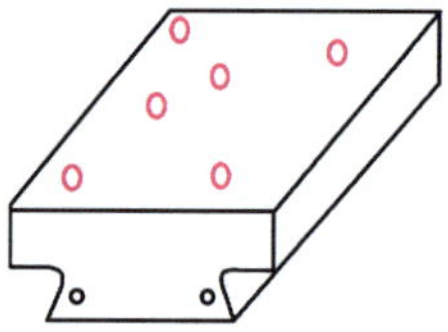 铸件表面或内部有型砂充填的小凹坑	1. 型砂强度不够，或局部未舂紧，掉砂； 2. 合型时松落或被金属液冲垮； 3. 型腔或浇口内散砂未吹净； 4. 铸件结构不合理，无圆角或圆角太小
	夹渣	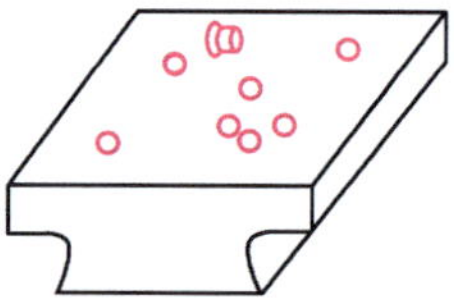 铸件浇注上表面上有不规则并含有熔渣的孔眼，常与气孔并存，大小不一	1. 浇注时未挡渣或挡渣不良； 2. 浇注温度太低，熔渣不易上浮； 3. 浇注时断流或未充满浇口，熔渣和液态金属一起流入型腔
	粘砂	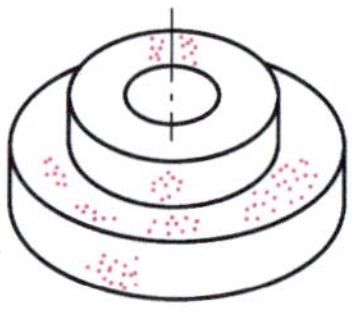 铸件表面粘附着一层砂粒和金属的机械混合物	1. 浇注温度太高，金属液渗透力大； 2. 型砂选用不当，耐火度差；砂粒过粗，砂粒间隙过大； 3. 型腔或型芯上未刷涂料或涂料太薄； 4. 型砂舂得太松，型腔表面不致密
	夹砂	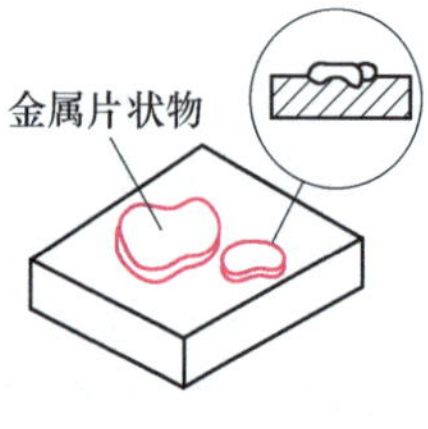 金属片状物 铸件表面产生的疤片状金属凸起物，表面粗糙、边缘锋利，在金属片和铸件之间夹有一层型砂	1. 型腔受热膨胀，表面鼓起或开裂； 2. 型砂热湿强度过低； 3. 型砂局部紧实度过大，水分过多； 4. 内浇道过于集中，使局部砂型烘烤厉害； 5. 浇注温度过高，浇注速度过慢

（续）

类别	名称	图例及特征	主要原因
表面缺陷	裂纹	在夹角处或厚壁交接处的表面或内层产生裂纹	1. 铸件设计不合理，厚薄差别过大； 2. 型砂、芯砂退让性差、阻碍铸件收缩； 3. 合金化学成分不当，收缩大； 4. 浇注系统设计不合理，使铸件各部分冷却及收缩不均匀，造成了过大内应力； 5. 合金含磷、硫较高
其他	铸件的化学成分、组织和性能不合格		1. 炉料成分、质量不符合要求； 2. 熔化时配料不准或熔化操作不断； 3. 热处理未按规范要求进行

2.3 特种铸造

砂型铸造的适应性强、成本低廉，但其生产的铸件精度与表面质量较低，加工余量大，很难满足各种类型生产的需求。为了克服砂型铸造在一定工艺条件下的不足，提高铸件的尺寸精度，改善表面粗糙度及性能，在砂型铸造技术的基础上发展了一些新的造型方法，统称为特种铸造，主要包括熔模铸造、压力铸造、消失模铸造和离心铸造等。

2.3.1 熔模铸造

熔模铸造又称失蜡铸造或精密铸造。它是用易熔材料（如蜡料）制成精确的模样，在模样上包覆若干层耐火涂料，经过干燥、硬化成整体壳型，然后加热型壳熔去蜡模，再经高温焙烧而成为耐火型壳。将液体金属浇入型壳中，金属冷凝后敲掉型壳获得铸件。具体工艺流程如图2-11所示。

熔模铸造是实现少切削或无切削的重要制造方法。它具有以下特点：

1）铸件尺寸精度高，表面质量好。

2）熔模铸造没有分型面，不必考虑起模，可铸出形状复杂、不能分型的铸件。

3）适于各类铸造合金的生产，尤其适用于高熔点合金和难切削加工合金的复杂铸件的生产。对于耐热合金的复杂铸件，熔模铸造几乎是唯一的生产方法。

4）熔模铸造工序繁杂，生产周期较长，且铸件不能太大（一般不大于25kg），生产成本较高。

目前，熔模铸造已广泛应用于航空、汽车、电器、仪器及刀具等制造部门。

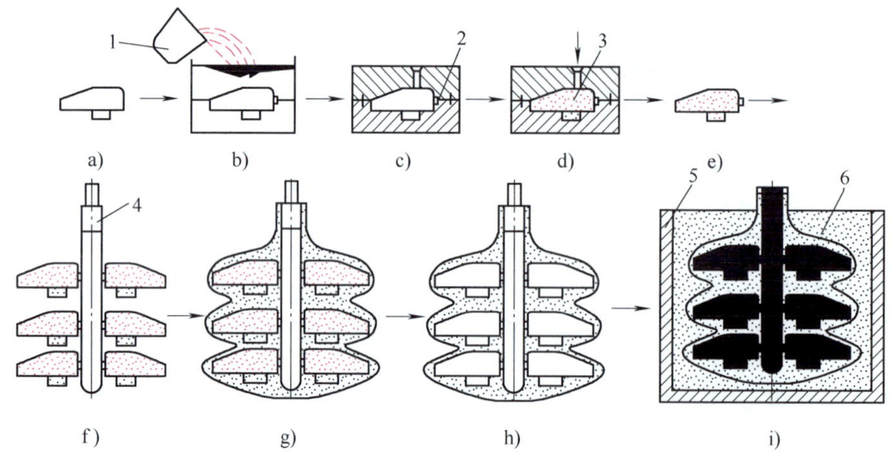

图 2-11　熔模铸造的主要工艺过程

a）母模　b）浇注易熔合金　c）压型　d）压蜡　e）单个蜡模成型

f）蜡模组合　g）结壳　h）脱蜡并焙烧　i）造型浇注

1—浇包　2—内浇道　3—蜡料　4—浇道棒　5—砂箱　6—填砂

2.3.2　压力铸造

压力铸造是在高压作用下，将金属液以较高的速度充入高精度型腔内，并在压力下快速凝固，以获得优质铸件的高效铸造方法，简称压铸。高压（5～150MPa）和高速（5～100m/s）是压铸区别于一般金属型铸造的重要特征。

压铸件是在高压高速下成形，故可铸出形状复杂的薄壁铸件，也能直接铸出各种小孔、螺纹和齿轮。压铸件的精度和表面质量比普通金属型铸造更高，铸件结晶组织更为细密，强度一般比砂型铸造提高 25%～30%。压铸件通常无需进行切削加工，便可直接装配使用。压力铸造易于实现自动化与机械化，生产率很高。

但是，压铸机设备投资大，压铸模制造费用高、周期长，只适用于形状复杂的薄壁有色合金铸件的批量生产。目前，压力铸造广泛用于汽车、仪表、航空、电器及日用品铸件，以铝、锌合金材料为主。

压铸机是压铸生产中的主体设备，分热压室式、立式和卧式等类型，它们的工作原理基本相似。卧式压铸机用高压油驱动，合型力大，充型速度快，生产率高，应用较广泛。图 2-12 所示为卧式冷压室压铸机工作示意图。

2.3.3　消失模铸造

消失模铸造又称实型铸造，即整体模样和浇注系统采用聚苯乙烯泡沫制造并留在铸型内，浇注时模样燃烧、汽化而消失，其空腔被金属液填充并凝固后获得铸件的铸造方法。

消失模铸造过程如图 2-13 所示。

消失模铸造不用起模、分型，无起模斜度，减少或取消了型芯，避免了合型、组芯等工序造成的尺寸误差和缺陷，增大了零件设计的自由度、提高了铸件的尺寸精度。同时，

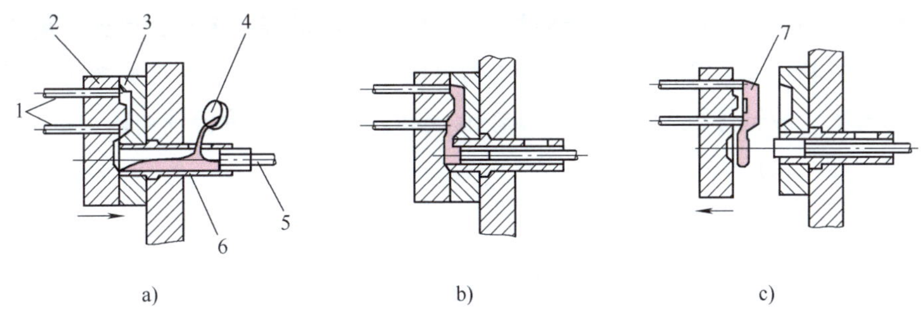

图 2-12 卧式冷压室压铸机工作示意图

a）合型，浇入金属液 b）高压射入，凝固 c）开型，顶出铸件

1—顶杆 2—动型 3—静型 4—金属液 5—活塞 6—压缩室 7—铸件

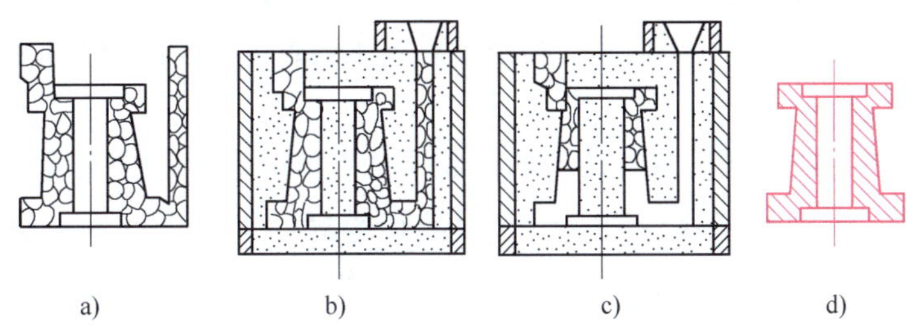

图 2-13 消失模铸造工艺过程

a）泡沫塑料模样及浇注系统 b）造好的铸型 c）浇注过程 d）铸件

消失模铸造还简化了生产过程，缩短了生产周期，并减少了材料消耗，降低生产成本。

2.3.4 离心铸造

离心铸造是将液态金属浇入高速旋转的铸型内，在离心力作用下充型，凝固后获得铸件的方法。根据离心铸造机的结构形式不同，有垂直旋转的立式离心铸造和水平旋转的卧式离心铸造两种，如图 2-14 所示。离心铸造主要用于生产空心回转体的铸件，立式离心铸造适用于铸气缸套、齿轮一类短的铸件；卧式离心铸造适用于铸造管状空心铸件。离心铸造的铸型可以是金属型，也可以是砂型。

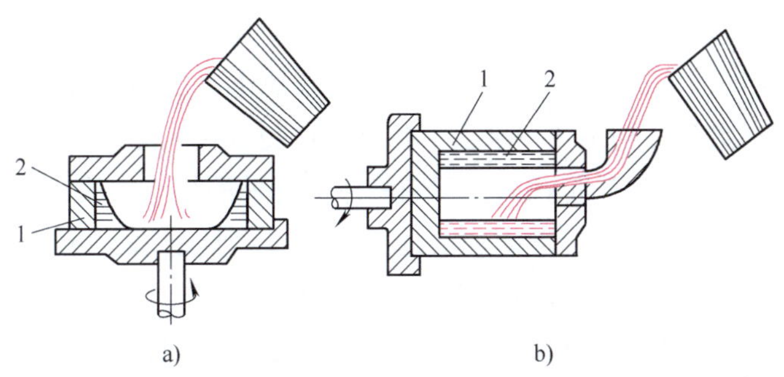

图 2-14 离心铸造示意图

a）绕垂直轴旋转 b）绕水平轴旋转

1—铸型 2—铸件

离心铸造不用型芯即可铸出中空铸件，并且铸件上不带浇注系统，因此，离心铸造工艺提高了材料的利用率，简化了管类、套类铸件的生产过程。而且，金属液是在离心力的作用下冷却凝固，故铸件组织致密，力学性能较好。但离心铸造铸件的内表面质量较差，因此需要放大加工余量。

2.4 铸造生产环境与安全操作

1. 铸造生产环境

铸造生产工艺过程较复杂，尤其是砂型铸造工序繁多，主要工序有模型的制作，型砂和芯砂的制备，砂型和芯型的制作，金属的熔炼和浇注，铸件的落砂，型砂的处理和再利用。其中有些工序对环境有不同程度的污染，对人体健康也有不同程度的损害，需要对环境进行保护和自我身体防护。

金属的熔炼消耗能源并排放有害气体；鼓风机工作时产生高分贝噪声；熔融金属浇注时碰到水会发生爆炸和溅射；型砂中的附加物燃烧产生有害气体；制砂和铸件的落砂、清理产生粉尘和噪声。铸造车间工作环境一般较差，高温、高粉尘、高噪声、高劳动强度。

铸造生产环境保护措施很多，如采用先进的铸造工艺，降低能耗，自动落砂和回收再利用等。

2. 铸造实习操作安全事项

1）进入车间后，操作者应按规定穿戴好劳动防护用品，并应时刻注意头上吊车、脚下工件与铸型，防止碰伤、撞伤及烧伤等事故；

2）注意保管和摆放好自己的工具，防止被埋入砂中而踩坏，或被起模针和通气针扎伤手脚；

3）工作结束后，要认真清理工具和场地，砂箱要安放稳固，防止倒塌伤人毁物；

4）铸造熔炼与浇注现场不得有积水，浇注通道必须保证畅通；

5）浇包各部分要完好可靠，浇包及所有与金属液接触的物体都必须烘干、烘热后使用，否则会引起爆炸；

6）浇包中的金属液不能盛得太满，抬包时二人动作要协调，万一金属液泼出烫伤手脚，应招呼同伴同时放包，切不可单独丢下抬杆，以免翻包，酿成大祸；

7）浇注时，人不可站在浇包正面，否则易造成意外的烧伤事故；

8）所有破碎、筛分、落砂、混碾和清理设备，应尽量密闭，以减少车间的粉尘。同时应规范车间通风、除尘及个人劳动保护等防护措施；

9）铸造合金熔炼时产生的有害气体，应有相应的技术处理措施。

复习思考题

2-1 铸造生产有哪些优缺点？试述砂型铸造的工艺过程。

2-2　手工造型的基本方法有哪几种？简述各种造型方法的特点及其应用范围。

2-3　浇注系统由哪些部分组成，设置浇注系统有哪些基本要求？

2-4　铸件中的气孔产生的原因有哪些？应采取哪些措施防止铸件产生气孔？

2-5　何谓特种铸造，常用的特种铸造方法有哪些？

第3章

锻压成形

本章导读

锻压是锻造和冲压的合称，主要用于生产金属制件。锻压是重要的压力加工方法，主要应用于汽车、拖拉机、工程机械、舰船、飞行器等制造领域。常见的锻压方法有自由锻造、模锻、板料冲压等。

锻造过程中，为了提高坯料的塑性并降低变形抗力，通常要对坯料进行加热。但加热过程中容易产生一些缺陷，如过热、过烧、裂纹等，因此锻造生产应选择合适的锻造温度范围，以保证锻造的质量。锻件的冷却是保证锻件质量的重要环节，常用的锻件冷却方式有炉冷、坑冷、空冷。

自由锻造是坯料的大部分表面能自由变形的锻造方法，可用于单件、小批量生产和大型及特大型锻件的锻造生产。模锻是利用模具的模膛使坯料变形而获得锻件的锻造方法，其成形的锻件形状和尺寸比较准确，生产率较高，适合于中小型锻件的大批量生产。胎膜锻是在自由锻设备上使用可移动模具生产模锻件的一种锻造方法，是介于自由锻和模锻之间的一种锻造方法。

冲压是靠压力机和模具对板材、带材、管材和型材等施加外力，使之产生塑性变形或分离，从而获得所需形状和尺寸的工件的成形加工方法，可用于生产精度高、形状复杂、刚性好的制件。

实训目的与要求

1）了解锻压生产工艺过程、特点和应用。

2）了解自由锻工艺的主要内容：坯料加热、碳钢的锻造温度范围、空气锤的结构、基本工序（镦粗、拔长、冲孔）的特点。

3）能制作简单锻造作业件。

4）了解模锻的特点和应用。

5）了解压力机和冲模的大致结构及冲压基本工序的特点。

6）了解钣金工艺的特点和应用。

7）了解锻造生产环境保护与安全操作知识。

3.1 概述

金属锻压成形是指金属材料在外力作用下产生塑性变形，从而获得产品的加工方法。常见的锻压方法有自由锻、模锻、板料冲压等。

金属锻压加工在汽车、拖拉机、工程机械、舰船、飞行器等制造领域有着广泛的应用。以汽车为例，按质量计算，汽车上70%的零件均是由锻压加工方法制造的。

金属锻压加工主要有以下的特点：

1）锻压加工后，可使金属获得较细密的晶粒，可以压合铸造组织内部的气孔等缺陷，并能合理控制金属纤维方向，以使纤维方向与应力方向一致，提高零件的性能。

2）锻压加工后，坯料的形状和尺寸发生改变而其体积基本不变，与切削加工相比可节约金属材料和加工成本。

3）除自由锻外，其他锻压方法如模锻、冲压等都具有较高的劳动生产率。

4）能加工各种形状和尺寸的零件，使用范围广。

3.2 坯料的加热和锻件的冷却

3.2.1 加热的目的和锻造温度范围

锻造生产中，加热的目的是提高坯料的塑性并降低变形抗力，以改善其锻造性能。一般来说，随着温度的升高，金属的强度降低而塑性提高。所以，加热后锻造可以用较小的锻打力，使坯料获得较大的变形量。但是，加热温度过高又容易产生缺陷，因此，锻坯的加热温度应控制在一定的温度范围之内。各种金属材料在锻造时允许的最高加热温度，称为该材料的始锻温度。金属材料终止锻造的温度，称为该材料的终锻温度。坯料在锻造过程中，随着热量的散失，温度不断下降，其塑性越来越差，变形抗力越来越大。温度下降到一定程度后难以继续变形，必须及时停止锻造或重新加热。

从始锻温度到终锻温度之间的温差，称为锻造温度范围。确定锻造温度范围的原则是：在保证金属坯料具有良好锻造性能的前提下，尽量放宽锻造温度范围，以降低消耗，提高生产率。几种常见金属材料的锻造温度范围见表3-1。

表3-1 常见金属材料的锻造温度范围

金属种类	始锻温度/℃	终锻温度/℃	锻造温度范围/℃
普通碳素钢	1250～1280	700	580
优质碳素钢	1150～1200	800	400
合金结构钢	1100～1200	800～850	350
碳素工具钢	1100	770～800	330

（续）

金属种类	始锻温度/℃	终锻温度/℃	锻造温度范围/℃
合金工具钢	1050～1150	800～850	250～300
耐热钢	1100～1150	850	250～300
铜合金	800～900	650～700	150～200
铝合金	450～500	350～380	100～150

3.2.2 加热缺陷

加热过程中，若控制不当，会产生一些加热缺陷，常见的有：氧化、脱碳、过热、过烧或心部裂纹等。

（1）氧化与脱碳　加热时，表层的铁与炉气中的氧、二氧化碳、水蒸气等发生反应生成氧化皮的现象称为氧化。氧化皮在后续的锻压生产中从坯料上脱落下来，造成坯料体积损失，并使得表面质量下降，一旦脱落的氧化皮压入锻件，还会造成锻件裂纹。

在加热时，表层的碳与炉气中的氧、氢、二氧化碳及水蒸气等发生反应，降低了表层碳浓度的现象称为脱碳，脱碳钢淬火后表面硬度、疲劳强度及耐磨性均降低，而且表面的残余拉应力易形成表面网状裂纹。

由于一般的加热都是有氧加热，故氧化和脱碳现象通常是必然出现的，所以，应尽量减小氧化和脱碳层的厚度，以减小不良影响。

（2）过热和过烧　金属加热时，由于加热温度过高或高温下保持时间过长而引起晶粒粗大的现象称为过热。过热的材料强度和塑性都会下降，而冲击韧性下降得更为明显。

如果加热温度远大于始锻温度，使晶粒边界出现氧化及熔化的现象称为过烧。过烧破坏了晶粒间的结合力，一经锻打就会破碎。过烧是无法挽回的缺陷。

在加热过程中，只要严格控制加热温度，特别是严格控制坯料在高温下的保持时间，过热和过烧都是可以避免的。

（3）心部裂纹　大型锻件和导热性较差的高合金钢坯料加热时，如果装炉温度过高或加热速度过快，则可能会在加热过程中，坯料内外层之间的温差较大而产生较大的热应力，从而导致裂纹的产生。这类坯料加热时，要严格遵守有关的加热规范，如低温装炉、分段加热。装炉温度控制在600℃以下，以较慢的速度加热到600℃左右，经一段时间保温，使内外温度均匀后再加速加热到始锻温度。

3.2.3 加热炉

锻件加热可采用一般燃料如焦炭、重油等进行燃烧，也可利用火焰加热或电能加热。典型的电能加热设备为电阻炉。电阻炉利用电阻加热器通电时所产生的热量作为热源，以辐射方式加热坯料。电阻炉分为中温炉（加热器为电阻丝，最高使用温度约1100℃）和高温炉（加热器为硅钼棒，最高使用温度可达1600℃）。图3-1所示为箱式电阻加热炉。

电阻炉操作简单，可通过仪表准确控制炉温，且可通入保护性气体控制炉内气氛，以减少或防止坯料加热时的氧化。

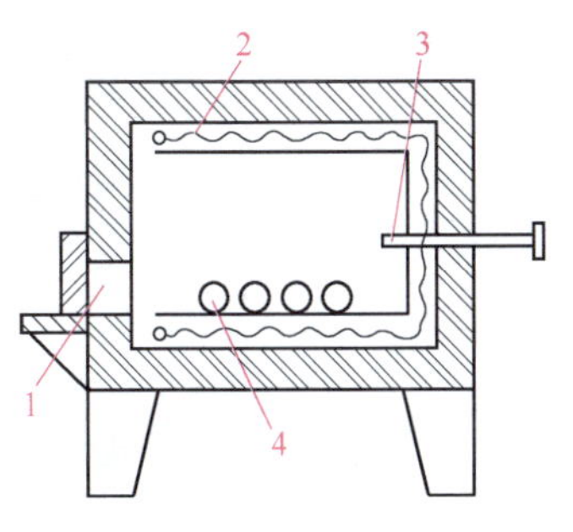

图3-1 箱式电阻炉示意图
1—炉门 2—电阻丝
3—热电偶 4—工件

3.2.4 锻件的冷却

锻件的冷却是保证锻件质量的重要环节。锻件的冷却方式有三种：

1）空冷。在无风的空气中，锻件放置于干燥的地面冷却。

2）坑冷。在填充有沙子、炉灰或石棉灰等绝热材料的坑中以较慢的速度冷却。

3）炉冷。在500～600℃的加热炉中，随炉缓慢冷却。

碳素结构钢和低合金钢的中小型锻件，一般锻后均采用冷却速度较快的空冷方式，成分复杂的合金钢锻件大都采用冷却速度较慢的坑冷或炉冷，一般厚截面的大型锻件采用炉冷。冷却速度过快会造成表面硬化，对后续切削加工产生不利影响。

3.3 自由锻造

自由锻造是将坯料直接放在自由锻设备的上下砧铁之间施加外力，或借助简单的通用工具，使之产生塑性变形的锻造方法。自由锻造分为手工自由锻造和机器自由锻造，手工自由锻造是最原始的锻造生产方法，它靠人力利用大锤及其他辅助工具使坯料成形。其劳动强度大，生产率低，目前已极少采用。机器自由锻造是利用机器产生的冲击力或压力使坯料变形，是自由锻生产的主要方法。

自由锻使用的工具简单、操作灵活，但锻件的精度低、生产率低、工人劳动强度大，对工人的操作技艺要求高，只适用于单件、小批量生产和大型及特大型锻件的锻造生产。

3.3.1 自由锻设备

常用的自由锻设备有空气锤、水压机等。

1. 空气锤

空气锤的吨位较小，常用的空气锤吨位为50～750kg，只可用来锻造小型锻件，其外形及工作原理如图3-2所示。它是由压缩缸3内的压缩活塞15把空气压入工作缸1的上部，使工作活塞14带动锤头和上砧块12下击，迫使坯料变形；压缩活塞下降时，把空气压入工作缸的下部，使工作活塞连同锤头上升。通过手柄或踏杆的控制，能实现锤头的上悬、连续打击、单次打击或压紧等动作。

空气锤的规格是以其落下部分的重量来表示的。但空气锤所能产生的打击力约是其落下部分重力的1000倍，即锤本身的质量为150kg，产生的打击力为1500kN。

2. 水压机

大型锻件需要在液压机上锻造，水压机是最常用的一种，如图3-3所示。水压机不依

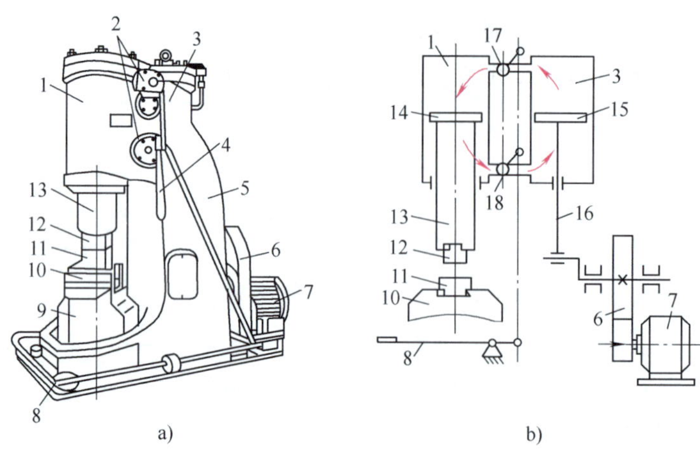

图3-2 空气锤的外形及工作原理

a）外形 b）工作原理

1—工作缸 2—旋阀 3—压缩缸 4—手柄 5—锤身 6—减速机构 7—电动机 8—脚踏杆 9—砧座 10—砧垫 11—下砧块 12—上砧块 13—锤杆 14—工作活塞 15—压缩活塞 16—连杆 17—上旋阀 18—下旋阀

靠冲击力，而靠静压力使坯料变形，工作平稳，因此工作时振动小。水压机不需要笨重的砧座，锻件变形速度低，变形均匀，易将锻件锻透，使整个截面呈细晶粒组织，从而改善和提高了锻件的力学性能，容易获得大的工作行程并能在行程的任何位置进行锻压，劳动条件较好。但由于水压机主体庞大，并需配备供水和操纵系统，故造价较高。同时水压机工作速度较慢，受坯料散热的限制，一般不适合锻造小型锻件。水压机的规格以它能产生的最大变形力表示，如6000kN（600t）、12000kN（1200t）等。

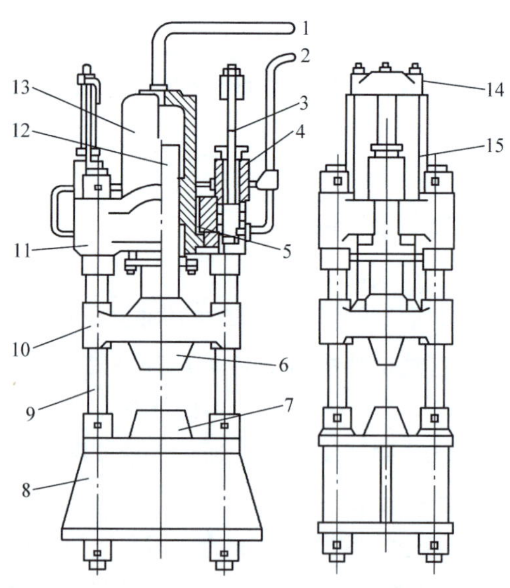

图3-3 水压机

1、2—管道 3—回程柱塞 4—回程缸 5—密封圈 6—上砧座 7—下砧座 8—下横梁 9—立柱 10—活动横梁 11—上横梁 12—工作柱塞 13—工作缸 14—回程横梁 15—拉杆

3.3.2 自由锻基本工序

自由锻基本工序是实现锻件基本成形的工序，有镦粗、拔长和冲孔等。

1. 镦粗

镦粗是使坯料横截面积增大而高度减小的锻造工序，如图3-4所示。为使镦粗顺利进行，坯料的高度 H_0 与直径 D_0 之比应小于2.5。如果高径比过大，则易将锻坯镦弯。高径比过大或镦击力量不足时，还可能将坯料镦成双鼓形或在锻件中部形成夹层。

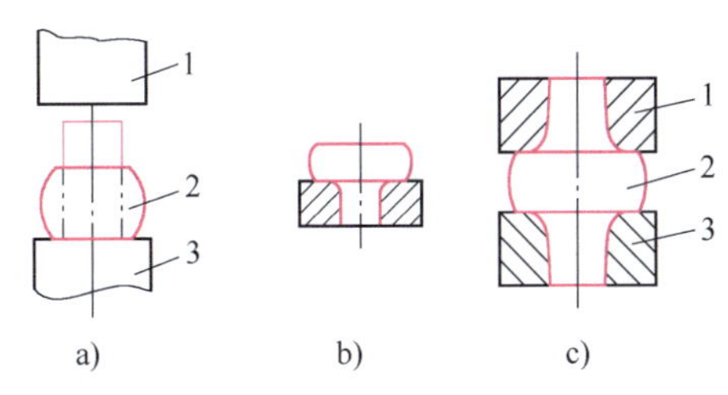

图3-4 镦粗

a）整体镦粗 b）一端镦粗 c）中间镦粗

1—上砧 2—锻件 3—下砧

2. 拔长

拔长是使坯料长度增加、横截面积减小的锻造工序，主要用于曲轴、连杆等长轴类锻件。拔长的方法主要有两种，一种在平砧上拔长，一种在芯轴上拔长。图3-5a所示是在锻锤上下砧间拔长，图3-5b所示是在芯轴上拔长空心坯料。

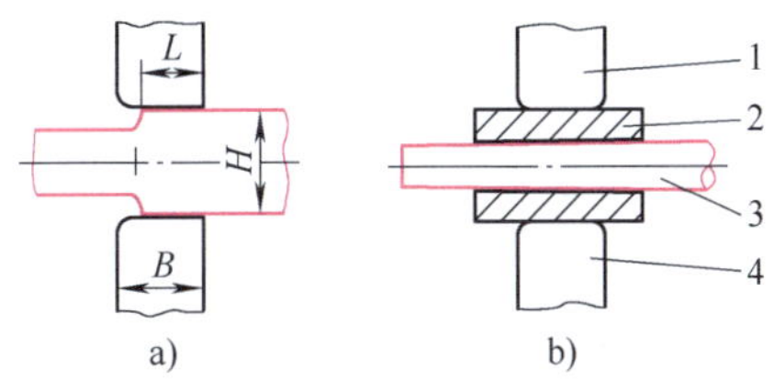

图3-5 拔长

a）在平砧上拔长 b）在芯轴上拔长

1—上砧 2—坯料 3—芯轴 4—下砧

3. 冲孔

在坯料上锻出通孔或不通孔的锻造工序，称为冲孔。直径小于25mm的孔一般不冲，由切削加工钻出。冲通孔时，直径小于450mm的孔用实心冲头进行冲孔，直径大于450mm的孔用空心冲头冲孔。冲孔常用于齿轮、套筒和圆环等锻件的加工。

对于厚度较大的锻件，一般采用双面冲孔法，如图3-6所示，即将孔冲到坯料厚度的2/3～3/4深度时，取出冲子，翻转坯料，然后从反面将孔冲透。

厚度小的坯料可采用单面冲孔法。冲孔时，坯料置于垫环上，将一略带锥度的冲头大端对准冲孔位置，用锤击方法打入坯料，直至孔穿透为止，如图3-7所示。

3

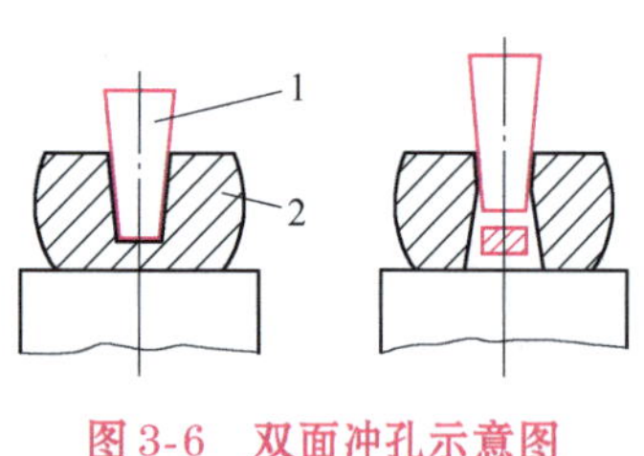

图 3-6　双面冲孔示意图

1—冲子　2—工件

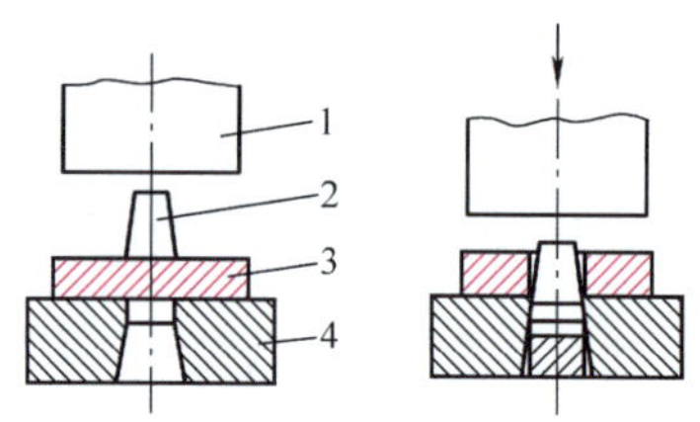

图 3-7　单面冲孔示意图

1—上砧　2—冲头　3—坯料　4—垫环

3.3.3　自由锻工艺过程示例

锻造时的基本工序选择及顺序安排，对锻件质量、生产率等有直接的影响，现以表3-2所示的齿轮自由锻工艺过程为例，说明各工序的应用。

表 3-2　齿轮自由锻工艺卡

锻件名称	齿轮毛坯	工艺类型	自由锻
材料	45 钢	设备	65kg 空气锤
加热次数	1 次	锻造温度范围	850～1200℃
锻件图		坯料图	
φ28±1.5　29±1　44±1　φ58±1　φ92±1		φ50　125	

序号	工序名称	工序简图	使用工具	操作工艺
1	镦粗	45	火钳 镦粗漏盘	控制镦粗后的高度为 45mm
2	冲孔		火钳 镦粗漏盘 冲子 冲子漏盘	1. 注意冲子对中 2. 采用双面冲孔，左图为工件翻转后将孔冲透的情况

（续）

序号	工序名称	工序简图	使用工具	操作工艺
3	修正外圆		火钳 冲子	边轻打边旋转锻件，使外圆清除鼓形，并达到 $\phi92\pm1$mm
4	修整平面		火钳	轻打（如端面不平还要边打边转动锻件），使锻件厚度达到（44±1）mm

3.4 模锻和胎膜锻

3.4.1 模锻

模锻是在外力作用下利用模具的模膛使坯料变形而获得锻件的锻造方法。与自由锻相比，模锻具有以下特点：

1）锻件的形状和尺寸比较准确，机械加工余量较小，节省加工工时，材料利用率高；

2）可以锻制形状较为复杂的锻件；

3）操作简单，劳动强度低，对工人技术水平要求不高，易于实现机械化，生产率较高；

4）模锻是整体变形，变形抗力较大，受模锻吨位的限制，模锻件的质量一般不大于50kg；

5）锻模制造成本较高，所以模锻不适合单件小批量生产，而适合于中小型锻件的大批量生产。

模锻可以在模锻锤上、摩擦压力机上及专用的机械压力机上进行，目前使用较多的是在模锻锤上模锻。

锤上模锻使用的设备有蒸汽—空气模锻锤、无砧底锤、高速锤等。蒸汽—空气模锻锤工作原理与蒸汽—空气自由锻锤基本相同，但由于模锻时受力大，要求设备的刚性好，导向精度高，以保证上下模对准。锻模由上锻模和下锻模两部分组成，分别安装在锤头和模垫上，工作时上锻模随锤头一起上下运动。上模向下扣合时，对模膛中的坯料进行冲击，使之充满整个模膛，从而得到所需锻件，如图3-8所示。

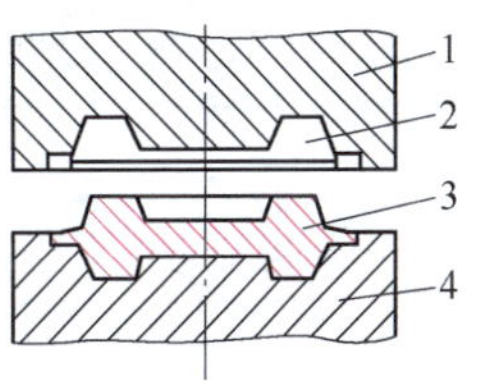

图3-8 锤上模锻

1—上锻模 2—模锻模膛 3—模锻件 4—下锻模

模锻也可以在液压机上进行，液压机锻造以静压力代替锻锤的冲击力，其锻造压力和锻透深度大，有利于改善大型锻件的内部质量。液压机有水压机和油压机，水压机以高压水（20～200标准大气压）作为动力，水压机的吨位一般为 800～15000t。我国研制的大型航空模锻油压机的吨位已达 4 万 t。

模锻时，坯料的整体逐步变形是经一系列打击完成的，为完成这些打击，必须有相应的模膛。锻件的形状越复杂，模锻时需要的模膛就越多，锻模的尺寸就越大，结构就越复杂。图 3-9 所示为单膛锻模，图 3-10 为多膛锻模。

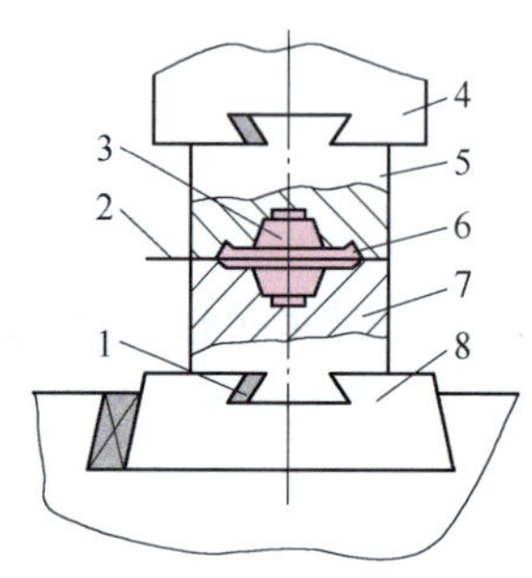

图 3-9 单膛锻模

1—紧固楔铁 2—分模面 3—模腔

4—锤头 5—上模 6—飞边槽

7—下模 8—模垫

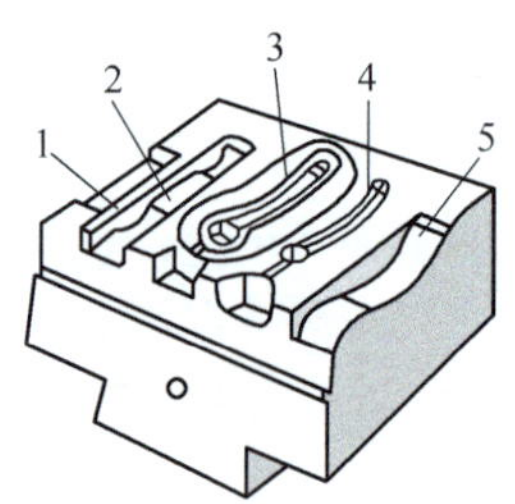

图 3-10 多膛锻模

1—拔长模膛 2—滚压模膛

3—终锻模膛 4—预锻模膛

5—弯曲模膛

3.4.2 胎模锻

胎模锻是在自由锻设备上使用可移动模具生产模锻件的一种锻造方法。所用模具称为胎模，它结构简单，形式多样，但不固定在上下砧块上。一般应用在自由锻方法制坯，然后在胎模中终锻成形。

根据胎模的结构特点，胎模可分为摔子、扣模、套模和合模四种，如图 3-11 所示。摔子是用于锻造回转体或对称锻件的一种简单胎模；扣模是相当于锤锻模成形模膛作用的胎模，多用于简单非回转体轴类锻件的局部或整体的成形；套模一般由套筒及上下模垫组成，有开式套模和闭式套模两种；合模由上模、下模和导向装置组成，多用于非回转体类且形状比较复杂的锻件，如连杆、叉形锻件。

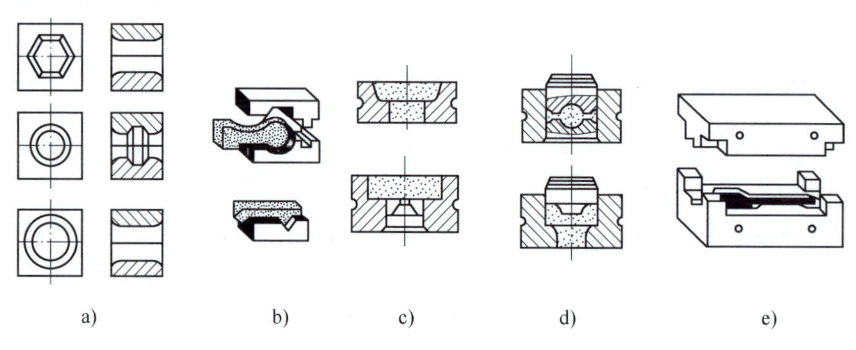

图 3-11 胎模的种类

a）摔子 b）扣模 c）开式套模 d）闭式套模 e）合模

胎模锻是介于自由锻和模锻之间的一种锻造工艺，与自由锻和模锻相比有如下特点：

1）胎模锻时，金属在胎模内成形，操作简单，生产率高；

2）锻件表面质量、形状与尺寸精度较自由锻有较大改善；

3）胎模锻不需要采用昂贵设备，并扩大了自由锻设备的应用范围；

4）胎模锻工艺灵活，可以局部成形；

5）胎模结构简单，制造容易而经济，易于推广和普及；

6）工人劳动强度大；

7）胎模容易损坏，生产率与模锻相比还不够高；

8）胎模锻适合于中小批量的锻件生产。

3.5 板料冲压

板料冲压是使板料经分离或成形而获得毛坯或零件的加工方法。板料冲压通常在室温下进行，所以又称冷冲压。当板料厚度超过 8～10mm 时，也可采用热冲压。冲压可生产金属和非金属制品。

板料冲压具有下列特点：

1）可冲压出形状复杂的零件，废料较少，材料利用率高；

2）冲压件尺寸精度高，切口表面光滑；

3）冲压可获得强度高、刚性好、质量轻的冲压件；

4）冲压操作简单，工艺过程便于实现机械化、自动化，生产率高；

5）冲模制造复杂，冲压工艺适用于大批量生产。

3.5.1 冲压设备

板料冲压常用的设备主要有剪板机、机械压力机和油压机。剪板机是常用的下料设备，其作用是将板料裁剪成条形或块状坯料；机械压力机和油压机则用于完成冲压工作。常用小型压力机的结构如图 3-12 所示。压力机的工作原理是利用曲柄（或偏心）连杆机构将回转运动转换为滑块的往复直线运动，带动安装在滑块上的冲模完成冲压工作。工作时电动机 4 不停地转动，操作者操纵踏板 12，通过离合器 8 控制滑块 11 的运动。当离合器结合时，滑块连同冲模下行，完成冲压工作；离合器脱开时，制动器 6 使滑块 11 停留在最高位置，以便于取料、送料并进行下次操作。

3.5.2 冲模

冲模是使板料分离或变形的工具，可分为简单模、连续模和复合模三种。

1. 简单模

简单模是在压力机的一次行程中只完成一道工序的模具，如图 3-13 所示。它结构简单、制造和调整方便、造价较低、生产率和产品的精度也较低，但适用面较广。多用于形状简单、尺寸精度要求不高的小批量冲压件的生产。

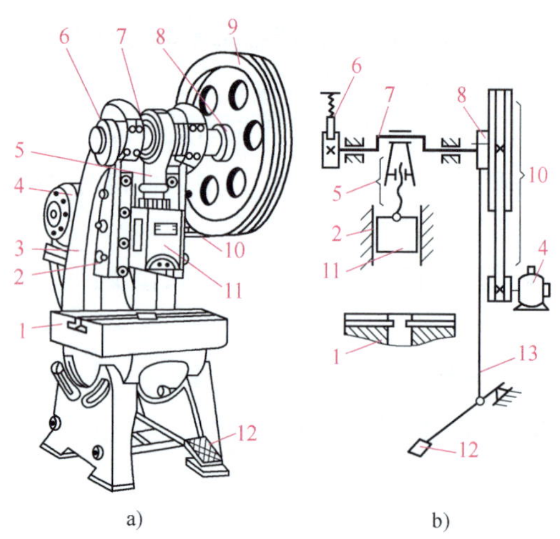

图 3-12 压力机

a）外观图 b）传动简图

1—工作台 2—导轨 3—床身 4—电动机 5—连杆
6—制动器 7—曲轴 8—离合器 9—带轮 10—三角胶带
11—滑块 12—踏板 13—拉杆

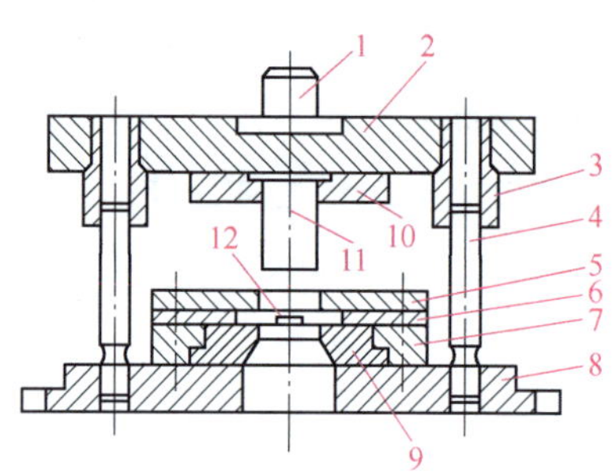

图 3-13 简单冲模结构

1—模柄 2—上模板 3—导套 4—导柱 5—卸料板
6—导板 7—压板 8—下模板 9—凹模 10—压板
11—凸模 12—定位销

2. 连续模

连续模是把两个或两个以上的简单模安装在一个模板上，在压力机的一次行程内模具不同部位上同时完成两个以上的冲压工序，如图 3-14 所示。此种模具生产效率高，易于实现自动化，但要求坯料的定位精度高，模具制造麻烦、造价较高，多用于大批量冲压件的生产。

3. 复合模

复合模是在压力机的一次行程中，在模具同一部位上同时完成数道冲压工序的模具，其结构如图 3-15 所示。复合模生产效率高，产品的尺寸精度和位置精度高，但模具制作复杂、造价高。多用于精度要求较高的大批量冲压件的生产。

3

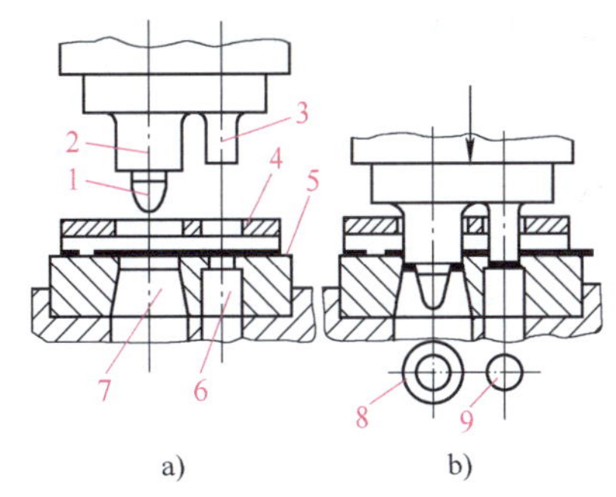

图3-14 连续模

a）冲压前 b）冲压中

1—定位销 2—落料凸模 3—冲孔凸模 4—卸料板

5—坯料 6—冲孔模腔 7—落料模腔 8—成品 9—废料

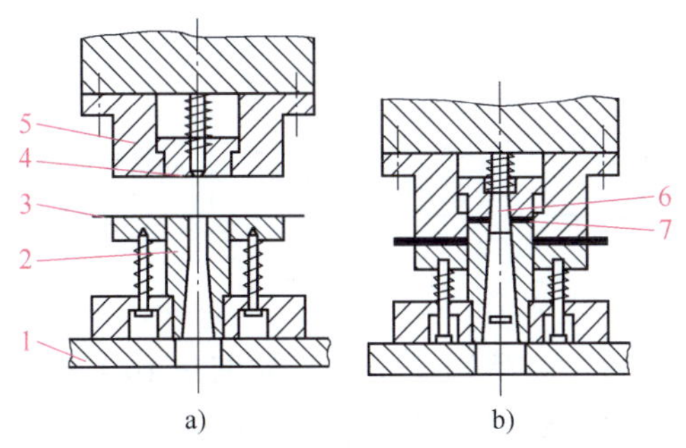

图3-15 落料及冲孔复合模

a）冲压前 b）冲压中

1—模板 2—凸凹模 3—坯料 4—压板

5—落料凹模 6—冲孔凸模 7—零件

3.5.3 冲压基本工序

板料冲压的基本工序分为分离工序和变形工序两大类。分离工序是将坯料的一部分和另一部分分开的工序，如落料、冲孔、剪切等。变形工序是使坯料的一部分相对于另一部分产生塑性变形而不破裂的工序，如弯曲、拉深、翻边和成形等。

1. 落料与冲孔

落料与冲孔可合称为冲裁，它们是将板料按封闭轮廓分离的工序。这两个工序的模具结构与坯料变形过程都是一样的，只是用途不同。冲孔是在板料上冲出所需要的孔洞，冲孔后的板料本身是成品，冲下的部分是废料，如图3-16所示。落料时，从板料上冲下来的部分是成品，而板料本身则成为废料或冲剩的余料。

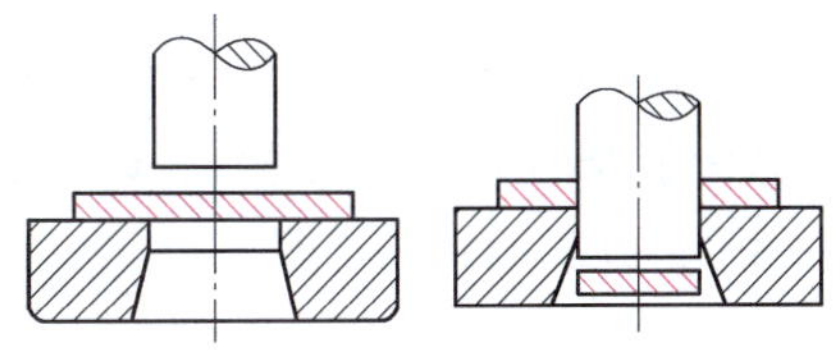

图3-16 冲孔

排样是落料工作中的重要工艺内容。合理的排样可减少废料、节省金属材料。如图3-17所示，无接边的排样法可最大限度地减少金属废料，但冲裁件的质量不高，所以通常都采用有接边的排样法。

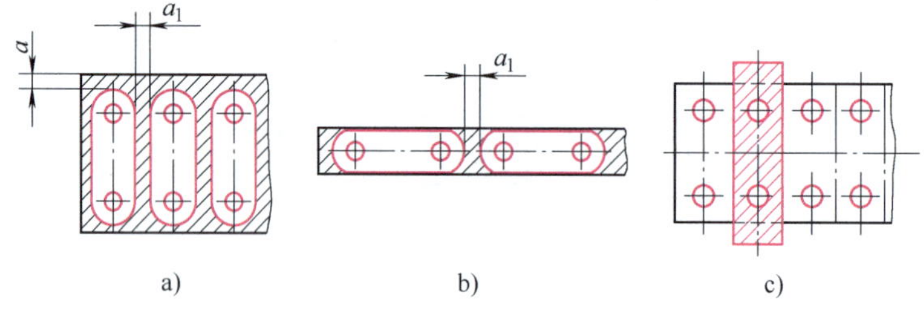

图 3-17 落料的排样工艺

a)、b）有接边排样 c）无接边排样

3

2. 弯曲

弯曲是使坯料的一部分相对于另一部分弯曲成一定角度或曲率的工序，如图 3-18 所示。

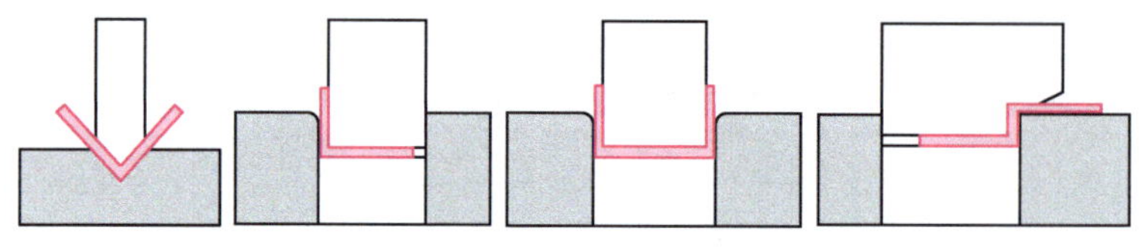

图 3-18 弯曲

弯曲时材料的内侧受压缩，而外侧受拉伸，如图 3-19 所示。当外侧拉应力超过坯料的抗拉强度时，即会造成金属破裂。坯料越厚，弯曲半径越小，应力越大，越易弯裂。材料的塑性越好，则弯曲半径可越小。

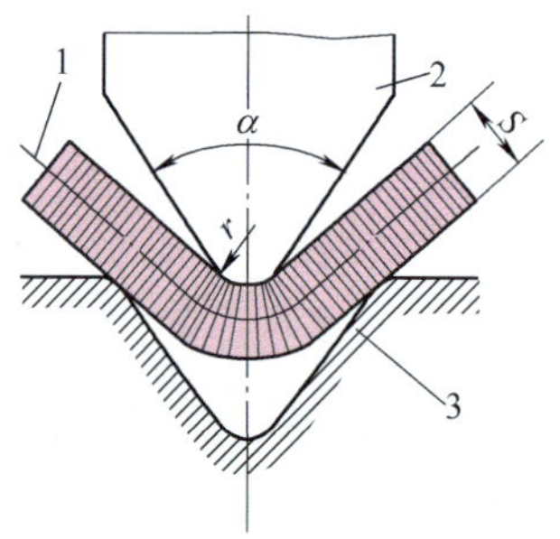

图 3-19 弯曲过程受力示意图

1—工件 2—冲头 3—凹模

3. 拉深

拉深是使平板坯料变形成开口空心零件的工序，如图 3-20 所示。拉深模的冲头和凹模边缘应做出圆角以避免工件被拉裂。冲头与凹模之间要有比板料厚度稍大一点的间隙（一般为板厚的 1.1～1.2 倍），以减少摩擦力。为了防止褶皱，坯料边缘需用压边圈压紧。

4. 翻边

翻边是使带孔坯料孔口周围获得凸缘的工序，图 3-21 所示为用凸凹模获得内凸缘的加工方法。

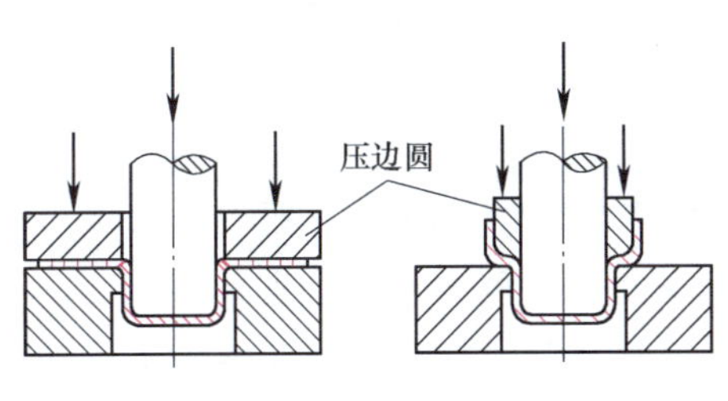

图3-20　拉深示意图

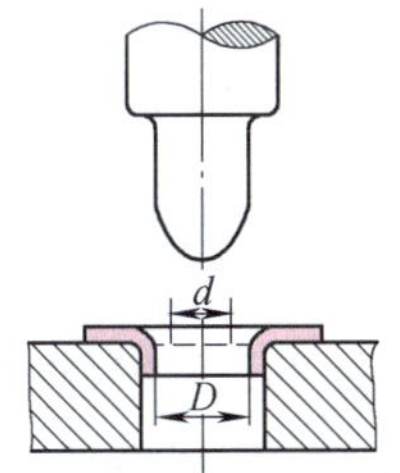

图3-21　内孔翻边示意图

5. 胀形

胀形是利用局部变形使坯料或半成品改变形状的工序。图3-22所示为鼓肚容器胀形简图。可用液体或橡皮芯子来增大半成品的中间部分，在凸模轴向压力的作用下，对半成品壁产生均匀的侧压力而成形。

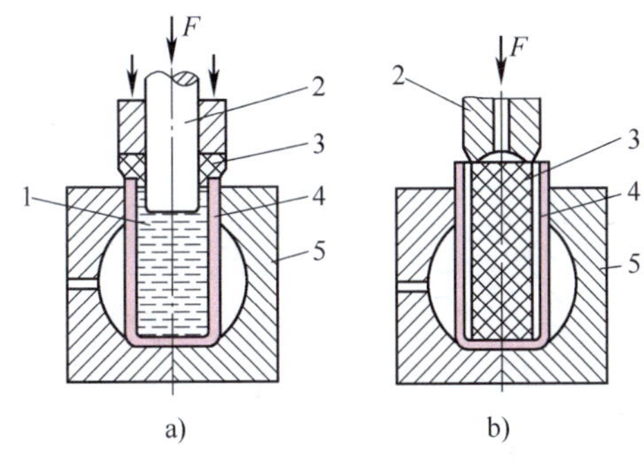

图3-22　胀形

a）液压成形　b）橡皮成形

1—液体　2—凸模　3—橡皮　4—制件　5—凹模

3.5.4　冲压工艺过程示例

在生产实际中，绝大多数冲压件要经过好几道工序才能生产出来。图3-23是挡油盘环的冲压生产过程。图中第一道工序是落料和拉深；第二道工序是冲出ϕ27mm的孔和三个ϕ4mm的孔；第三道工序是孔翻边；第四道工序是孔扩张胀形。

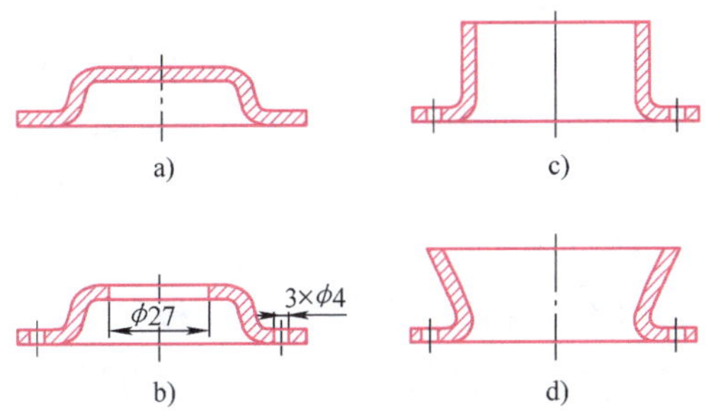

图3-23　挡油盘环的冲压工艺过程

a）落料和拉深　b）冲孔：冲出ϕ27mm的孔和三个ϕ4mm的孔

c）翻边　d）胀形

3.6 钣金件制作

钣金是针对金属薄板（通常在6mm以下）成形的一种综合冷加工工艺，一般是将一些金属薄板通过手工或模具冲压使其产生塑性变形，形成所希望的形状和尺寸，并可进一步通过焊接或少量的机械加工形成符合图样要求的零件，钣金件就是钣金工艺加工出来的产品。比如家庭中常用的烟囱、铁皮炉，还有汽车外壳都是钣金件。

3.6.1 钣金件展开图

将立体表面，按其实际形状和大小，依次摊平在一个平面上，称为立体表面展开。展开后所得的图形，称为立体的表面展开图，如图3-24所示。

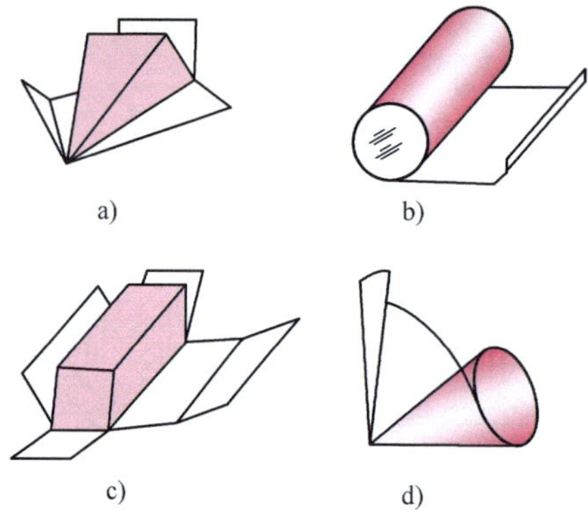

图3-24 立体的表面展开图

a）四棱锥 b）圆柱 c）长方体 d）圆锥

将钣金表面展开有计算和几何作图两种方法。对一些简单的形体，可以通过简单计算获得其展开后的平面图形尺寸。而对一些复杂形体的展开，如上、下底面不平行的柱类形体，锥体被一截面斜截后的形体等，若用计算法则相当烦琐。在实际工作中，常用几何作图的方法对其表面进行展开。

3.6.2 下料

钣金件下料的方法很多，如冲裁、激光切割、水射流切割等，其中冲裁即冲孔与落料，可参考本章3.5.3节的落料与冲孔，而激光切割可参考第四章中4.4.4激光切割。

水射流切割是将水增压至100～400MPa，经节流小孔（ϕ0.15～0.4mm），产生约3倍声速的水射流（流速高达900m/s），在计算机的控制下可方便地切割任意图形的软材料，如纸类、海绵、纤维等。若在水中加入磨料，可使切割效能增强，则几乎可以切割任意材料。

当生产批量较小时，常用各种剪刀进行下料。硬纸板和油毡纸可以用日常生活中使用的普通剪刀来剪切，而薄钢板则要用专门剪薄钢板的铁剪刀来剪切。

3.6.3 弯曲

弯曲可参考本章3.5.3冲压基本工序中的弯曲部分。在钣金操作中，常使用手工弯曲。手工弯曲是指用手工操作将金属材料沿直线或曲线弯曲成一定角度或弧度的工艺过程。常用的工具有平台、锤子、木锤、拍板、弯边模、直角尺和必要的工具。图3-25所示为角形件的弯曲。弯曲时，先用相应的装置夹紧，然后用锤子或木锤将板料的两端少许弯成一定的角度，以便固定住板料，再一点接一点地从一端向另一端移动，锤击时要轻、匀，零部件的弯曲角度应分多次锤击而成。

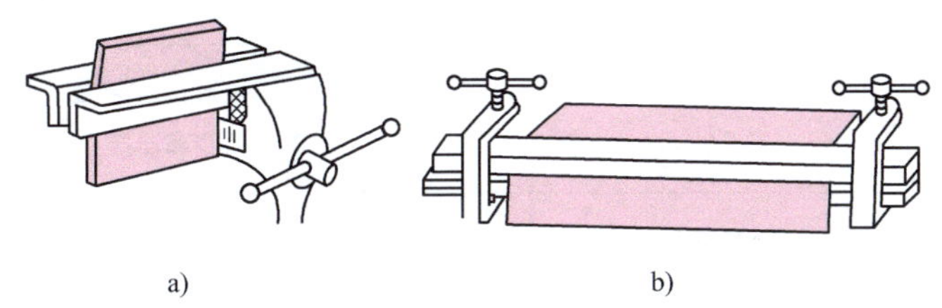

图3-25 角形件的弯曲

a）用角钢夹持 b）用弓夹与上下方钢夹持

若零件尺寸不大，可以直接在台虎钳上弯曲，如图3-26a所示。将零件上的弯曲线与钳口对齐后夹紧。左手压在零件上部，右手持木锤轻轻敲打靠近弯曲线的根部，就可以逐渐弯成很整齐的角度。图3-26b则为错误操作。

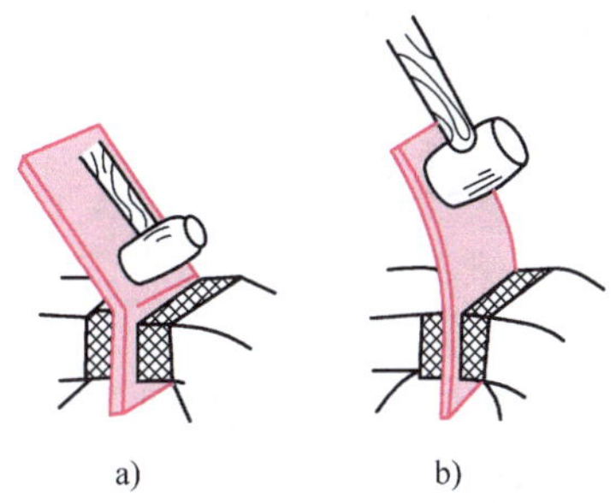

图3-26 弯钳口上段较长的工件

a）正确操作 b）错误操作

3.6.4 咬缝

将两块板料的边或一板料的两边折弯扣合，并彼此压紧的连接方式称为咬缝。咬缝连接比较牢固，在许多地方用来代替焊接。常用的咬缝结构形式和特点见表3-3。

表3-3 咬缝的种类及特点

序号	种 类	结 构	特点及应用
1	立式单咬缝		结合强度不高，用于房盖上铁瓦及多节弯头对接
2	立式双咬缝		用于刚度大且牢靠处，咬缝困难

（续）

序号	种类	结构	特点及应用
3	卧式单咬缝		既有一定强度，又平滑，应用较广，如盆、桶、水壶等
4	卧式双咬缝		强度高，牢靠，如屋顶水槽
5	角式咬缝		用于角形的连接处，具有较大的连接强度，如壶、桶底部连接
6	匹斯堡咬缝		外表面平整、光滑，刚性好，适用于矩形弯管和各种罩壳结构连接

咬缝常用的工具有锤子、木锤、拍板、规铁、角铁、方钢和圆钢等。咬缝下料时，应留出咬缝余量。咬缝余量是根据咬缝宽度和扣合层数计算的。咬缝宽度与板厚有关。厚度为0.5～1mm的板料，咬缝宽度为5～7mm；0.5mm以内的板料，其咬缝宽度为3～4mm。扣合层数决定于咬缝结构。立式单咬缝、角式咬缝的扣合层数为3层；卧式单咬缝的扣合层数看似4层，但其中一层为有效边，所以实际扣合层数为3层。

3.7 锻造生产环境与安全操作

1. 锻造生产环境

锻造生产是用压力成形原理制造机械零件或零件坯料，主要生产设备和工具有加热炉、鼓风机、压力机和模具等。锻造生产能源消耗比较突出，车间环境比较差，高温、粉尘、噪声污染较严重，车间噪声大于90dB，对人体健康有不同程度的损害，需要对环境进行保护和自我身体防护。

锻造生产环境保护措施很多，如采用先进的锻造工艺，降低能耗。锻件清理尽可能不用酸洗工艺，一旦采用酸洗工艺，必须配备完善的通风、酸液回收、残液处理设施，排放废液必须达到国家或当地排放标准。生产中所产生的各种废渣，如炉渣、废弃耐火材料、氧化铁皮等均应妥善处理或予以回收，不允许随意弃置。生产中所产生的废料、边角料要回收再用。

2. 锻造实习操作安全事项

1）实习时要戴好安全帽和防振手套、穿好工作服和工作鞋。

2）工作前必须进行设备及工具检查，当工具开裂及铆钉松动时，禁止使用。

3）操作时要思想集中，掌钳者必须夹牢和放稳工件，打锤者应按掌钳指挥要求操锤，注意控制锤击方向。

4）握钳时将钳把置于体侧，不要正对腹部。也不要将手放入钳股之间。

5）锻打时，锻件应放在下抵铁的中央，锻件及垫铁等工具必须放正、放平，以防飞出伤人。

6）踩踏杆时，脚根不许悬空，以保证操作的稳定和准确。不锤击时，应随即将脚离开踏杆，以防误踏出事故。

7）操作冲压机时，必须双手同时按住冲压机开关。

8）不要用手摸或脚踏未冷却透的锻件。需要拿或摸锻件时，则必须以水检验温度后，方可拿取。

9）不得随意拨动锻压设备的开关和操纵手柄等。严禁用锤头空击下抵铁，也不许锻打过烧或已冷的锻件。

10）不要站立在容易飞出火星和锻件毛边的地方。

复习思考题

3-1　锻造前加热的目的是什么？加热时可能出现哪些缺陷？如何避免？

3-2　自由锻造的特点是什么？它有哪几种基本工序？

3-3　冲压的基本工序有哪些？

3-4　冲模分为几类？各自的特点和应用如何？

3-5　角形弯曲的具体操作方法是什么？

第4章

焊接成形

本章导读

焊接是永久性连接金属材料的一种方法，按工艺特点，可分为熔焊、压焊和钎焊。焊接的应用领域非常广泛，如钢结构、舰船、管道、压力容器、汽车、电器线路和电子产品等。

焊条电弧焊是用手工操纵焊条进行焊接的电弧焊方法。其设备简单，维护方便，操作灵活，适应性强，应用范围广，适合于大多数工业用金属和合金的焊接及野外作业。气焊是利用气体火焰做热源的焊接方法，由于气焊火焰温度较低，只适合焊接厚度3mm以下的低碳钢薄板、薄壁管以及铸铁件的焊补等。气割是利用气体火焰（如氧-乙炔焰）及切割氧进行的热切割工艺。

除焊条电弧焊以外，常用的焊接方法还有埋弧焊、气体保护焊、等离子弧焊接、激光焊接、机器人焊接等，除气割外，常用的切割方法有等离子弧切割、激光切割等。

由于焊接是局部加热，造成各部分热胀冷缩不一致，因此会引起焊接变形。焊接过程中还会引起裂纹、未焊透、夹渣、气孔等焊接缺陷。这些变形和缺陷都会对焊接接头的性能产生不同程度的影响。

实训目的与要求

1）了解焊接生产工艺过程、特点和应用。

2）了解焊条电弧焊工艺的主要内容：焊条电弧焊机、电焊条、焊接工艺参数和常见焊接缺陷。

3）了解气焊焊接工艺过程、气焊火焰种类和调节方法。

4）了解气割工艺过程、金属气割条件和等离子弧切割的特点及应用。

5）能进行焊条电弧焊和气焊的平焊操作。

6）了解其他常用焊接方法的特点和应用。

7）了解焊接生产环境保护与安全操作知识。

4.1 概述

焊接是应用外加能量（加热或加压，或两者并用），使分离的材料通过原子间的结合和扩散连接在一起的工艺方法。焊接的种类很多，按焊接过程的工艺特点，通常分为熔焊、压焊和钎焊。

（1）熔焊　将待焊处的母材金属熔化以形成焊缝的焊接方法，常用的熔焊方法有气焊、电弧焊、电渣焊、电子束焊和激光焊等。

（2）压焊　焊接过程中对焊件施加压力完成焊接的方法。常用的压焊方法有电阻焊、摩擦焊、超声波焊、冷压焊、爆炸焊、扩散焊等。

（3）钎焊　将熔点比母材低的钎料加热至熔化，但加热温度低于母材的熔点，用熔化的钎料填充焊缝、润湿母材并与母材相互扩散形成一体的焊接方法。钎焊分硬钎焊和软钎焊。

作为一种重要的连接技术焊接在现代制造技术中起着非常重要的作用，与螺钉连接、铆接、铸件及锻件相比有以下优点。

1）节省金属材料，减轻结构重量，且经济效益好。焊接结构比铆接结构重量可减轻15%～20%，比铸件轻30%～40%，比锻件轻30%。

2）焊接加工快，工时少，生产周期短，易于实现机械化和自动化，生产率高。

3）结构强度高，接头密封性好。通过焊接技术实现的连接具有很高的性能，其接头可达到与母材等强度、等塑性、等韧性，尤其是其动载性能越好，永久连接的可靠性越高。

4）为结构设计提供较大的灵活性。可以化大为小，化繁为简，通过铸-焊或锻-焊结合，制造大型工件和形状复杂的零件。

焊接的应用领域非常广泛，如钢结构、舰船、管道和压力容器、汽车和轨道车辆、机器零件或毛坯的制造、连接电气线路及焊接修复等。

4.2 焊条电弧焊

焊条电弧焊是用手工操作焊条进行焊接的电弧焊方法。其设备简单，维护方便，操作灵活，适应性强，应用范围广，适合于大多数工业用金属和合金的焊接及野外作业。

4.2.1 焊条电弧焊焊接过程

焊接时，将焊条与工件接触短路后立即提起焊条，引燃电弧。电弧的高温将焊条与工件局部熔化，熔化了的焊芯以熔滴的形式过渡到局部熔化的工件表面，与之熔合到一起形成熔池。焊条药皮在熔化过程中产生一定量的气体和液态熔渣，产生的气体充满在电弧和熔池周围，起隔绝空气、保护液体金属的作用。液态熔渣密度小，在熔池中不断上浮，覆盖在液体金属表面，起保护液体金属的作用。同时，药皮熔化产生的气体，熔渣与熔化了的焊芯、工件发生一系列冶金反应，保证了所形成焊缝的性能，焊条电弧焊的焊接原理如图 4-1 所示。

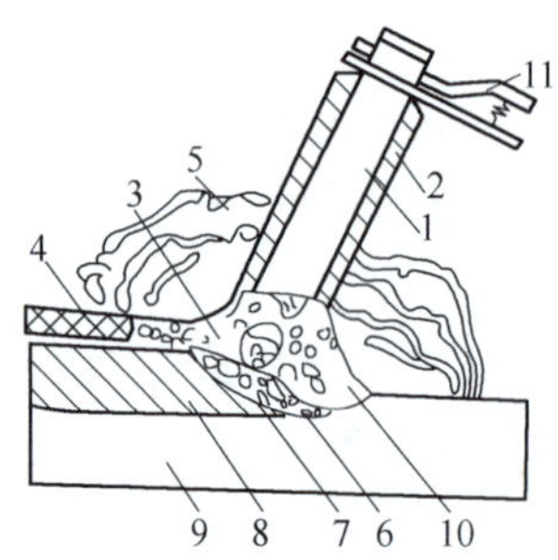

图 4-1 焊条电弧焊焊接原理

1—焊芯 2—药皮 3—液态熔渣 4—凝固的熔渣

5—保护气体 6—熔滴 7—熔池 8—焊缝

9—工件 10—电弧 11—焊钳

4.2.2 焊条电弧焊常用设备

焊条电弧焊的焊接设备主要指专用的焊接电源。焊条电弧焊的焊接电源有交流电源和直流电源，如交流弧焊变压器、直流弧焊发电机和逆变弧焊电源等。

1. 交流弧焊变压器

弧焊变压器将电网的交流电（220V 或 380V）变成适宜于弧焊的交流电（空载时60～80V，工作时 20～40V），与直流电源相比，弧焊变压器具有结构简单、制造方便、使用可靠、维护容易、效率高和成本低等优点，生产中仍占很大的比例。最常用的弧焊变压器有动铁心式弧焊变压器，其型号有 BX1-200，BX1-300 等；动圈式弧焊变压器，其型号有 BX3-400 等；抽头式弧焊变压器，其型号有 BX6-250 等。图 4-2 所示为 BX1-200 型弧焊变压器。

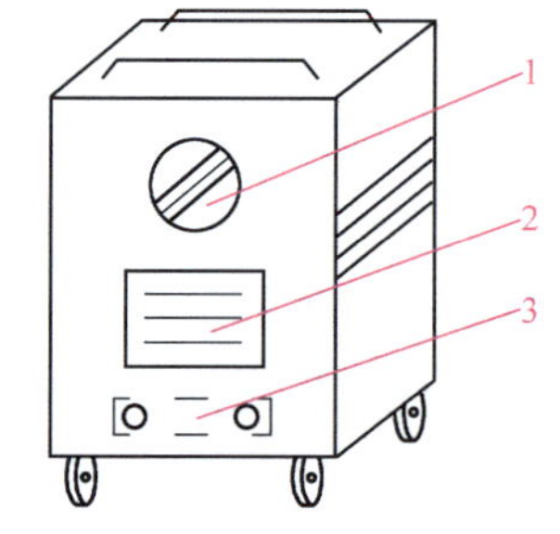

图 4-2 BX1-200 型弧焊变压器

1—调节旋钮 2—铭牌

3—输出端

2. 直流弧焊发电机

它由一台原动力（交流电动机或柴油机）和特殊的直流发电机组成。直流弧焊发电机稳弧性好，经久耐用，电网电压波动的影响小，但硅钢片和铜导线的需要量大，空载损耗大，效率低，结构复杂笨重，已属于淘汰产品，但由于某些行业（如长输管道）野外作业的特殊性，在施工中仍使用。

3. 逆变弧焊电源

逆变弧焊电源是近年来迅速发展的新一代弧焊电源。它把电网交流电整流后，逆变成几千至几万赫兹的中频交流电，再降压输出或再降压、整流、滤波后输出。具有体积小、质量轻、高效节能、引弧容易、性能柔和、电弧稳定、飞溅小等优点，适用于焊条电弧焊的所有场合，已被广泛应用。

4.2.3 焊条

1. 焊条的组成及作用

焊条是由焊芯和药皮组成，如图4-3所示。焊条的一端为引弧端，另一端为夹持端。焊条直径指焊芯的直径，常用的有 ϕ1.6，ϕ2.0，ϕ2.5，ϕ3.2，ϕ4.0，ϕ5.0，ϕ5.8 等7种。

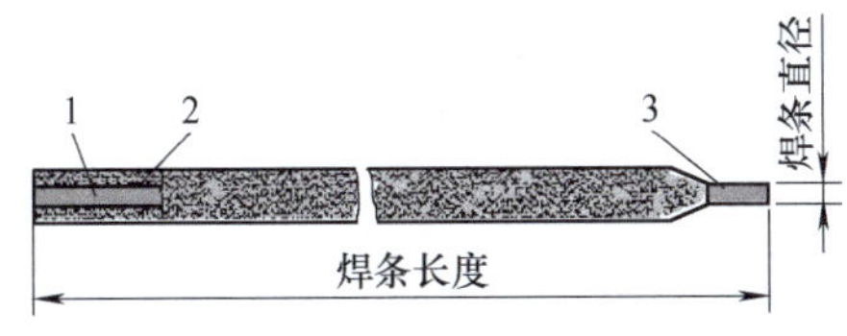

图4-3 焊条的组成

1—焊芯 2—药皮 3—夹持端

4

焊芯是一根具有一定直径和长度、经过特殊冶炼的专业金属丝。其作用有二，一是作为电极传导电流，产生电弧；二是熔化后作为焊缝的填充金属，与熔化的母材一起组成焊缝。因此，焊芯的化学成分和非金属夹杂物的多少将直接影响焊缝的质量。

药皮是压涂在焊芯表面的涂料层，它是由矿石粉、有机物粉、铁合金粉和粘结剂等原料按一定比例配制而成。其主要作用有：

(1) 改善焊条的焊接工艺性　使电弧容易引燃并稳定燃烧，有利于焊缝成形，减少熔池飞溅等。

(2) 机械保护　在电弧的高温作用下，药皮分解产生大量的气体和熔渣，防止熔滴和熔池金属与空气接触。熔渣凝固后形成渣壳覆盖在焊缝表面，防止高温焊缝金属被氧化，同时可减缓焊缝金属的冷却速度。

(3) 冶金处理　去除熔池中的氧、氢、硫、磷等有害元素，添加有益的合金元素，改善焊缝的质量。

2. 焊条的分类

按熔渣的酸碱性有酸性焊条和碱性焊条。酸性焊条的药皮焊后形成的熔渣以酸性氧化物（SiO_2、TiO_2 等）为主。碱性焊条的药皮焊后形成的熔渣以碱性氧化物（CaO、MnO等）为主。酸性焊条具有良好的焊接工艺性，但焊缝的塑性、韧性和抗裂纹性能较差。碱性焊条焊缝的塑性、韧性和抗裂性能较高，但其焊接工艺较差。

按焊条用途分类：有结构钢焊条、钼和铬钼耐热钢焊条、不锈钢焊条、堆焊焊条、低温钢焊条、铸铁焊条、镍和镍合金焊条、铜和铜合金焊条、铝和铝合金焊条和特殊用途焊条。

3. 焊条的选用

焊条选用的基本原则是要求焊缝和母材具有相同水平的使用性能。结构钢焊条只需要其焊缝满足力学性能要求，可根据母材的抗拉强度，按“等强”原则选用。对承受冲击、动载等重要构件或母材焊接性能差、环境温度低、焊件厚度或结构刚度大等易产生焊接裂纹时，应选用碱性焊条。反之，焊一般结构时，应选用酸性焊条。

4.2.4 焊条电弧焊工艺

1. 焊接位置

在实际生产中，焊缝可以在空间不同的位置施焊，如图 4-4 所示，有平焊、立焊、横焊和仰焊四种。

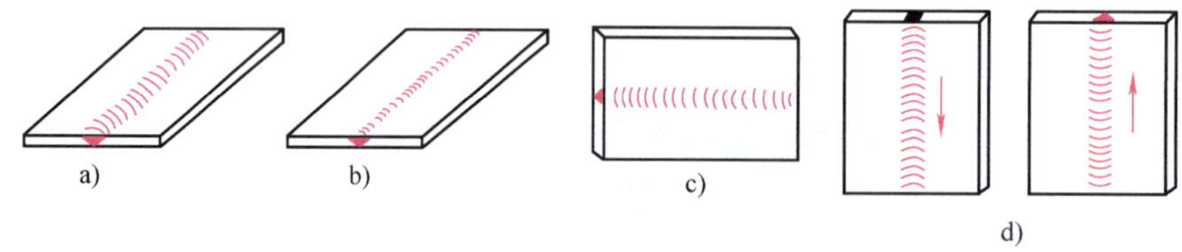

图 4-4 焊接位置

a）平焊 b）仰焊 c）横焊 d）立焊

平焊操作方便、劳动条件好，焊接时熔滴受重力作用垂直下落熔池，熔融金属不易向四周散失，易于保证焊缝质量，生产率高，是最理想的操作位置。立焊和横焊因熔池金属有滴落趋势，操作难度大，焊缝成形不好。仰焊的熔滴过渡和焊缝成形都很困难、操作很不方便，是最不易掌握的焊接操作位置。

2. 接头形式

在焊接前，应根据焊接部位的形状、尺寸、受力的不同，选择合适的接头类型。常见的接头形式有对接接头、角接接头、搭接接头和 T 形接接头等，如图 4-5 所示。

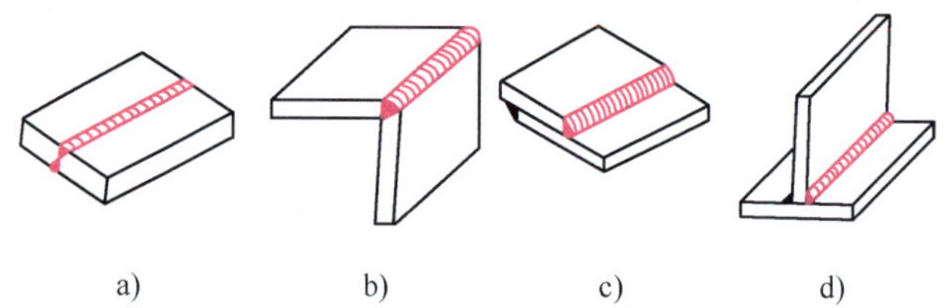

图 4-5 焊接接头的基本形式

a）对接接头 b）角接接头 c）搭接接头 d）T 形接头

（1）对接接头　两焊件端面相对平行的接头称为对接接头，如图 4-5a 所示。这种接头能承受较大的载荷，是焊接结构中最常用的接头。

（2）角接接头　两焊件端面间构成大于 30°、小于 135°夹角的接头称为角接接头，如图 4-5b 所示。角接接头多用于箱形构件，其焊缝的承载能力不高，所以一般用于不重要的焊接结构中。

（3）搭接接头　两焊件重叠放置或两焊件表面之间的夹角不大于 30°构成的端部接头称为搭接接头，如图 4-5c 所示。搭接接头的应力分布不均匀，接头的承载能力低，在结构设计中应尽量避免采用塔接接头。

（4）T 形接头　一焊件端面与另一焊件表面构成直角或近似直角的接头称为 T 形接头，如图 4-5d 所示。这种接头在焊接结构中是较常用的，整个接头承受载荷、特别是承受动载荷的能力较强。

3. 坡口形式

焊接前把两焊件间的待焊处加工成所需的几何形状的沟槽称为坡口。坡口的作用是为了保证电弧能深入焊缝根部，使根部能焊透，便于清除熔渣，以获得较好的焊缝成形性和保证焊缝质量。坡口加工称为开坡口，常用的坡口加工方法有刨削、车削和乙炔火焰切割等。

对接接头的坡口型式有：I 型、Y 型、双 Y 型（X 型）、U 型和双 U 型，如图 4-6 所示。坡口型式应根据被焊件的结构、厚度、焊接方法、焊接位置和焊接工艺等进行选择；同时还应考虑能否保证焊缝焊透、是否容易加工、节省焊条、焊后减少变形以及提高劳动生产率等问题。

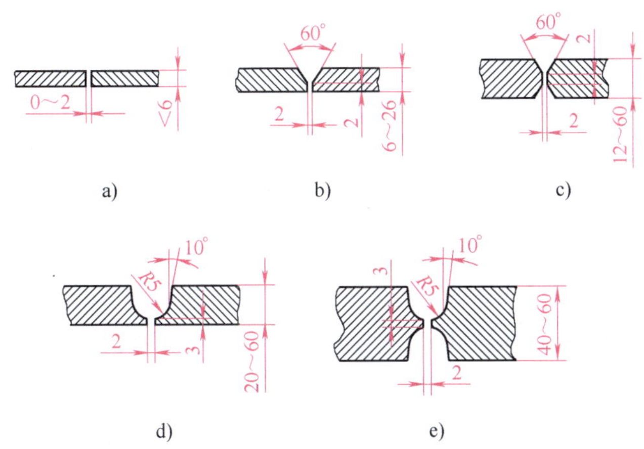

图 4-6 焊缝的坡口型式

a) Ⅰ型坡口 b) Y 型坡口 c) 双 Y（X 型）坡口
d) U 型坡口 e) 双 U 型坡口

4. 焊接工艺参数

焊接工艺参数是为获得质量优良焊接接头而选定的物理量的总称。焊接工艺参数有焊接电流、焊条直径、焊接速度、焊弧长度和焊接层数等。工艺参数选择是否合理，对焊接质量和生产率都有很大影响，其中焊接电流的选择最重要。

（1）焊条直径与焊接电流的选择 焊条电弧焊工艺参数的选择一般是先根据工件厚度选择焊条直径，然后根据焊条直径选择焊接电流。

焊条直径应根据钢板厚度、接头型式、焊接位置等来加以选择。在立焊、横焊和仰焊时，焊条直径不得超过 4mm，以免熔池过大，使熔化金属和熔渣下流。平板对接时焊条直径的选择可参考表 4-1。各种焊条直径常用的焊接电流范围可参考表 4-2。

表 4-1 焊条直径的选择

钢板厚度/mm	≤1.5	2.0	3	4~7	8~12	≥13
焊条直径/mm	1.6	1.6~2.0	2.5~3.2	3.2~4.0	4.0~4.5	4.0~5.8

表 4-2 焊接电流的选择

焊条直径/mm	1.6	2.0	2.5	3.2	4.0	5.0	5.8
焊接电流/A	25 ~ 40	40 ~ 70	70 ~ 90	100 ~ 130	160 ~ 200	200 ~ 270	260 ~ 300

（2）焊接速度的选择　焊接速度是指单位时间所完成的焊缝长度，它对焊缝质量的影响很大。焊接速度由焊工凭经验掌握，在保证焊透和焊缝质量前提下，应尽量快速施焊。

（3）焊接电弧长度的选择　电弧过长，燃烧不稳定，熔深减小，空气易侵入熔池产生缺陷。电弧长度超过焊条直径者为长弧，反之为短弧。操作时尽量采用短弧，即弧长 $L = (0.5 \sim 1)\ d$，一般多为 2 ~ 4mm。

4.3 气焊与气割

4

4.3.1 气焊

气焊是利用气体火焰做热源的焊接方法，气焊所用气体分为可燃气体和助燃气体。可燃气体有乙炔、天然气、液化石油气等，助燃气体为氧气，其中最常用的是氧-乙炔焊，如图 4-7 所示。

与焊条电弧焊相比，气焊设备简单，操作灵活，不带电源，但气焊火焰温度较低，热量分散，生产率较低，工件变形较严重，焊接质量较差，焊接接头质量不高。气焊应用范围越来越小，目前主要应用于建筑、安装、维修及野外施工等条件下的黑色金属焊接，如焊接厚度 3mm 以下的低碳钢薄板、薄壁管以及铸铁件的焊补等。

1. 气焊设备

气焊所用的设备有氧气瓶、乙炔瓶、减压器、回火保险器、焊炬和橡胶管等组成，如图 4-8 所示。

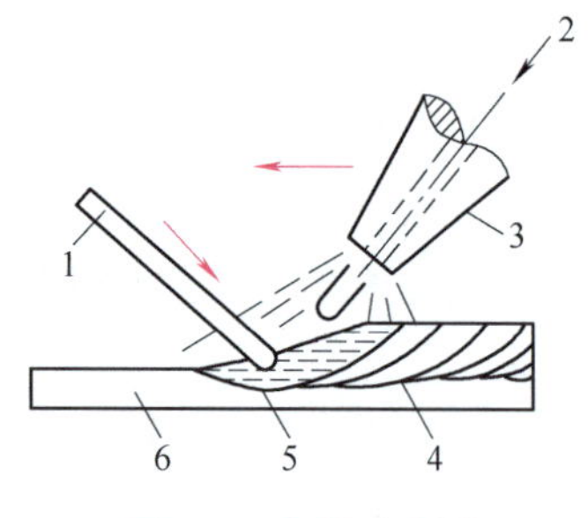

图 4-7 气焊示意图

1—焊丝　2—乙炔 + 氧气　3—焊炬
4—焊缝　5—熔池　6—工件

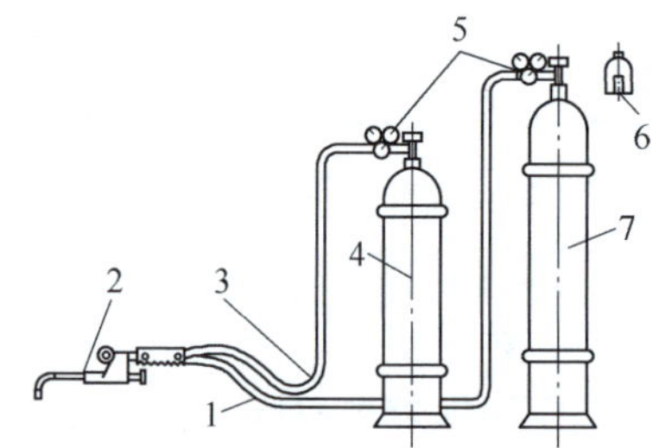

图 4-8 气焊设备及其连接

1—氧气胶管（黑色）　2—焊炬
3—乙炔胶管（红色）　4—乙炔瓶
5—减压器　6—瓶帽　7—氧气瓶

气焊时用于控制火焰进行焊接的工具称为焊炬，其作用是将乙炔和氧气按一定比例均匀混合，由焊嘴喷出后，点火燃烧，产生气体火焰。按可燃气体与氧气在焊炬中的混合方式不同分为吸射式和等压式两种，以吸射式焊炬应用最广，其外形如图4-9所示。

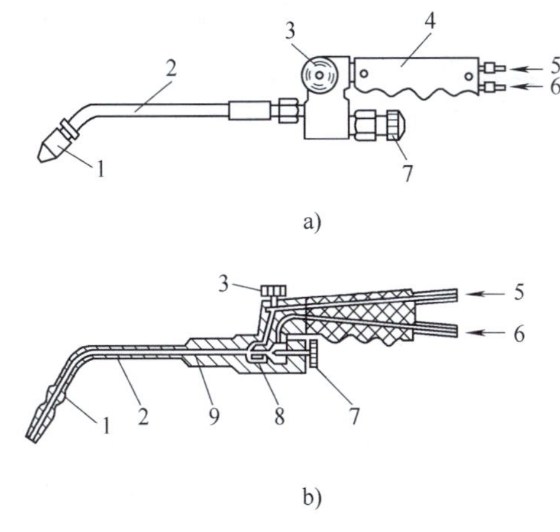

a)

b)

图4-9 吸射式焊炬

a）外形图 b）内部构造

1—焊嘴 2—混合管 3—乙炔阀门 4—手把 5—乙炔
6—氧气 7—氧气阀门 8—喷嘴 9—吸射管

2. 焊丝和焊剂

气焊的焊丝在焊接时作为填充金属，与熔化的母材一起形成焊缝。焊丝的化学成分应与母材相匹配。焊接低碳钢时，常用的焊丝牌号有H08和H08A。焊丝的直径应根据焊件厚度来选择，一般为2～4mm。

气焊焊剂是气焊时的助熔剂，其作用是去除焊接过程中形成的氧化物，改善母材的润湿性等。气焊低碳钢时，一般不需要使用气焊焊剂。但在气焊铸铁、不锈钢、耐热钢和非铁金属时，必须使用气焊溶剂。

3. 气焊火焰

气焊火焰是由可燃气体和助燃气体混合燃烧而形成的。生产中乙炔和氧气混合燃烧的火焰最常用，这种火焰称为氧乙炔焰。改变乙炔和氧气的混合比例，可以得到三种不同性质的火焰，如图4-10所示。

（1）中性焰　中性焰就是氧气-乙炔的比例恰好是乙炔能够充分燃烧，没有多余的氧，也没有多余的乙炔，如图4-10a所示，由焰心、内焰和外焰三部分组成。中性焰在距离焰心前面2～4mm处温度最高，为3050～3150℃。中性焰应用最为广泛，适用于焊接低碳钢、中碳钢、低合金钢、不锈钢、纯铜和铝合金等材料。

（2）碳化焰　如果混合气体中有过多的乙炔时形成的火焰称为碳化焰，如图4-10b所示。因为有过多的乙炔，乙炔燃烧不充分，所以火焰尤其是焰心长而绵软，乙炔量过多时火焰还会冒黑烟，碳化焰的最高温度为2700～3000℃。由于乙炔过剩，火焰中有游离碳和多余的氢，碳会渗到熔池中造成焊缝增碳现象。碳化焰适用于焊接高碳钢、铸铁和硬质合金等材料。

（3）氧化焰　如果混合气体中有过多的氧时形成的火焰称为氧化焰，如图4-10c所示示。由于氧气过剩，燃烧剧烈，火焰明显缩短，内焰区不可见，也没有跳动的火苗，焰心短，整个火焰挺直有力，有呼呼的响声，火焰的最高温度为3100~3300℃。过剩的氧对熔池金属有强烈的氧化作用，使熔池中的金属元素烧损，焊缝质量差，一般气焊时不易采用。氧化焰仅用于焊接黄铜、锡青铜等。利用其氧化性，在熔池表面形成一层氧化物薄膜，覆盖在熔池上，以减少锡、锌的蒸发。

4.3.2 气割

氧气切割（简称气割）是利用气体火焰（如氧-乙炔焰）及切割氧进行的热切割工艺。其原理是用可燃气体与氧气混合燃烧产生的热量预热金属表面，使预热处金属达到燃烧温度，然后送进高纯度、高速度的切割氧气流，使金属在氧气中剧烈燃烧，生成氧化物熔渣的同时放出大量的热量，借助这些燃烧热和熔渣不断加热切口处金属，并使热量迅速传递，直到工件底部。反应过程向深度和移动方向进行，所产生的氧化物和熔融金属混合物被切割氧气流吹出并产生割口，从而达到切割金属的目的。气割示意图如图4-11所示。

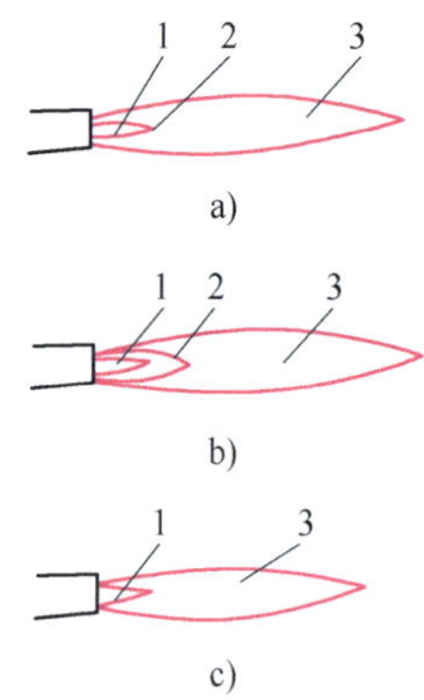

图4-10 氧乙炔火焰

a）中性焰 b）碳化焰 c）氧化焰

1—焰心 2—内焰 3—外焰

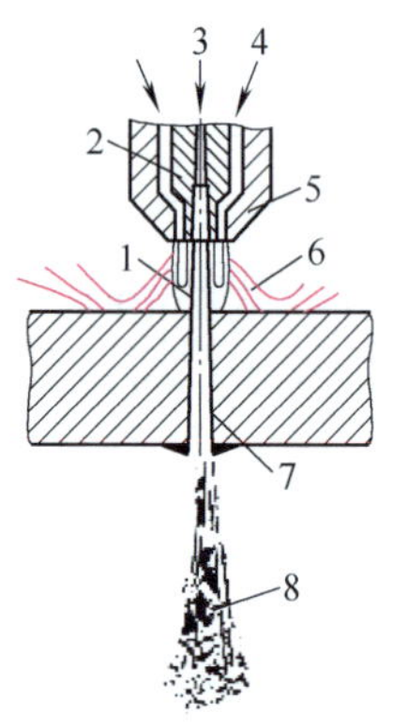

图4-11 气割示意图

1—切割氧 2—切割嘴 3—O_2

4—$C_2H_2+O_2$ 5—预热嘴

6—预热焰 7—割缝 8—氧化渣

4.4 其他常用焊接方法与切割方法

4.4.1 埋弧焊

埋弧焊是电弧在焊剂层下燃烧进行焊接的方法。其焊接原理为：电极和工件分别与焊接电源的输出端连接，连续送进的焊丝在可熔化的颗粒状焊剂覆盖下引燃电弧，电弧热使焊丝和母材熔化形成熔池，使焊剂熔化形成保护气体和熔渣对电弧和熔池形成保护，随着电弧向前移动，电弧力将液态金属推向后方并逐渐冷却凝固成焊缝，熔渣凝固成渣壳覆盖在焊缝表面，继续保护焊缝。颗粒状的焊剂相当于焊条的药皮。图4-12所示为埋弧焊焊缝形成示意图。

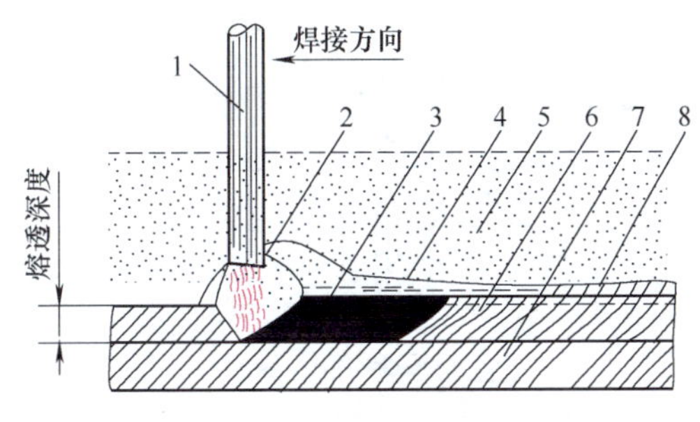

图4-12 埋弧焊焊缝的形成

1—焊丝 2—电弧 3—熔池金属 4—熔渣

5—焊剂 6—焊缝 7—焊件 8—渣壳

埋弧焊的特点：

（1）焊接质量好 埋弧焊中的焊剂对焊缝形成了有效的保护，获得了力学性能优良、致密性好的优质焊缝。

（2）生产率高 所用电流大，熔敷速率高。

（3）劳动条件好 焊接过程无弧光辐射，噪声小，可实现机械化和自动化。

（4）设备复杂，适应性差，一般只能在平焊或横焊位置下进行焊接。

埋弧焊只适合水平位置，焊接长直焊缝或者具有较大直径的环形焊缝的中厚焊件的批量生产。目前埋弧焊在舰船、锅炉、车辆和容器制造等工业生产中得到广泛应用。

4.4.2 气体保护焊

气体保护焊是用外加气体作为电弧介质并保护电弧和焊接区的电弧焊方法。常用的保护气体有二氧化碳（CO_2）、氩气（Ar）、氮气（N_2）等以及它们的混合气体。

1. CO_2 气体保护焊

利用 CO_2 气体对电弧及熔池进行保护的焊接方法称为 CO_2 气体保护焊，简称 CO_2 焊。它用金属焊丝作电极，同时焊丝熔化后作为填充材料和母材熔化后共同形成焊缝。作为保护气体的 CO_2 从焊枪喷嘴中喷出，完全覆盖电弧及熔池，起到保护作用。CO_2 焊以自动或半自动的方式进行。目前应用较多的是半自动 CO_2 气体保护焊，如图4-13所示。

CO_2 气体保护焊的优点是生产效率高，CO_2 气体来源广、价格便宜，焊接成本低，焊接质量好，可全位置焊接，明弧操作，焊后无需清渣，易于实现机械化和自动化。其缺点是焊缝成形差，飞溅大，焊接设备复杂，维修不便，焊接电源需采用直流反接。

CO_2 气体保护焊广泛用于汽车、机车及车辆、舰船、锅炉和管道等的焊接，主要用于焊接低碳钢和低合金钢。对于较长的直线焊缝和规则的曲线焊缝，可采用自动焊，而对于不规则的或较短的焊缝，则采用半自动焊。

2. 氩弧焊

氩弧焊是使用氩气作为保护气体的一种焊接方法，由于在高温熔融焊接中不断送上氩气，使焊材不能和空气中的氧气接触，从而防止了焊材的氧化。

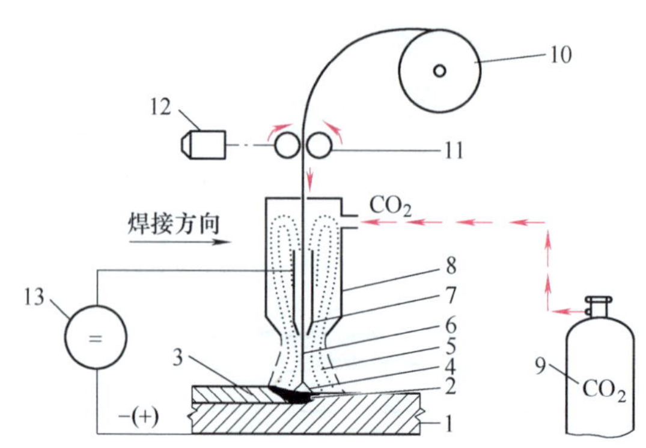

图 4-13 CO_2 气体保护焊接示意图

1—母材 2—熔池 3—焊缝 4—电弧 5—CO_2 保护区

6—焊丝 7—导电嘴 8—喷嘴 9—CO_2 气瓶 10—焊丝盘

11—送丝滚轮 12—送丝电动机 13—直流电源

4

（1）熔化极氩弧焊 熔化极氩弧焊是利用焊丝作为电极并兼做填充材料，焊丝通过丝轮送进，导电嘴导电，在母材与焊丝之间产生电弧，使焊丝和母材熔化，并用惰性气体氩气保护电弧和熔融金属来进行焊接。焊接时电源采用直流反接，可使用较大的焊接电源，适合焊接较厚的焊件。

（2）钨极氩弧焊 钨极氩弧焊是电弧在钨极（不熔化）和工件之间燃烧，利用氩气形成一个保护气罩，使钨极端头、电弧和熔池不与空气接触，从而形成致密的焊接接头，其力学性能非常好。钨极氩弧焊的电源通常采用直流正接，使钨极处于阴极，焊接时使用较小的焊接电流，以减小钨极的烧损。因此钨极氩弧焊一般只能焊接较薄的焊件。焊接铝、镁合金时，应采用交流电源，这是因为铝、镁合金在高温时易氧化，而钨极处于副半周期时，具有强烈的清除熔池表面氧化膜的能力。

氩弧焊的优点：

1）焊接过程稳定，氩气是单原子气体，稳定性好，高温下不分解、不吸热、热导率小，电弧在氩气中燃烧稳定，且热量集中。

2）焊接质量高，氩气是一种惰性气体，它既不与熔池金属发生冶金反应，又能对电极、焊缝及周围区域提供良好的保护。

3）氩弧焊是一种明弧焊，焊后无需清渣，便于观察，易于实现自动化。

4）抗风能力差，对工件清理要求高，生产率低，设备复杂，维修不便。

氩弧焊主要适用于焊接易氧化的有色金属（铝、镁、铜、钛及其合金）和稀有金属（锆、钽、钼及其合金），以及高合金钢、不锈钢和耐热钢等。

4.4.3 等离子弧焊接与切割

1. 等离子弧焊接

等离子弧焊接是借助水冷喷嘴对电弧的拘束作用，获得较高能量密度的等离子弧进行焊接的一种方法。气体由电弧加热产生离解，再高速通过水冷喷嘴时受到压缩，增大能量密度和离解度，形成等离子弧。它的稳定性、发热量和温度都高于一般电弧，因而具有较大的熔透力和焊接速度。形成等离子弧的气体和它周围的保护气体一般用氩气。根据各种工件的材料性质，也有使用氦或氩氦、氩氢等混合气体。等离子弧产生装置原理示意图如图4-14所示。

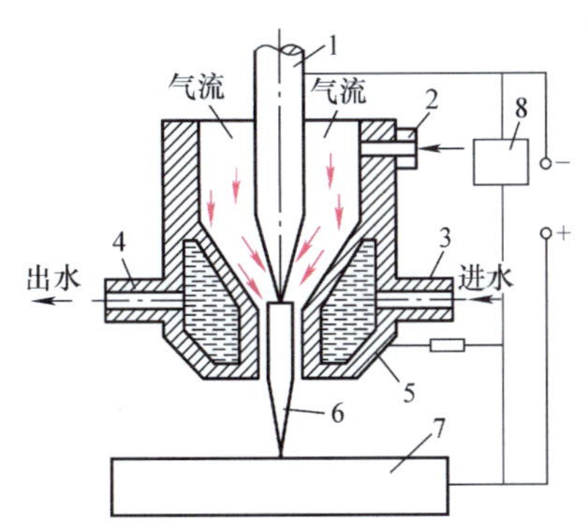

图4-14 等离子弧产生装置原理示意图

1—钨极 2—进气管 3—进水管 4—出水管
5—喷嘴 6—等离子弧 7—焊件 8—高频振荡器

等离子弧焊特点：

1）等离子弧的温度高，能量密度大（即能量集中），熔透能力强，对于大于8mm或更厚的金属焊接可不开坡口，不加填充金属焊接。

2）等离子弧的形态近似于圆柱形，挺直度好，几乎在整个弧长上都具有高温，容易得到均匀的焊缝。

3）等离子弧的稳定性好，使用很小（大于0.1A）的焊接电流，也能保持稳定的焊接过程，可焊超薄工件。

4）钨极损耗小。

2. 等离子弧切割

等离子弧切割是利用等离子弧的热能实现金属材料熔化的切割方法，利用高速、高温和高能的等离子气流来加热和熔化被切割材料，并借助内部或外部的高速气流（或水流）将熔化材料排开，直至等离子气流束穿透工件背面形成切口。其切割原理如图4-15所示。

等离子弧的热量集中、温度高（10000～30000℃），因此等离子弧切割过程不依靠氧化反应，而是靠熔化来切割材料。其适用范围比氧燃气切割大，能切割绝大多数材料，包括非金属和金属。等离子切割其切口窄，切割面的质量好，切割速度快，切割厚度可达150～200mm。

4.4.4 激光焊接与切割

1. 激光焊接

激光焊接是以聚焦的激光束作为能源轰击焊件所产生的热量进行焊接的方法。激光最显著的特性是：单色性好，方向性好，亮度高，相干性好。

激光焊接有两种基本模式：激光热导焊和激光深熔焊。激光热导焊所用激光功率密度较低，工件吸收激光后，仅达到表面熔化，然后依靠热传导向工件内部传递热量形成熔池。这种焊接模式熔深浅，深宽比较小，多用于小型零件的焊接。激光深熔焊的激光功率密度高，激光辐射区金属熔化速度快，在金属熔化的同时伴随着强烈的汽化，能获得熔深较大的焊缝，焊缝的深宽比较大。在机械制造领域，除了那些微薄零件之外，一般应选用深熔焊。

由于经聚焦后的激光束光斑小（0.1～0.3mm），功率密度高，比电弧焊（5×10^2～10^4W/cm^2）高几个数量级，因而激光焊接具有传统焊接方法无法比拟的显著优点：加热范围小，焊缝和热影响区窄，接头性能优良；残余应力和焊接变形小，可以实现高精度焊接；可对高熔点、高热导率，热敏感材料及非金属材料进行焊接；焊接速度快，生产率高；具有高度柔性，易于实现自动化。

4

2. 激光切割

利用激光的能量对材料进行热切割的方法称激光切割。激光是理想的光源，对于材料加工，优先采用 CO_2 激光。激光切割原理如图 4-16 所示。

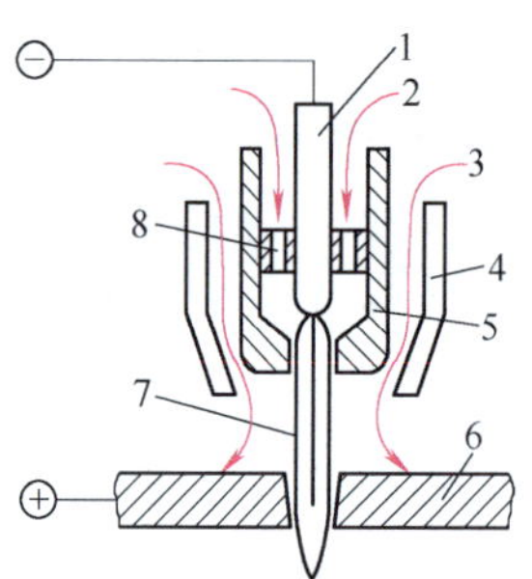

图 4-15　等离子切割原理

1—电极　2—工作气体
3—辅助气体　4—保护罩
5—冷却型喷嘴　6—工件
7—等离子弧　8—对中环

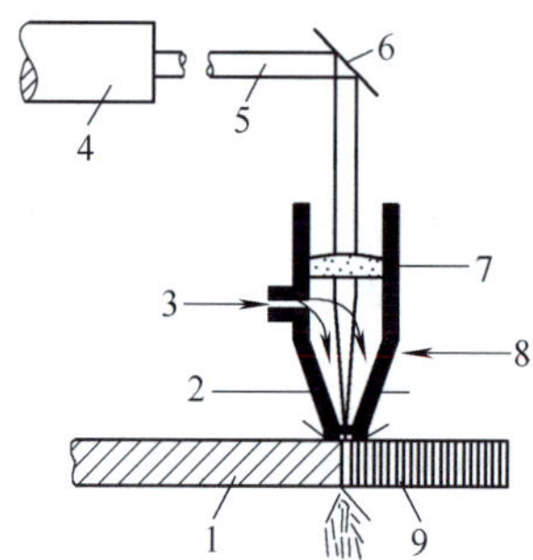

图 4-16　激光切割原理

1—被割材料　2—喷嘴
3—辅助气体　4—激光器
5—激光束　6—反射镜
7—透镜　8—喷嘴移动方向
9—切割面

激光切割包括激光燃烧切割、激光熔化切割和激光升华切割。

（1）激光燃烧切割　利用激光束加热工件使之达到其燃点，再用活性气体（如氧气或空气）使其燃烧，并排除燃烧物而形成割缝。其原理类似普通的气割，只是利用激光作为预热的热源，主要用于切割钢、铝、钛等金属材料。

（2）激光熔化切割　利用激光束加热工件使之熔化，借助喷射非氧化性气体，如氩气、氮气、氦气等，排除熔融物质而形成割缝，大多数金属材料的切割属于这一类。

（3）激光升华切割　当高能量密度的激光束照射到材料表面时，材料在极短的时间内被加热到汽化点，并以气体蒸发的形式从切割区逸散而形成割缝。激光升华切割多用于极薄金属材料以及纸、布、木材、塑料等非金属材料的切割。

激光切割具有切口窄、切割变形小、切割速度快、精度高、易于实现自动化等优点。

4.4.5 机器人焊接

1. 焊接机器人

焊接机器人技术是工业机器人技术在焊接领域的应用，代表着高度先进的焊接机械化和自动化。焊接机器人根据预设的程序同时控制焊接端的动作和焊接过程，可针对不同的场合进行重新编程。焊接机器人应用的目的在于提高焊接生产率，提高生产能力，提高质量的稳定性和降低成本。焊接机器人最适合于包含数个不同方向的较短焊缝，并且被焊接的表面为曲面的产品。

焊接机器人的基本工作原理是示教再现。示教也称导引，即由操作者导引机器人，一步步的按实际任务操作一遍，机器人在导引过程中自动记忆示教的每个动作的位置、姿态、运动参数、工艺参数等，并自动生成一个连续执行全部操作的程序。完成示教后，只需给机器人一个启动命令，机器人将精确地按示教动作步骤，逐步完成全部操作。

2. 弧焊机器人

弧焊机器人是用于进行自动弧焊的工业机器人。一般的弧焊机器人是由示教盒、控制盘、机器人本体及自动送丝装置、焊接电源等部分组成。可以在计算机的控制下实现连续轨迹控制和点位控制。还可以利用直线插补和圆弧插补功能焊接由直线及圆弧所组成的空间焊缝。弧焊用的机器人通常有五个以上自由度，具有六个自由度的机器人可以保证焊枪的任意空间轨迹和姿态。

弧焊机器人主要有熔化极焊接作业和非熔化极焊接作业两种类型，具有可长期进行焊接作业、保证焊接作业的高生产率、高质量和高稳定性等特点。随着技术的发展，弧焊机器人正向着智能化的方向发展。

3. 点焊机器人

点焊机器人用于点焊自动作业的工业机器人。点焊机器人由机器人本体、计算机控制系统、示教盒和点焊焊接系统几部分组成。为了适应灵活动作的工作要求，通常点焊机器人选用关节式工业机器人的基本设计，一般具有六个自由度。使用点焊机器人最多的领域应当属汽车车身的自动装配车间。

4.5 焊接变形与焊接缺陷

4.5.1 焊接变形

由于焊接是局部加热，在加热和冷却过程中，焊件上各处温度分布不均匀，冷却速度不相同，热胀冷缩也不一致，互相牵制约束，致使焊件不可避免地产生焊接应力并进而导致焊接变形。焊接变形的基本形式如图4-17所示。

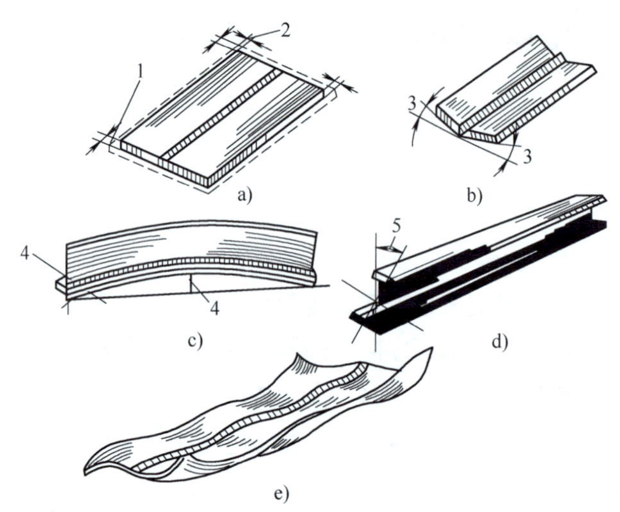

图 4-17 焊接变形的基本形式

a）收缩变形 b）角变形 c）弯曲变形 d）扭曲变形 e）波浪变形

1—纵向收缩变形 2—横向收缩变形 3—角变形 4—弯曲变形 5—扭曲变形

焊接变形降低了焊件的尺寸精度，可能使焊件在承受工作载荷时产生附加应力，有的焊件甚至因变形严重、无法矫正而报废。焊后消除焊接应力或矫正焊接变形都要增加生产工时和产品成本。因此，必须在设计焊接结构和制定焊接工艺时，采取适当措施，以控制和减小焊接应力和变形。

4.5.2 常见焊接缺陷

焊接接头的不完整性称为焊接缺陷，主要有焊接裂纹、未焊透、夹渣、气孔和焊缝外观缺陷等。这些缺陷减少焊缝截面积，降低承载能力，产生应力集中，引起裂纹；同时降低疲劳强度，易引起焊件破裂而导致脆断。其中危害最大的是焊接裂纹和气孔。常见的焊接缺陷及分析见表 4-3。

表 4-3 常见的焊接缺陷及分析

缺陷名称	图 例	特 征	产生原因
焊缝外形和尺寸不合要求		焊缝余高过高或过低、熔宽过大或过小，或宽窄不均，角焊缝单边下陷量过大	1）焊接电流过大或过小 2）焊接速度不当 3）焊件坡口不当或装配间隙不均匀
焊瘤		熔化金属流淌到焊缝之外的未熔化的母材上所形成的金属瘤	1）焊接速度过小或过慢 2）电弧过长和运条不正确

（续）

缺陷名称	图 例	特 征	产生原因
气孔		凝固时熔池内的气体未析出所形成的孔洞	1）接头有油、锈等 2）焊条受潮 3）电弧过长 4）熔池金属冷却过快
夹渣		焊缝内部残留的非金属夹杂物	1）焊接速度太慢 2）焊缝凝固过快 3）焊件边缘及焊层之间清理不干净
裂纹		焊缝及热影响区内部或表面产生的缝隙	1）母材含磷、硫量高 2）焊缝冷却过快 3）焊件结构设计不合理 4）焊接顺序不合理
未焊透		焊缝金属与焊件间，含焊缝金属间的局部未熔合	1）焊接电流过小 2）焊接速度过快 3）焊接制备和装配不当，如坡口太小、钝边太厚等

4.6 焊接生产环境与安全操作

1. 焊接生产环境

焊接生产常用设备和工具主要有各种焊机、焊枪和乙炔瓶、氧气瓶、二氧化碳气瓶，其中电焊机是大电流用电器，乙炔和氧气是易燃、易爆气体。焊接生产能源消耗较多，环境污染也较严重，焊接生产过程中产生光辐射、烟尘、有害气体和废渣，对人体健康有不同程度的损害，需要对环境进行保护和自我身体防护。

焊接生产环境保护措施很多，如采用先进的焊接工艺，降低能耗，改善生产环境。

（1）减少光辐射　光辐射产生于焊接热源的高温，是一切明弧焊均具有的危害因素，可造成“电光性眼炎”。为避免弧光对人体的辐射，不得在近处用眼睛直接观看弧光或避开防护面罩偷看。多台焊机作业时，应设置不可燃或阻燃的防护屏。

（2）减少烟尘和有害气体　安装高效节能的通风设备，采用环境污染小、机械化、自动化程度高的焊接工艺，以及采用低尘低毒焊条等措施来降低烟尘浓度和毒性。

（3）废渣的处理　焊接生产过程中产生的废渣和飞溅出的金属颗粒应妥善处理，能回收的应尽量回收再用。

2. 焊接实习操作安全事项

1）实习前要戴好面罩和电焊手套等防护用品。

2）不要直接用手拿焊过的钢板及焊条残头，应用专用夹钳夹取。

3）不要把焊钳放在焊接工作台上，以免发生短路烧毁工具。

4）正在进行焊接时，未经指导教师许可，禁止调节电焊机的电流，以免烧毁电焊机。

5）焊后清渣时，注意敲渣方向，以免烫伤。

6）不要让油脂与焊枪口、氧气瓶、减压器等接触，以免发生燃烧。

7）乙炔瓶和氧气瓶附近严禁烟火。

8）点火时先开乙炔气，然后放少量氧气；熄灭时先关乙炔气，再关氧气。

9）如发现火焰突然回缩，并听到嘘声，就是回火的象征，应先立即关闭乙炔气阀门再关氧气阀门。

10）更换钨棒电极时，应先将焊机电源切断，以防被电击。

11）操作完毕及下班时，要检查工作场地，交回焊接工具等，并拉掉电闸。

复习思考题

4-1　请列出常用的三种焊接方法。

4-2　简述焊条电弧焊的焊接过程。

4-3　焊接接头形式有哪几种？

4-4　焊条由哪几个部分组成？各部分的作用是什么？

4-5　什么叫气焊？氧气与乙炔混合燃烧时有几种火焰？

4-6　简述氩弧焊和 CO_2 气体保护焊的主要特点和应用范围。

4-7　简述埋弧焊、等离子弧焊和激光焊接的特点及应用。

4-8　常见的焊接缺陷和焊接变形有哪些？

4-9　简述焊接机器人的原理及特点。

第5章

切削加工

本章导读

在工业、农业、国防和科研领域中，在人们的日常生活里，大量使用着各种各样的机器、仪器、工具等，如机械式手表、拖拉机、自行车、汽车、飞机、坦克、大炮等，这些机器、仪器等大多是由金属零件所组成。零件的制造方法有很多，如铸造、锻造、焊接、冲压等。但凡属尺寸精度、几何精度、位置精度要求较高，表面粗糙度要求较高的零件，一般都要求用切削加工的方法制造。切削加工的方法包括车削、铣削、刨削、磨削、滚齿、拉削等。

金属切削机床是用切削的方法将金属毛坯（或半成品）加工成机器零件的机器。金属切削机床是加工机器零件的主要设备。担负的工作量约占机器总制造工作量的40%～60%，机床的技术水平直接影响机械制造工业的产品质量和劳动生产率。一个国家机床工业的技术水平，机床拥有量及现代化程度是衡量国家工业生产能力和技术水平的重要标志之一。

金属切削机床是用于制造机械的机器，也是唯一能制造机床自身的机器，所以把金属切削机床称为“母机”。由于切削加工方法多种多样，金属切削机床品种和规格繁多，例如有车床、铣床、磨床、刨床等。

实训目的与要求

1）了解切削加工的工艺过程、特点和应用。

2）了解金属切削刀具结构、常用材料及其应用场合。

3）熟悉常用量具及其使用方法。

4）了解车床的结构和功用，了解车刀的种类。

5）熟悉车外圆、车端面、钻孔、镗孔、切槽和切断的方法。能独立完成简单零件的车削加工。

6）了解铣削、刨削、磨削加工的特点和应用，能独立加工作业零件。

7）了解插齿、滚齿的原理及加工方法。

8）了解机械切削加工的环境保护及安全操作知识。

5.1 切削加工基础知识

切削加工就是用切削刀具将毛坯上多余的材料切除，以获得形状、尺寸精度和表面质量等都符合图样要求的制造方法。它是目前机械制造的主要手段，占有重要的地位，机器上约40%～60%的零件是通过切削加工制造的。主要方法有车削、铣削、刨削、磨削、钻削、镗削、拉削及齿轮加工等，所用的设备分别为车床、铣床、刨床、磨床、钻床、镗床、拉床、齿轮加工机床等。图5-1所示为几种常见的切削加工示意图。

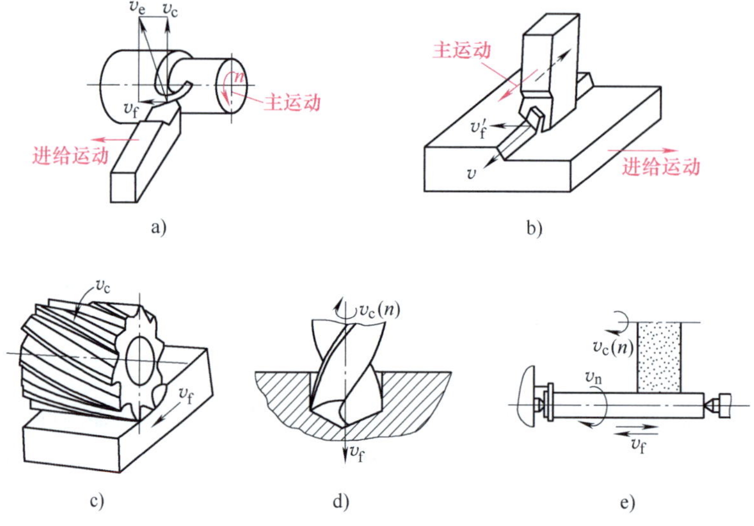

图5-1 常见切削加工方式

a）车削 b）刨削 c）铣削 d）钻削 e）磨削

5.1.1 切削运动

切削加工必须具备两个基本条件，一是用于切除工件多余材料的刀具；二是刀具和工件之间必须有相对运动，即所谓的切削运动。切削运动是形成工件表面最基本的运动。

如图5-2所示，切削运动的形式有：工件或刀具的旋转运动，如图5-2a、b、c、e所示运动Ⅰ；直线运动，如图5-2a、b、c、d、e所示运动Ⅱ和图5-2d所示运动Ⅰ。根据这些运动在切削过程中所起作用的不同，切削运动分为主运动和进给运动。

1. 主运动

用于直接去除工件上多余材料，使切削层转变为切屑，从而形成工件上新表面的运动称为主运动（图5-2所示运动Ⅰ）。主运动的主要特点是：主运动速度高，消耗功率大，一般只有一个；主运动可以是刀具的运动（图5-2c），也可以是工件的运动（图5-2a）；主运动可以是旋转运动，也可以是直线运动。如图5-2所示，车削时工件的旋转运动、钻削时的钻头旋转运动、铣削时的铣刀旋转运动、磨削时砂轮的旋转运动、牛头刨床刨削时刨刀的往复直线运动都是主运动。

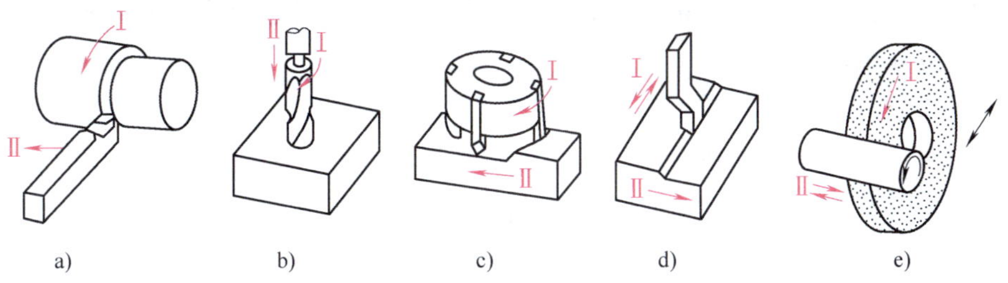

图5-2 常见加工方式的切削运动

a）车削 b）钻削 c）铣削 d）刨削 e）外圆磨削

Ⅰ—主运动 Ⅱ—进给运动

2. 进给运动

使新的切削层不断投入切削的运动，配合主运动依次或连续不断地切除多余材料（图5-2所示运动Ⅱ）。进给运动的主要特点是：进给运动的速度较低，消耗的功率较小；进给运动可以是刀具运动（图5-2a），也可以是工件运动（图5-2c）；进给运动可以有一个、两个或两个以上，也可以只有主运动，而没有进给运动（如拉削）；进给运动在主运动为旋转运动时是连续的，在主运动为直线运动时为间歇的，图5-2所示主运动为旋转运动的车削、钻削、铣削和磨削进给运动为连续的，主运动为直线运动的刨削进给运动为间歇的。

5

5.1.2 切削用量

切削用量是切削速度、进给量和背吃刀量三者的总称，因而常被称为切削三要素。三者的大小要根据不同的工件材料、加工性质和刀具材料来选择。切削用量的选择，对生产效率、加工成本和加工质量均有重要影响。

1. 切削速度 v_c

切削刃上选定点相对于工件的主运动速度称为切削速度。当主运动为旋转运动时，其计算公式为

$$v_c = \frac{\pi d n}{1000}$$

式中，v_c 为主运动的切削速度，单位为 m/min 或 m/s，常用 m/min；d 为切削刃上选定点所对应的工件或刀具的直径，单位为 mm。车削为工件上所对应的工件直径，铣削为铣刀上所对应的铣刀直径；n 为主运动的转速，单位为 r/min 或 r/s，常用 r/min。车削为工件的转速，铣削为铣刀的转速。当转速 n 一定时，切削刃上选定点不同，切削速度也不同。在确定切削速度时一律以刀具参与切削处的最大直径（车床为工件、铣床为刀具）作为计算依据。

2. 进给量

进给量 f 是指刀具在进给运动方向上相对于工件的位移量，可用刀具或工件每转或每

行程的位移量来表达和测量。如主运动为旋转运动的车削，采用单位为 mm/r；主运动为直线运动的刨削，采用单位为 mm/行程。铣削加工时常采用进给速度来表示进给量的大小，单位为 mm/min。

3. 背吃刀量

背吃刀量 a_p 为工件的已加工表面与待加工表面之间的垂直距离，单位为 mm。

$$a_p = \frac{d_w - d_m}{2}$$

式中，d_w 为工件待加工表面的直径，单位为 mm；d_m 为工件已加工表面的直径，单位为 mm。

5.1.3 金属切削刀具

1. 金属切削刀具的结构及分类

金属切削刀具一般由切削部分和夹持部分组成。夹持部分是用来将刀具夹持在机床上的部分，切削部分是刀具上直接参与切削的部分。切削刀具的种类很多，结构也多种多样，但它们切削部分的结构要素及其几何形状都具有许多共同的特征。车刀是最典型的单刃刀具，图 5-3 所示为最常用的外圆车刀，它由夹持部分（刀柄）和切削部分（刀头）两大部分组成。夹持部分一般为矩形，切削部分的结构要素包括三个切削刀面、两条切削刃和一个刀尖。

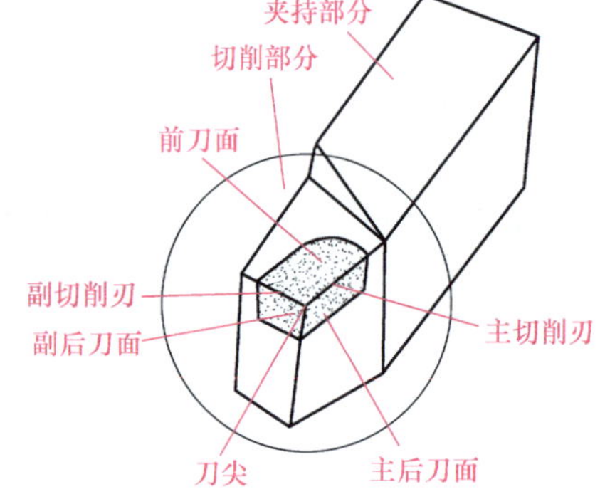

图 5-3 车刀的结构

(1) 前刀面　切削时切屑流出所经过的表面。

(2) 主后刀面　切削时与工件加工表面相对的表面。

(3) 副后刀面　切削时与工件已加工表面相对的表面。

(4) 主切削刃　前刀面与主后刀面的交线。它可以是直线或曲线，担负着主要切削工作。

(5) 副切削刃　前刀面与副后刀面的交线。一般只担负少量的切削工作。

(6) 刀尖　主切削刃与副切削刃的相交部分。刀尖是刀具切削部分工作条件最恶劣的部位。为了强化刀尖，常磨成圆弧形或成一小段直线即过渡刃。因此实际刀具的刀尖并非绝对尖锐，而是一小段曲线或直线，分别称为修圆刀尖和倒角刀尖。

2. 刀具材料

刀具材料是指刀具切削部分的材料。在切削加工过程中刀具切削部分不仅要承受很大的切削力以及冲击和振动，而且还要承受切削过程中由于变形和摩擦所产生的高温、高压。所以刀具材料应具备足够的强度、硬度、耐磨性、高冲击韧性和高耐热性，另外还具备良好的工艺性和经济性。

刀具材料种类很多，目前广泛应用的刀具材料有工具钢和硬质合金。

（1）碳素工具钢 碳素工具钢是一种碳的质量分数较高的优质钢，常用牌号有T8A、T10A、T12A等。其淬火后硬度可达61～65HRC，耐热性为200～250℃，允许的切削速度较低，只能制作低速手用工具，如锯条、锉刀等。

（2）合金工具钢 合金工具钢是在碳素工具钢中加入一定量的Cr、W、Mn（锰）等合金元素而形成，主要牌号有9SiCr、CrWMn等。硬度与碳素工具钢相当，允许的切削速度和耐热性稍高，适用于制作低速、形状比较复杂的刀具，如板牙、拉刀、手用铰刀等。

（3）高速工具钢 高速工具钢是一种含有较高合金元素W、Mo、Cr、V等高合金工具钢。它的特点是耐热性好，在切削温度达500℃左右时仍能保持较高硬度，切削速度比合金工具钢提高1～3倍。特别适用于制造结构复杂的成形刀具、孔加工刀具等，例如各类钻头、丝锥、铣刀、拉刀、齿轮刀具等。可加工铸铁、有色金属、钢材等，加工范围较广。

（4）硬质合金 硬质合金是用高硬度、高熔点的金属碳化物（如WC碳化钨、TiC碳化钛等）和金属粘接剂（Co等），在高温（1500℃左右）高压下烧结成形。硬质合金的硬度、耐磨性、耐热性均超过高速工具钢，切削速度比高速工具钢提高4～10倍，刀具寿命可提高5～80倍，但其强度和韧性以及工艺性均不如高速工具钢，因此仍不能完全取代高速工具钢。目前生产的硬质合金主要分为三类：K类、P类、M类。

K类红色作标志，相当于原钨钴类（YG）。由碳化钨和钴组成。细颗料合金，韧性较好，但硬度和耐磨性较差，适用于铸铁及有色金属的精加工。常用的牌号有：K01、K10、K20。

P类用蓝色作标志，相当于原钨钛钴类（YT）。由碳化钨、碳化钛和钴组成。这类硬质合金耐热性和耐磨性较好，但抗冲击韧性较差，适用于加工钢料等韧性材料。常用的牌号有：P30、P20、P10等，这三种牌号的硬质合金制造的刀具分别适用于粗加工、半精加工和精加工。

M类用黄色作标志，相当于原钨钛钽类通用合金（YW）。又称通用硬质合金。由在钨钴钛类硬质合金中加入少量的稀有金属碳化物（TaC或NbC）。它具有前两类硬质合金的优点，用其制造的刀具既能加工脆性材料，又能加工韧性材料。同时还能加工高温合金、耐热合金及合金铸铁等难加工材料。常用牌号有M10、M20。

除上述几种常见的刀具材料外，还有涂层刀具材料、陶瓷材料、金刚石、立方氮化硼（CBN）等材料，主要用于钢、铸铁、有色金属、高硬度材料和高精度零件的精加工或淬硬钢、冷硬铸铁、高温合金等难加工材料的加工。

5.1.4 常用量具

用于测量零件几何尺寸的工具简称为量具。在机械制造过程中所使用量具的种类很多，常用的有钢直尺、游标卡尺、外径千分尺、内径百分表等。

1. 钢直尺

钢直尺一般用于测量零件的长度尺寸。如图5-4所示，钢直尺的刻线间距为1mm，最小读数值（测量精度）为1mm，因而比1mm小的数值，只能估计而得。又由于钢直尺刻线本身的宽度就有0.1～0.2mm，所以测量时读数误差比较大，一般常用于一些毛坯尺寸的测量和钳工的划线工作。常用公制钢直尺有150mm、300mm、600mm、1000mm等规格。

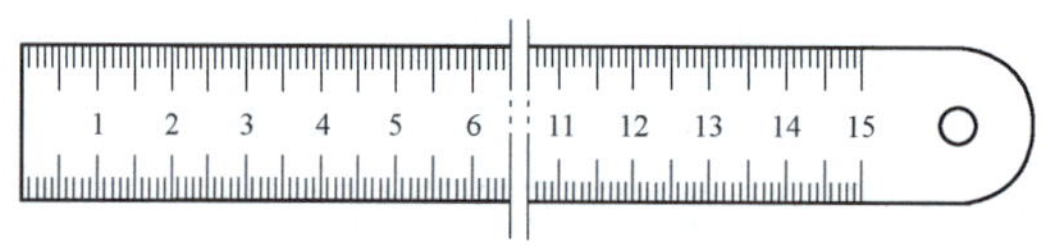

图5-4　150mm钢直尺

2. 游标卡尺

游标卡尺是一种常用的量具，具有结构简单、使用方便、精度中等和测量尺寸范围宽等特点，常用来测量零件的内外直径、长度、深度和孔距等，应用范围十分广泛，如图5-5所示。

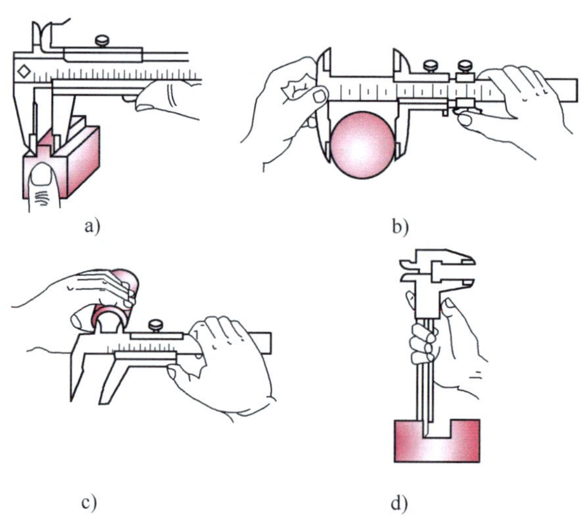

图5-5　游标卡尺测量

a）测量长度　b）测量外径　c）测量内径　d）测量深度

游标卡尺是由主尺和副尺（游标）两部分构成，如图5-6所示。主尺与固定卡脚制成一体，副尺与活动卡脚制成一体，并能够在主尺上滑动。游标卡尺的测量精度（副尺的分度值）一般有0.1mm、0.05mm、0.02mm三种，测量范围从0～150mm到0～1000mm多种规格。下面以测量精度为0.02mm的游标卡尺来说明其刻线原理及读数方法。

游标卡尺的读数是由毫米的整数部分和毫米的小数部分组成，读数分为三个步骤，如图5-6所示。

（1）读出整数部分　在主尺上读出副尺零刻线左边的第一条刻线，读到的是毫米的整数部分。图5-6主尺上对应的第一条刻线数值为11mm。

（2）读出小数部分　找出副尺上零刻线右边第几条刻线与主尺上某一刻线对齐，在副尺上读出该刻线距副尺零线的格数，将其乘以量具的分度值 0.02mm，所得积为毫米的小数部分。图 5-6 中，副尺 0 刻线后的第 7 条刻线与主尺的一条刻线对齐，副尺 0 刻线后的第 7 条刻线即表示 7 格，其所对应的小数部分数值为：7 × 0.02mm = 0.14mm。

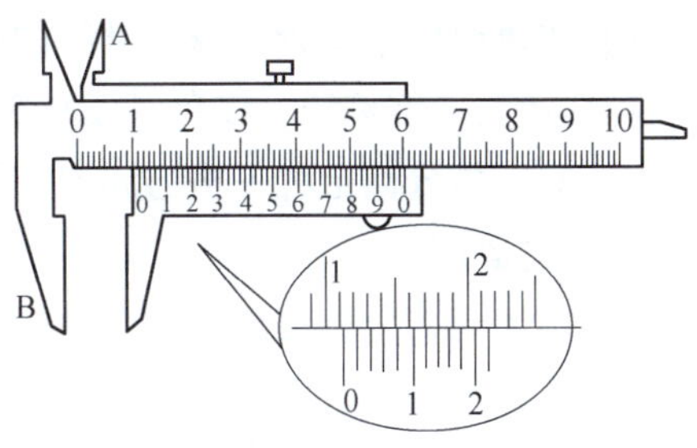

图 5-6 游标卡尺读数

（3）两部分尺寸相加 将毫米的整数部分与毫米的小数部分相加，就是被测工件的测量值：11mm + 0.14mm = 11.14mm。

3. 外径千分尺

千分尺又叫螺旋测微器或分厘卡，是基于精密螺旋副原理的通用长度测量工具。千分尺的种类很多，有外径千分尺、内径千分尺、螺纹千分尺、齿轮公法线千分尺和深度千分尺等。通常所说的千分尺一般即指外径千分尺，主要用来测量精度较高的圆柱体外径和工件外表面长度尺寸，是一种比游标卡尺精度高、测量更灵敏的精密量具。

为了保证千分尺的精度，千分尺的精密螺旋副的螺杆长度一般为 25mm，因而千分尺的规格按测量范围每 25mm 为一档，分为 0 ~ 25mm、25 ~ 50mm、50 ~ 75mm、75 ~ 100mm 等多种规格。

图 5-7 所示是测量范围为 0 ~ 25mm 的外径千分尺，其主要由弓架、砧座、测量螺杆、固定套筒、活动套筒（微分筒）、棘轮（测力装置）、止动器（锁紧装置）等组成。固定套管相当于游标卡尺的主尺、活动套筒相当于游标卡尺的副尺。

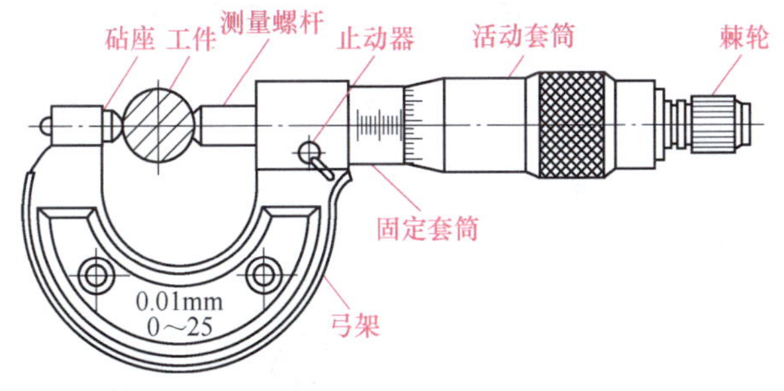

图 5-7 外径千分尺

1—砧座 2—工件 3—测量螺杆 4—止动器 5—活动套筒 6—棘轮 7—固定套筒 8—弓架

千分尺螺旋副的螺杆在螺母中旋转一周，螺杆便沿着旋转轴线方向前进或后退一个螺距的距离。因此，沿轴线方向移动的微小距离，就能用圆周上的读数表示出来。千分尺精密螺纹的螺距是 0.5mm，活动套左端圆周上刻有 50 等分的刻度线，活动套筒每转一周，带动螺杆一起轴向移动 0.5mm。所以，活动套筒每转一格，螺杆轴向移动 0.5mm/50 = 0.01mm，即活动套筒每一小格表示 0.01mm，即分度值为 0.01mm。

测量时，读数方法分三步：

1）先读出固定套管上露出刻线的整毫米数和半毫米数（0.5mm），注意看清露出的是上方刻线还是下方刻线，以免错读0.5mm。

2）看准微分筒上哪一格与固定套管纵向刻线对准，将刻线的序号乘以0.01mm，即为小数部分的数值。

3）上述两部分读数相加，即为被测工件的尺寸，如图5-8所示。

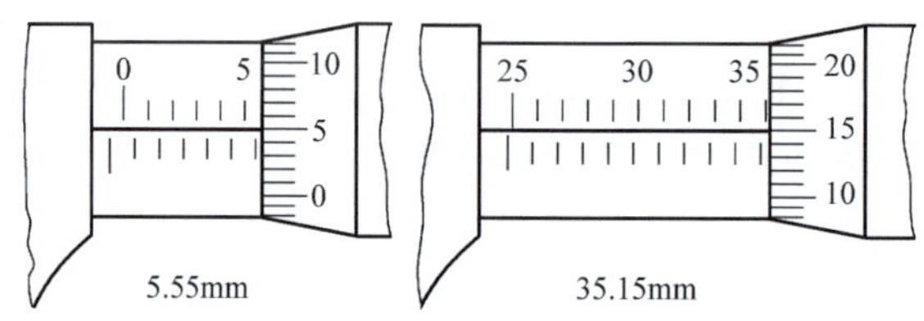

图5-8 千分尺读数

实际测量时，左手握住弓架，右手旋转活动套筒，当螺杆即将接触工件时改为用手旋转棘轮，直到棘轮发出“嗒、嗒”声为止。

5.2 车削加工

5

车削加工是指在车床上驱动工件作旋转运动和刀具作直线或曲线运动来改变毛坯的尺寸和形状，使之成为零件的加工方法。车削加工是最常用的一种加工方法，在机械加工中占有重要的地位。

车削加工主要用来加工各种回转表面，如车圆柱面、圆锥面、成形表面、端面、切槽和切断、车各种螺纹、钻孔、扩孔、铰孔、镗孔、攻螺纹、套螺纹、滚花等。

5.2.1 车床

车床种类繁多，常见的有卧式车床、立式车床、数控车床等。应用范围最广的是卧式车床。图5-9所示为C6132型卧式车床。

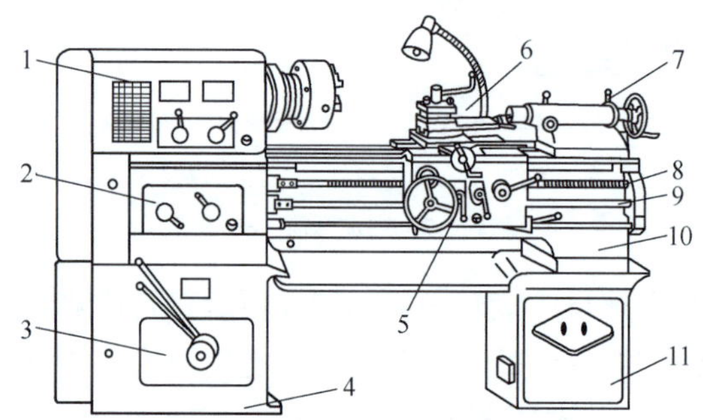

图5-9 C6132卧式车床外形图

1—床头箱 2—进给箱 3—变速箱 4—前床脚 5—溜板箱
6—刀架 7—尾架 8—丝杠 9—光杠 10—床身 11—后床脚

（1）主轴箱　又称床头箱，内装主轴和变速机构。变速是通过改变设在床头箱外面的手柄位置，可使主轴获得12种不同的转速（45～1980r/min）。

（2）进给箱　又称走刀箱，它是进给运动的变速机构。变换进给箱外面的手柄位置，可将床头箱内主轴的运动转变为进给箱输出的光杠或丝杆的不同转速，以改变进给量的大小或车削不同螺距的螺纹。

（3）变速箱　安装在车床前床脚的内腔中，并由电动机（4.5kW，1440r/min）通过联轴器直接驱动变速箱中齿轮传动轴。变速箱外设有两个长的手柄，是分别移动传动轴上的双联滑移齿轮和三联滑移齿轮，可共获6种转速，通过皮带传动至床头箱。

（4）溜板箱　又称拖板箱，溜板箱是进给运动的操纵机构。它使光杠或丝杠进行旋转运动，通过齿轮和齿条或丝杠和开合螺母，驱动车刀作进给运动。

（5）刀架　用来装夹车刀，并可作纵向、横向及斜向运动。

（6）尾座　用于安装后顶尖，以支撑较长工件进行加工，或安装钻头、铰刀等刀具进行孔加工。偏移尾座可以车出工件上的锥体。

（7）光杠与丝杠　将进给箱的运动传至溜板箱。光杠用于圆柱、圆锥或端面的车削，丝杠用于车削螺纹。

（8）床身　它是车床的基础件，用来连接各主要部件并保证各部件在运动时有正确的相对位置。在床身上有供溜板箱和尾座移动用的导轨。

5.2.2　车刀

1. 车刀的种类和用途

车削加工需要根据零件的材料、形状和加工要求采用不同的车刀。车刀按结构形式分为整体车刀、焊接车刀和机夹车刀；按刀具材料分为高速工具钢、硬质合金、金刚石和陶瓷车刀等；按零件的加工形状分为外圆车刀、镗孔刀、螺纹车刀等。常用车刀及其应用见表5-1。

表5-1　常用车刀的种类和用途

外形	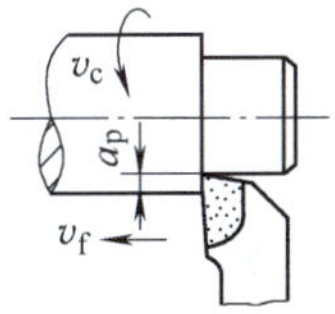 v_c a_p v_f	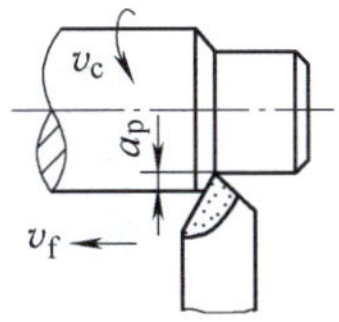 v_c a_p v_f	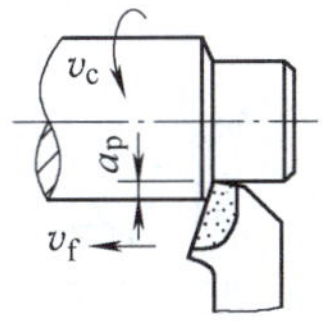 v_c a_p v_f	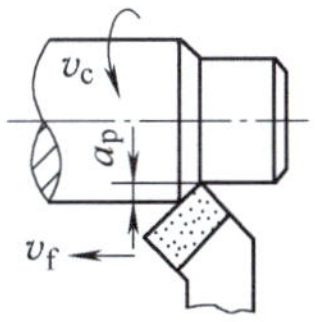 v_c a_p v_f
种类	90°偏刀	直头车刀	75°强力车刀	45°弯头车刀
外形	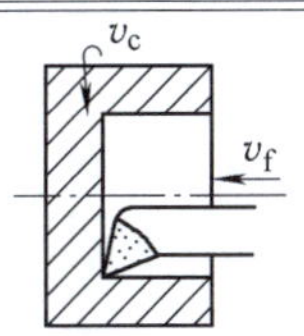 v_c v_f	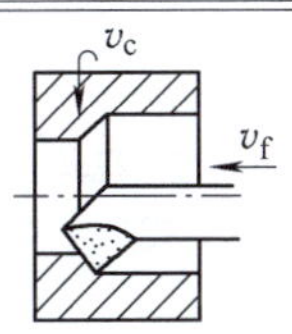 v_c v_f	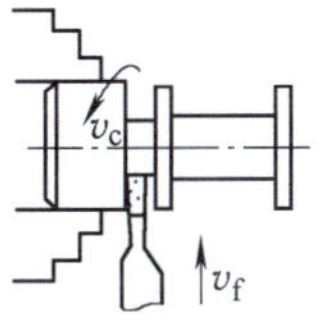 v_c v_f	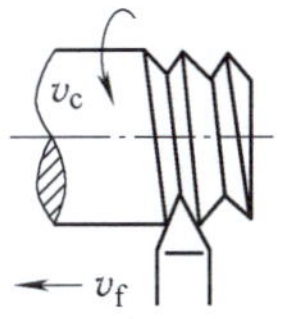 v_c v_f
种类	镗孔刀（盲孔）	镗孔刀（通孔）	切断刀或切槽刀	螺纹车刀

2. 车刀的安装

车刀必须正确牢固地安装在刀架上，刀头不宜伸出太长，刀尖应与车床主轴中心线等高，如图 5-10 所示。

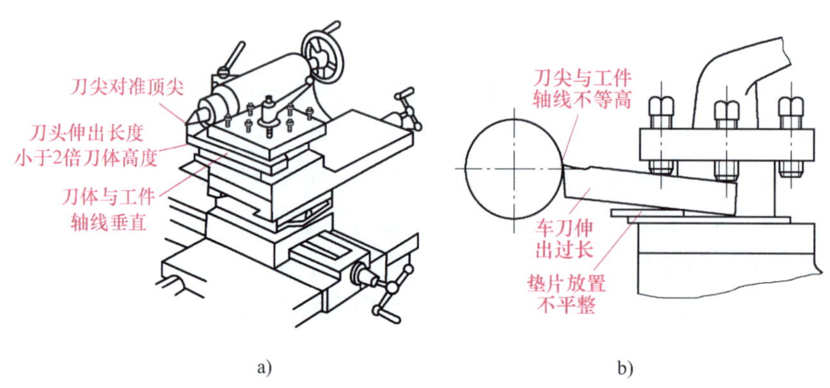

图 5-10 车刀安装

a）安装正确 b）安装不正确

5.2.3 工件安装

工件的安装要求工件的回转中心和车床主轴回转中心重合，同时还要夹紧工件，以承受切削力、重力等。车床上安装工件的常用夹具及工具有自定心卡盘、单动卡盘、顶尖、花盘、心轴、跟刀架和中心架等，它们被称为车床附件。

1. 用自定心卡盘安装工件

自定心卡盘是车床最常用的附件，如图 5-11 所示。自定心卡盘上的三爪是同步动作的，能自动定心和夹紧，装夹工件方便，但定心精度不高。当安装直径较大的工件时，可使用“反爪”，如图 5-11b 所示。

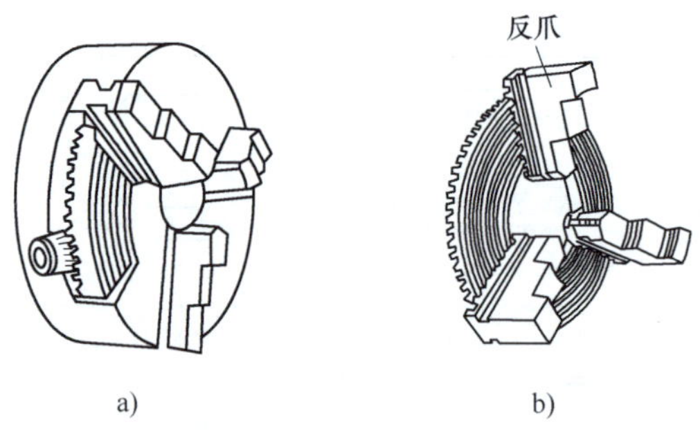

图 5-11 自定心卡盘

a）正爪 b）反爪

2. 用单动卡盘安装工件

单动卡盘也是车床常用的附件，如图 5-12a 所示。单动卡盘上的四个爪分别通过转动螺杆实现单动。根据加工的要求，利用划针盘校正后夹紧，如图5-12b所示，安装精度比自定心卡盘高，单动卡盘的夹紧力大，适用于夹持较大的圆柱形工件或形状不规则的工件。

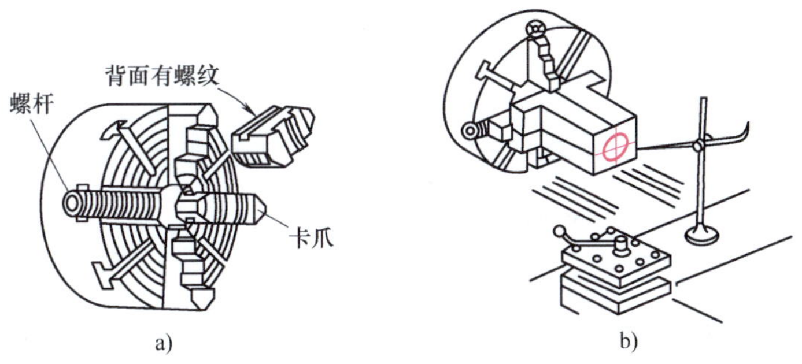

图5-12 单动卡盘装夹工件的方法

a）单动卡盘外形 b）单动卡盘找正

3. 顶尖装夹

采用自定心夹卡盘+尾架顶尖装夹，用于较长工件的装夹。

采用两顶尖的装夹方法，图5-13所示。工件支撑在前后两顶尖之间，由卡箍、拨盘带动旋转。其前顶尖为普通顶尖，装在主轴孔内，并随主轴一起转动，后顶尖为活顶尖或死顶尖装在尾架套筒内。卡盘旋转时以后顶尖作为支撑通过卡箍带动工件旋转。

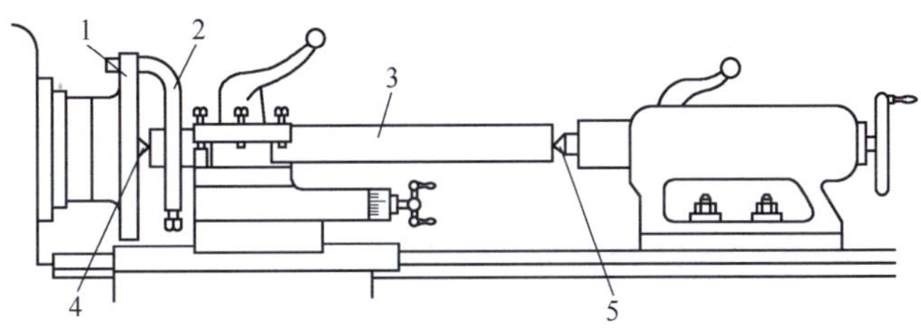

图5-13 两顶尖安装工件

1—拨盘 2—卡箍 3—工件 4—前顶尖 5—后顶尖

5.2.4 基本车削工作

1. 车削外圆

车削外圆时工件作回转运动，刀具作直线进给运动。常用外圆车刀有主偏角为75°的偏刀、45°弯头车刀和90°偏刀。

1）主偏角为75°的偏刀，车刀强度较好，常用于粗车外圆（图5-14a）。

2）45°弯头车刀车适用车削不带台阶的光滑轴（图5-14b）。

3）90°偏刀用来车削工件的端面和台阶，有时也用来车外圆，特别是用来车削细长工件的外圆，可以避免把工件顶弯。偏刀分为左偏刀和右偏刀，常用的是右偏刀，它的切削刃向左（图5-14c）。

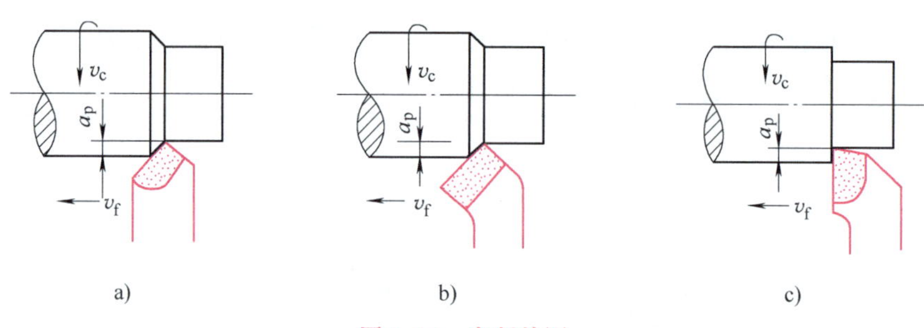

图 5-14 车削外圆

a）75°车刀 b）45°弯头车刀 c）90°偏刀

2. 车削端面

圆柱体两端的平面叫做端面，车端面时刀具的主切削刃要与端面有一定的夹角。车刀进给方向可采用自外向中心走刀（图 5-15a、b、d），也可以采用自中心向外走刀（图 5-15c）。

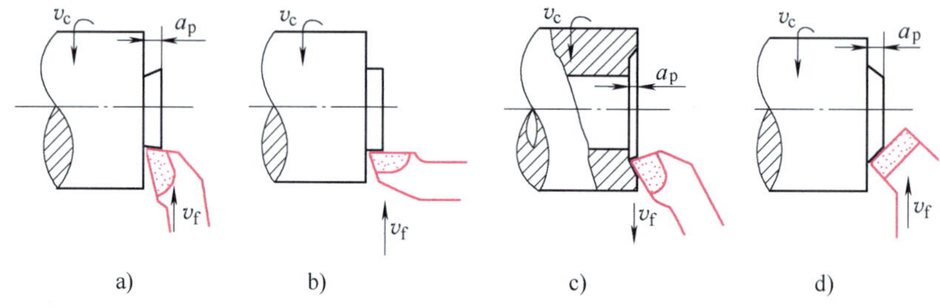

图 5-15 车削端面

a）右偏刀副切削刃车端面 b）左偏刀主切削刃车端面
c）右偏刀主切削刃车端面 d）弯头刀主切削刃车端面

3. 切断与切槽

车削时经常需要把长的原材料切成多段的毛坯，然后再进行加工或者将车好的成品从原材料上切下来，这种加工方法叫切断。

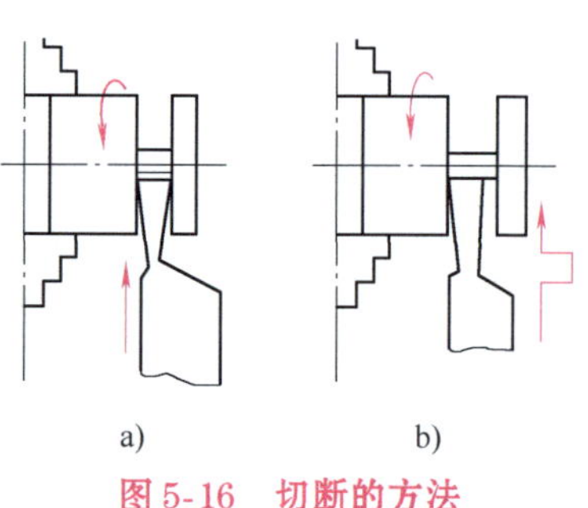

图 5-16 切断的方法

a）直进法 b）左右借刀法

在工件表面上车出沟槽叫切槽，按加工位置分有外槽、内槽和端面槽。按形状分有矩形槽、梯形槽、圆弧槽。按功能分有退刀槽、密封槽、卡圈槽等。

（1）切断 切断方法有直进法和左右借刀法。直进法切断如图 5-16a 所示，工件作回转运动，车刀作横向连续进给运动，主切削刃应与工件轴心等高，且与工件轴线垂直。直进法操作简便，工件材料也比较节省，应用广泛。左右借刀法切断，车刀横向和纵向依次进给，比较费工费料，一般用于机床、工件刚性不足或刀头长度小于工件半径的工况，如图 5-16b 所示。

（2）切槽 切槽用的车刀与切断用的车刀基本相同，但刀头长度和主切削刃宽度根据加工沟槽的尺寸要求进行刃磨。安装切槽刀时要求主切削刃与工件外圆柱素线保持平行。

1）车精度不高的和宽度较窄的矩形沟槽，可以用刀宽等于槽宽的车槽刀，采用直进法一次进给车出。精度要求较高的沟槽，一般采用二次进给车成。第一次进给车沟槽时，槽壁两侧留精车余量，第二次进给时用等宽刀修整。

2）车削较宽的沟槽时，应先用外圆车刀的刀尖在工件上刻两条线，把沟槽的宽度和位置确定下来，然后用切槽刀在两条线之间进行粗车，但这时必须在槽的两侧面和槽的底部留下精车余量，最后精车槽宽和槽底。

4. 钻孔和镗孔

在车床上加工圆柱孔时可以用钻头、扩孔钻、铰刀和镗刀进行钻孔、扩孔、铰孔和镗孔工作。

（1）钻孔　在实体材料上加工出孔的工作叫做钻孔。在车床上钻孔如图5-17所示。工件装夹在卡盘上，钻头安装在尾架套筒锥孔内。钻孔时摇动尾架手轮使钻头缓慢进给，注意经常退出钻头排屑。钻孔进给不能过猛，以免折断钻头。钻钢料时应加切削液。孔钻通后应把钻头退出后再停车。钻孔的精度较低，表面粗糙度差，用于对孔的粗加工。

（2）镗孔　在车床上对工件的孔进行车削的方法叫做镗孔（又叫车孔），镗孔是对钻出、铸出或锻出的孔的进一步加工。镗孔可以作粗加工，也可以作精加工。镗孔分为镗通孔和镗不通孔，如图5-18所示。镗通孔基本上与车外圆相同，只是进刀和退刀方向相反。

5

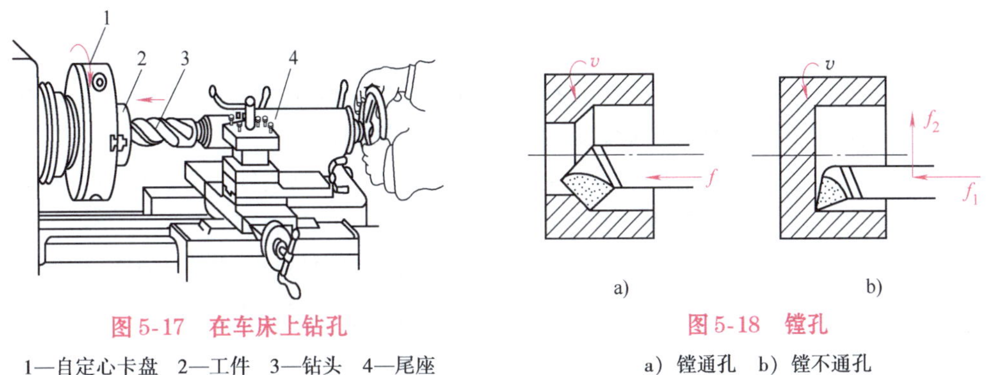

图5-17　在车床上钻孔

1—自定心卡盘　2—工件　3—钻头　4—尾座

图5-18　镗孔

a）镗通孔　b）镗不通孔

5.3　铣削加工

5.3.1　铣削加工范围及特点

铣削加工是在铣床上利用铣刀对零件进行加工的工艺过程。铣刀作高速旋转是完成切削的主要运动称为主运动；工件作直线运动使被切金属层不断投入切削的运动称为进给运动。

1. 铣削加工范围

铣削是金属切削加工中常用的方法之一，它主要用来加工各类平面、沟槽和成形面，也可用来钻孔、铰孔等。尺寸公差等级一般为IT9～IT8；表面粗糙度 Ra 值一般为6.3～1.6μm。铣削加工的应用范围如图5-19所示。

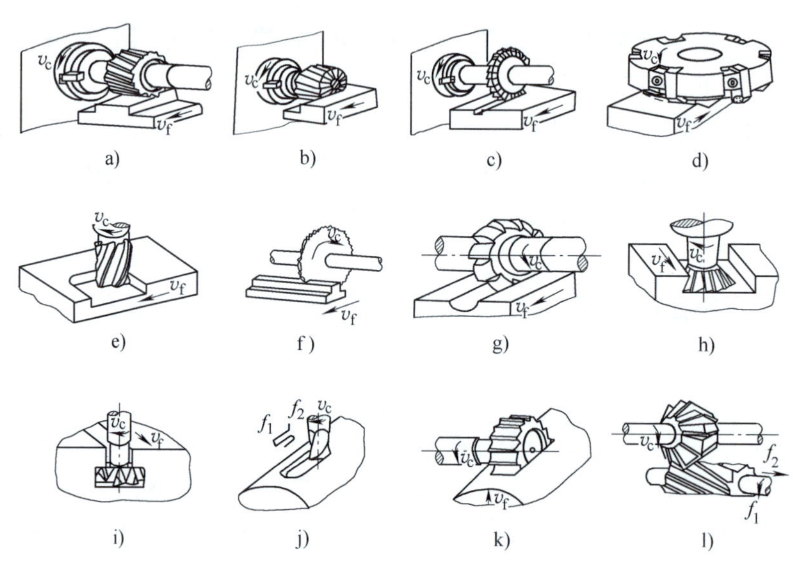

图 5-19 铣削加工的应用范围

a）圆柱铣刀铣平面 b）套式铣刀铣台阶面 c）三面刃铣刀铣直角槽 d）端铣刀铣平面
e）立铣刀铣凹平面 f）锯片铣刀切断 g）成形铣刀铣成形面 h）燕尾槽铣刀铣燕尾槽
i）T形槽铣刀铣T形槽 j）键槽铣刀铣键槽 k）半圆键槽铣刀铣半圆键槽 l）角度铣刀铣螺旋槽

5

2. 铣削加工的特点

1）生产率较高　由于铣刀是多齿刀具，铣削时有几个刀齿同时参加切削，总的切削宽度较大。铣削的主运动是铣刀的旋转运动，利于高速铣削。

2）刀齿散热条件较好，铣刀刀齿是轮流工作，冷却、散热条件较好。但切入和切出时有机械冲击，会加速刀具的磨损，甚至可能引起硬质合金刀片碎裂。

3）容易产生振动　铣削时参与切削的刀齿数以及在切削时每个刀齿切削厚度的变化，会引起切削力和切削面积的变化，容易产生振动。铣削过程的不平稳，限制了铣削加工质量和生产率的提高。

5.3.2 铣床

铣床种类很多，约占金属切削机床总数的25%左右，常用的有卧式铣床、立式铣床、工具铣床、龙门铣床、键槽铣床、仿形铣床、数控铣床等。其中卧式铣床和立式铣床应用最广。

1. 卧式铣床

卧式万能升降台铣床简称万能铣床，图5-20所示的X6132铣床，是铣床中应用最广的一种，主轴是水平的，与工作台面平行。其中X表示铣床类（X为“铣床”汉语拼音的首字母），6表示卧式铣床，1表示万能升降台铣床，32表示工作台宽度的1/10，即工作台宽度为320mm。卧式铣床的主要组成部分及作用如下：

（1）床身　用于固定和支承铣床的功能部件。如电动机、横梁、主轴及主轴变速机构、工作台及进给机构等。

(2) 横梁 上面安装吊架，用于支承刀杆的外伸端，以加强刀杆的刚性。横梁可沿床身顶部的水平导轨移动，以调整其伸出的长度。

(3) 主轴 主轴是空心轴，前端有 7:24 的精密锥孔，用于安装铣刀刀杆并通过端面键带动铣刀回转。

(4) 工作台 台面上设有 T 型槽，用于安装工件或夹具，如分度头、平口钳等。工作台和横向滑台之间设有转台，工作台沿转台导轨作纵向移动，带动台面上的工件作纵向进给。

(5) 转台 用于调整工作台在水平面内的角度，以便铣削螺旋槽。转台与横向滑台通过环形导轨副连接。

(6) 横向滑台 位于升降台上，沿升降台上面的水平导轨作横向移动。横向滑台连带工作台一起作横向进给。

(7) 升降台 带动工作台沿床身的垂直导轨上下移动，以调整工作台面到铣刀的距离，并作垂直进给。

带有转台的卧铣，由于其工作台除了能作纵向、横向和垂直方向移动外，还能在水平面内左右扳转 45°，因此称为万能卧式铣床。

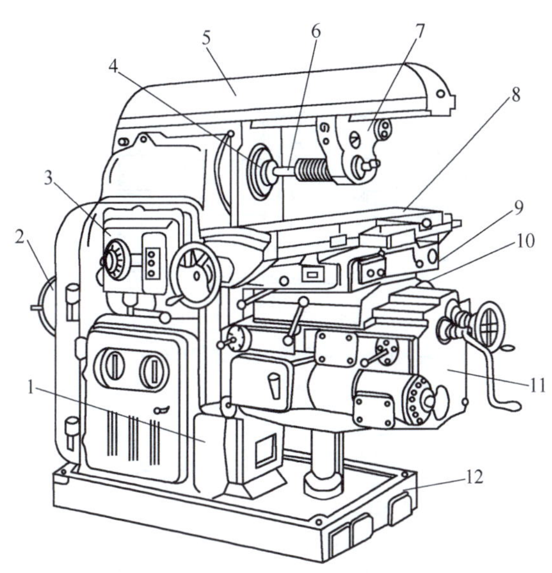

图 5-20 X6132 卧式万能铣床升降台铣床

1—床身 2—电动机 3—变速机构 4—主轴 5—横梁 6—刀杆 7—刀杆支架 8—纵向工作台 9—转台 10—横向滑台 11—升降台 12—底座

2. 立式铣床

立式铣床的主轴与工作台面垂直，如图 5-21 所示。有时根据加工的需要，可以将立铣头（主轴）偏转一定的角度。立式铣床在加工不通的沟槽和台阶面时，比卧式铣床方便。

5.3.3 铣刀

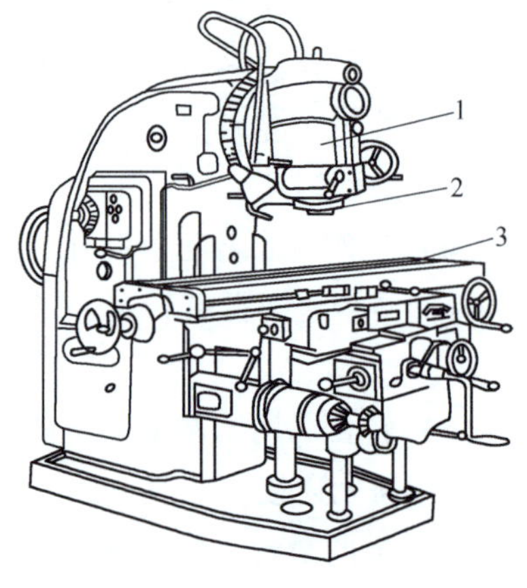

图 5-21 立式铣床

1—立铣头 2—主轴 3—纵向工作台

铣刀是由多刃刀齿组成的一种刀具，每一个刀齿相当于一把简单的车刀，切削时每齿周期性切入和切出工件，加工效率较高；加工精度也较高，其尺寸公差等级一般为IT9~IT7，表面粗糙度 Ra 值为12.5~1.6μm。

铣刀的分类很多，常用的分类是根据铣刀的安装方法分为带孔铣刀和带柄铣刀两大类。其他分类按照用途的不同，将铣刀分为铣削平面用铣刀、铣削直角沟槽用铣刀、铣削特种沟槽用铣刀和铣削特形面用铣刀等；按刀齿构造的不同，可将铣刀分为尖齿铣刀和铲齿铣刀等。

铣刀安装是铣削工作的一个重要组成部分，铣刀安装的是否正确，不仅影响到加工质量，而且也影响铣刀的使用寿命，所以必须按要求进行。

带孔铣刀中的圆柱形、圆盘形铣刀，多用长刀杆安装，如图5-22所示。带柄铣刀多用于立式铣床，安装如图5-23所示。

5

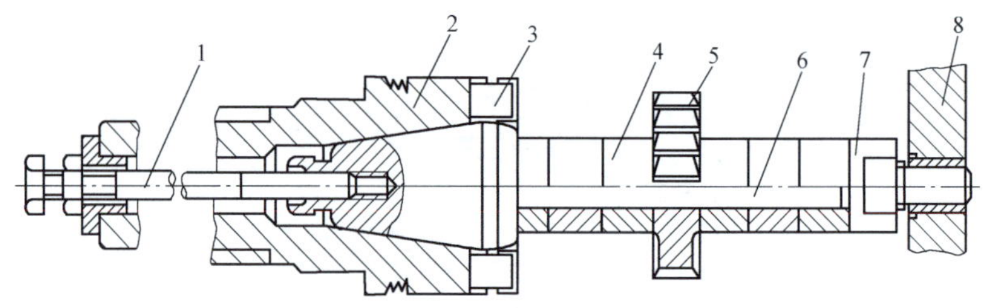

图 5-22 圆盘铣刀的安装

1—拉杆 2—铣床主轴 3—端面键 4—套筒 5—铣刀 6—刀杆 7—螺母 8—刀杆支架

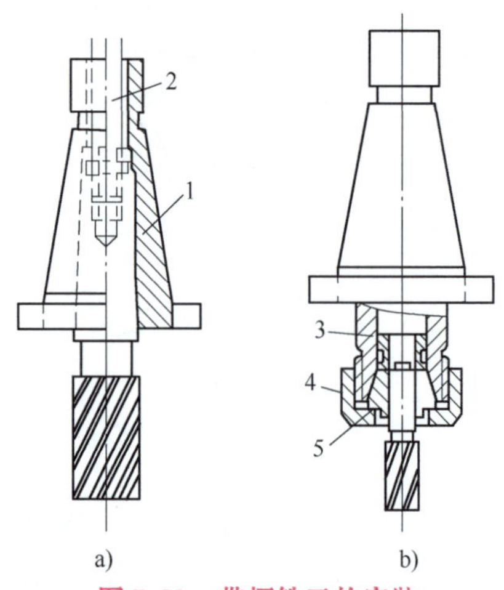

图 5-23 带柄铣刀的安装

a）锥柄铣刀的安装 b）直柄铣刀的安装

1—变锥套 2—拉杆 3—夹头体 4—螺母 5—弹簧套

5.3.4 铣床主要附件

铣床的主要附件有分度头、平口钳、万能铣头和回转工作台。分度头的种类很多，有简单分度头、万能分度头、光学分度头、自动分度头等，其中用得较多的是万能分度头，其结构如图 5-24a 所示。

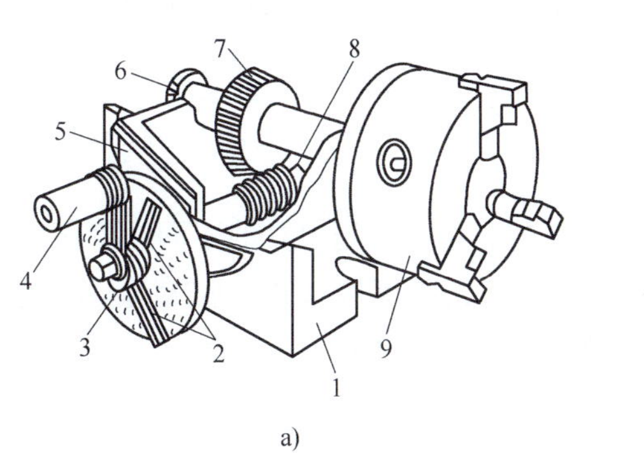

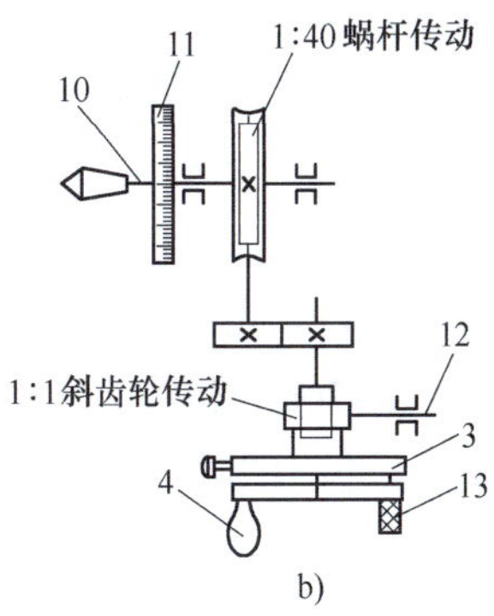

图 5-24 万能分度头

a）结构 b）传动系统

1—基座 2—分度叉 3—分度盘 4—手柄 5—回转体 6—分度头主轴 7—40 齿蜗轮 8—单头蜗杆 9—三爪自定心卡盘 10—主轴 11—刻度环 12—挂轮轴 13—定位销

万能分度头由底座、转动体、主轴和分度盘等组成。工作时，它的底座用螺钉紧固在工作台上，并利用导向键与工作台中间一条 T 形槽相配合，使分度头主轴轴心线平行于工作台纵向进给。手柄用于紧固或松开主轴，分度时松开，分度后紧固，以防止在铣削时主轴松动。分度头的前端锥孔内可安放顶尖，用来支撑工作；主轴外部有一短定位锥体与自定心卡盘的法兰卡盘锥孔相连接，以便用自定心卡盘装夹工件。

分度头的传动系统如图 5-24b 所示。分度时，摇动分度手柄，通过齿轮和蜗杆蜗轮传动带动分度头主轴和工件旋转进行分度。齿轮传动比为 1∶1，蜗轮齿数为 40，蜗杆头数为 1，因此，手柄转一圈时，工件只转 1/40 圈。若工件圆周需分 Z 等份，每分一份要求工件转过 $1/Z$ 圈。则分度手柄的转数 n 可以由下列比例关系得：

$$1:\frac{1}{40}=n:\frac{1}{Z}$$

$$n=\frac{40}{Z}$$

分度头分度的方法有直接分度法、简单分度法、角度分度法和差动分度法等。这里仅介绍常用的简单分度法。例如：铣齿数 $Z=35$ 的齿轮，需对齿轮毛坯的圆周作 35 等分，每一次分度时，手柄转数为：

$$n=\frac{40}{35}=1\frac{1}{7}$$

即每分一齿，手柄需转过 1 整圈又 1/7 圈，其中 1/7 圈需通过分度盘来控制。用简单分度法需先将分度盘固定。再将分度手柄上的定位销调整到孔数为 7 的倍数（如 28、42、49）

的孔圈上，如在孔数为 28 的孔圈上。此时分度手柄转过 1 整圈后，再沿孔数为 28 的孔圈转过 4 个孔距。

$$n = 1\frac{1}{7} = 1\frac{4}{28}$$

为了确保手柄转过的孔距数可靠，可调整分度盘上的扇形条 1、2 之间的夹角，使之正好等于分子的孔距数，这样依次进行分度时就可准确无误，如图 5-25 所示。

5.3.5 基本铣削工作

1. 铣平面

在卧式铣床和立式铣床上均可进行平面铣削。由于所用刀具的不同，平面铣削方式又分为周铣（图 5-26a）和端铣（图 5-26b）两种。铣削用量对铣削加工质量和效率有重要影响。铣削用量包括四个要素，即铣削速度、进给量、背吃刀量（铣削深度）和侧吃刀量（铣削宽度），如图 5-26 所示。

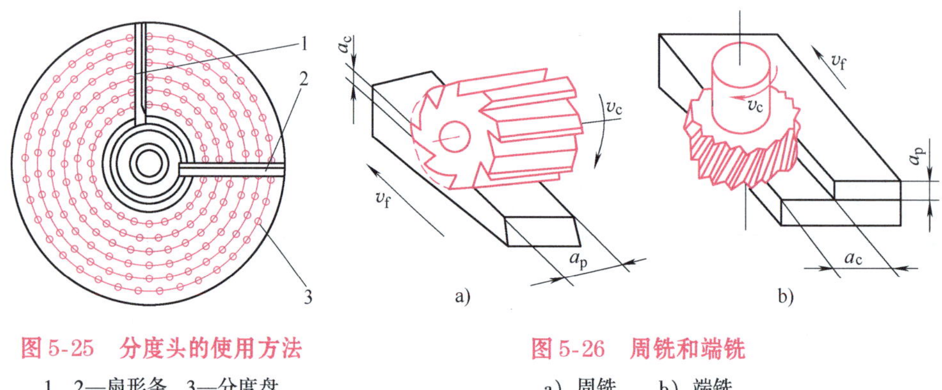

图 5-25 分度头的使用方法
1、2—扇形条 3—分度盘

图 5-26 周铣和端铣
a) 周铣 b) 端铣

（1）切削速度 v_c 铣刀最外圆上一点的线速度，单位为 m/min 或 m/s。

（2）进给量 铣削时工件在进给运动方向上相对刀具的移动量。由于铣刀为多刃刀具，计算时有以下三种度量方法。

1）每齿进给量 f_Z（mm/tooth）是指铣刀每转过一个刀齿，工件相对铣刀沿进给方向移动的距离。

2）每转进给量 f（mm/r）是指铣刀每一转，工件相对铣刀沿进给方向移动的距离。

3）每分钟进给量 v_f（mm/min）是指工件相对铣刀每分钟沿进给方向移动的距离，又称进给速度。

$$v_f = f_Z \cdot Z \cdot n$$

式中，Z 为铣刀齿数；n 为铣刀每分钟转速（rpm）。

（3）背吃刀量（铣削深度）a_p 在通过切削刃基点并垂直于工作平面的方向上测量的切削层尺寸（切削层是指工件上正被刀刃切削着的那层金属），单位为 mm。

（4）侧吃刀量（铣削宽度）a_c 在平行于工作平面并垂直于切削刃基点的进给运动方向上测量的切削层尺寸，单位为 mm。

铣削用量选择原则：通常粗加工为了保证必要的刀具耐用度，应优先采用较大的侧吃刀量或背吃刀量，其次选择较大的进给量，最后才是根据刀具耐用度的要求选择适宜的切削速度，这样选择是因为切削速度对刀具耐用度影响最大，进给量次之，侧吃刀量或背吃刀量影响最小；精加工是为了获得较高的加工精度和表面质量，应采用较小的铣削深度和进给量。对于硬质合金铣刀应采用较高的切削速度，对高速工具钢铣刀一般应采用相对较低的切削速度。

2. 铣斜面

工件上具有斜面的结构很常见，铣削斜面的方法也很多，下面介绍常用的几种方法。

(1) 使用倾斜垫铁铣斜面　如图5-27a所示，在工件基面下面垫一块倾斜的垫铁，则铣出的平面就与工件基面成倾斜位置，改变倾斜垫铁的角度，即可加工不同角度的斜面。

(2) 用万能铣头铣斜面　如图5-27b所示，调整万能铣头刀轴的空间位置，使铣刀具相对工件倾斜一个角度来铣斜面。

(3) 用角度铣刀铣斜面　如图5-27c所示，较小的斜面可用合适的角度铣刀加工。当加工零件批量较大时，则常采用专用夹具铣斜面。

(4) 用分度头铣斜面　如图5-27d所示，在一些圆柱形和特殊形状的零件上加工斜面时，可利用分度头将工件转成所需位置而铣出斜面。

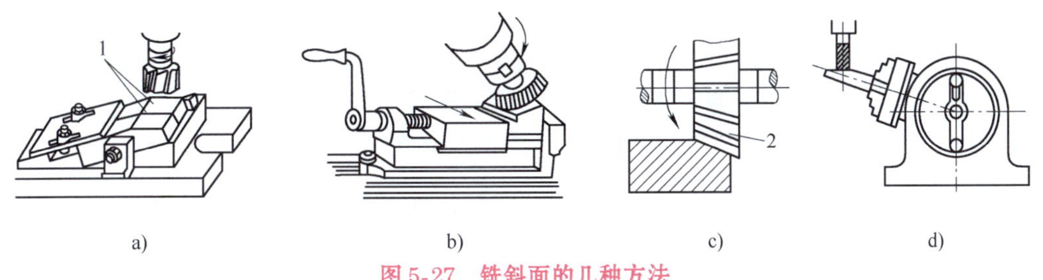

图5-27　铣斜面的几种方法

a) 用斜垫铁铣斜面　b) 用万能铣头铣斜面　c) 用角度铣刀铣斜面　d) 用分度头铣斜面

1—工件　2—铣刀

3. 铣台阶面

在立式铣床和卧式铣床上，都可铣削台阶面。可用三面刃盘铣刀在卧式铣床上铣削，如图5-28a所示；也可用大直径的立铣刀在立式铣床上铣削，如图5-28b所示。在成批生产中，可用组合铣刀在卧式铣床上同时铣削几个台阶面，如图5-28c所示。

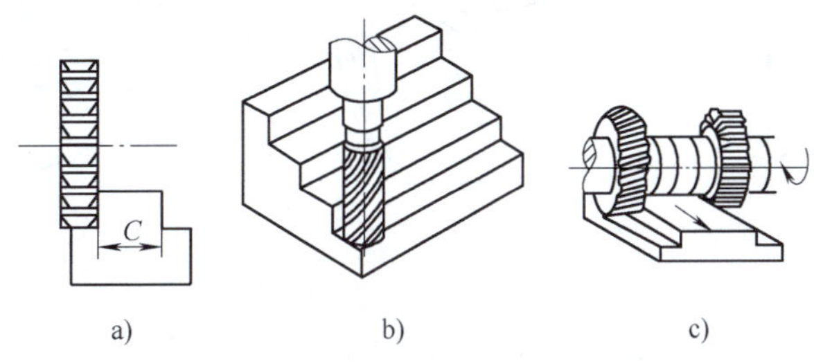

图5-28　铣台阶面

a) 用三面刃盘铣刀铣台阶面　b) 用立铣刀铣台阶面　c) 用组合铣刀铣台阶面

4. 铣沟槽

在铣床上能加工的沟槽种类很多，如直槽、角度槽、V 形槽、T 形槽、燕尾槽和键槽等。

（1）铣键槽　常见的键槽有封闭式和敞开式两种。在轴上铣封闭式键槽，一般用键槽铣刀加工，如图 5-29a 所示。键槽铣刀一次轴向进给不能太大，切削时要注意逐层切下。敞开式键槽多在卧式铣床上用三面刃铣刀进行加工，如图 5-29b 所示。注意在铣削键槽前，做好对刀工作，以保证键槽的对称度。

若用立铣刀加工，则由于立铣刀中心无切削刃，不能向下进给，因此必须预先在槽的一端钻一个落刀孔，才能用立铣刀铣键槽。

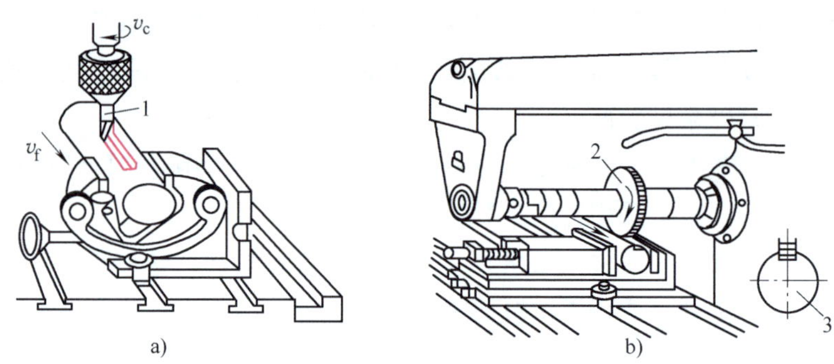

图 5-29　铣键槽

a）在立式铣床上铣封闭式键槽　b）在卧式铣床上铣敞开式键槽

1—键槽铣刀　2—铣刀　3—轴

（2）铣 T 形槽及燕尾槽　如图 5-30 所示，T 形槽应用很多，如铣床和刨床的工作台上用来安放紧固螺栓的槽就是 T 形槽。要加工 T 形槽及燕尾槽，必须首先用立铣刀或三面刃铣刀铣出直角槽，然后在立铣上用 T 形槽铣刀或燕尾槽铣刀铣削成形。但由于 T 形槽铣刀工作时排屑困难，应选较小的切削用量，同时应多加冷却液，最后再用角度铣刀铣出倒角。

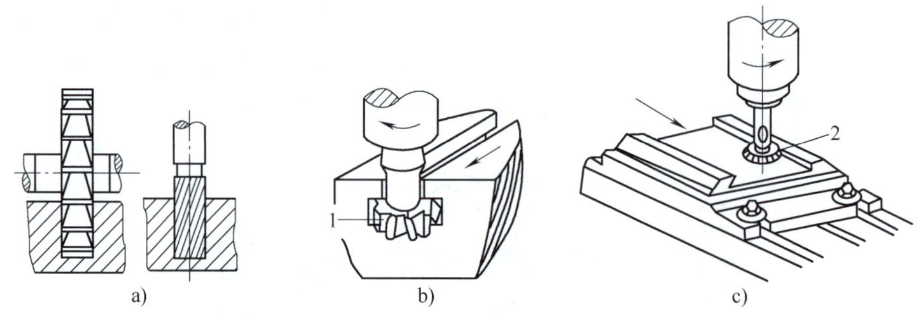

图 5-30　铣 T 形槽及燕尾槽

a）先铣出直槽　b）铣 T 形槽　c）铣燕尾槽

1—T 形槽铣刀　2—燕尾槽铣刀

5. 齿形加工

齿轮的齿形在铣床上可采用成形法加工。成形法是用与被切齿轮齿槽形状相符的盘状铣刀或指状铣刀切出齿形的方法，如图5-31所示。

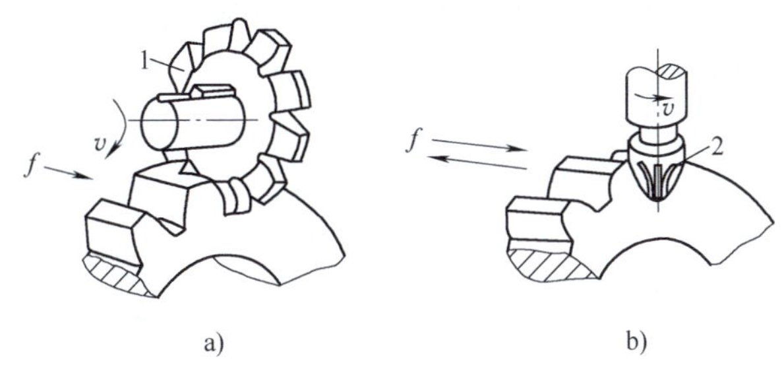

图5-31 用盘状铣刀和指状铣刀加工齿轮

a）盘状铣刀铣齿轮 b）指状铣刀铣齿轮

1—盘状铣刀 2—指状铣刀

铣削时，常用分度头和尾架装夹工件，用分度头进行分度，如图5-32所示。可用盘状模数铣刀在卧式铣床上铣齿，也可用指状模数铣刀在立式铣床上铣齿。

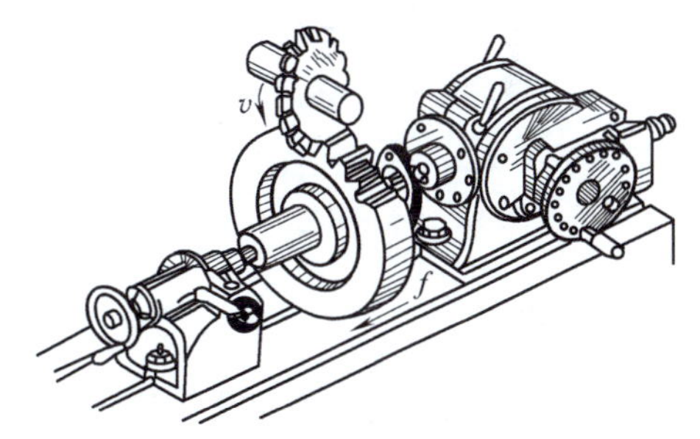

图5-32 分度头和尾架装夹工件

成形法加工的特点是：

1）设备简单，只用普通铣床即可，刀具成本低；

2）由于铣刀每切一齿，槽都要重复消耗一段切入、退刀和分度的辅助时间，因此生产率较低；

3）加工出的齿轮精度较低，只能达到11~9级。

在实际生产中，不可能为每加工一种模数、一种齿数的齿轮就制造一把成形铣刀，而只能将模数相同且齿数不同的铣刀编成号数，每号铣刀有它规定的铣齿范围，见表5-2。每号铣刀的刀齿轮廓只与该号范围的最小齿数齿槽的理论轮廓相一致，对其他齿数的齿轮只能获得近似齿形。

表5-2 模数铣刀刀号及其加工齿数范围表

刀号	1	2	3	4	5	6	7	8
加工齿数范围	12~13	14~16	17~20	21~25	26~34	35~54	55~134	135以上

5.4 刨削加工

刨削是一种在刨床上利用刨刀刨削工件的方法。刨削加工的主运动是刀具作直线往复运动，刨刀回程时工件作间歇直线进给运动。如图5-33所示。

刨削主要用于加工平面（水平面、垂直面、斜面）、槽（直槽、T形槽、V形槽、燕尾槽）及一些成形面，如图5-34所示。刨削时刨刀切入、切出工件会产生冲击，限制了切削速度的提高，一般为17~50m/min，且回程不切削，故生产效率较低。但对于加工狭长零件的平面、T形槽、燕尾槽时，生产率较高。刨削加工由于刀具简单，加工调整灵活方便，故在单件生产及修配工作中得到较广泛的应用。

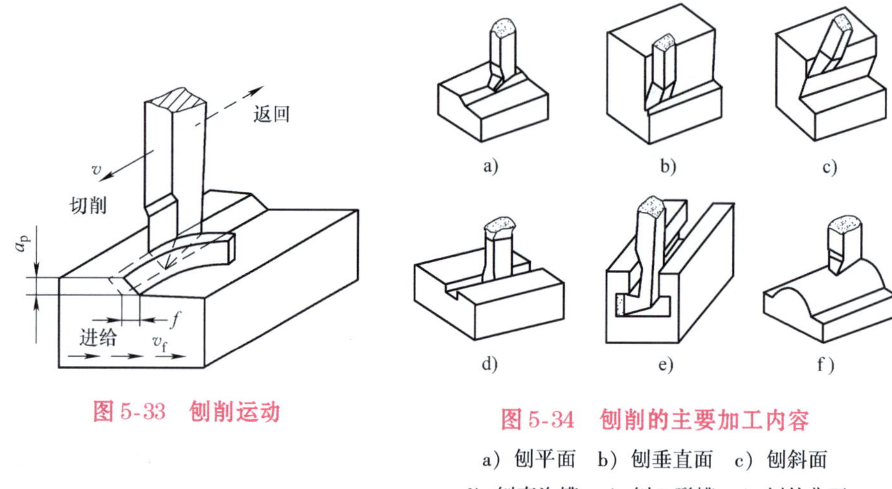

图5-33 刨削运动

图5-34 刨削的主要加工内容

a）刨平面 b）刨垂直面 c）刨斜面
d）刨直沟槽 e）刨T形槽 f）刨外曲面

5.4.1 刨床

常见的刨削类机床有牛头刨床、龙门刨床和插床等。

1. 牛头刨床

牛头刨床应用较广，其结构简单，调整方便，操作灵活，适合刨削长度不超过1000mm的中、小型零件。牛头刨床主要由床身、滑枕、摆臂机构、工作台及进给机构、变速机构、刀架、底座等部分组成。图5-35所示为B6065型牛头刨床，其各组成部分的功能如下：

（1）床身　床身6用于支承和连接刨床的各部件，其顶面导轨供滑枕作往复运动，侧面导轨供横梁和工作台升降，床身内部装有传动机构。

（2）滑枕和摆臂机构　摆臂机构7是牛头刨床的主运动机构，可以把电动机的旋转运动转换为滑枕3的直线往复运动，以带动刨刀进行刨削。

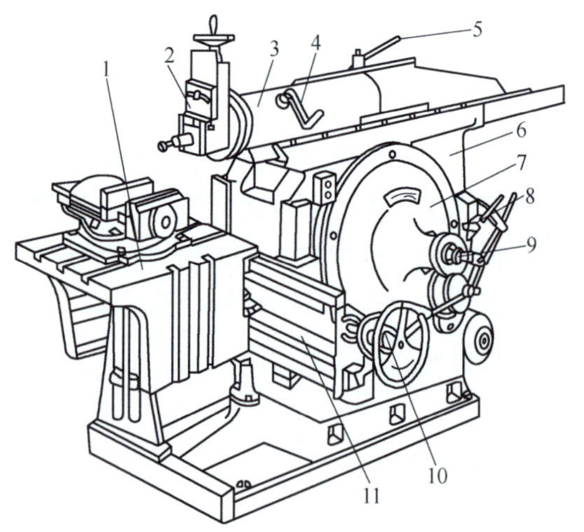

图5-35 B6065型牛头刨床外形图

1—工作台 2—刀架 3—滑枕 4—行程位置调整手柄 5—滑枕锁紧手柄 6—床身 7—摆臂机构 8—变速机构 9—行程长度调整方榫 10—进给机构 11—横梁

(3) 工作台及进给机构　工作台1安装在横梁11的水平导轨上，由进给机构（棘轮机构）传动，使其在水平方向自动间歇进给。

2. 龙门刨床

龙门刨床主要用于加工大型零件上的平面或沟槽，或同时加工多个中型零件，特别适用于狭长平面的加工，一般可刨削的工件宽度达1m，长度在3m以上。图5-36所示为龙门刨床，因有一个“龙门”式的框架结构而得名。龙门刨床的主运动是工作台（工件）的直线往复运动，进给运动是刀架（刀具）的移动。龙门刨床上有四个刀架，两个垂直刀架可在横梁上作横向进给运动，以刨削工件的水平面；两个侧刀架可沿立柱导轨作垂直进给运动，以刨削垂直面。各个刀架均可偏转一定的角度，以刨削斜面。横梁可沿立柱导轨上下升降，以调整刀具和工件的相对位置，适应不同高度工件的刨削工作。

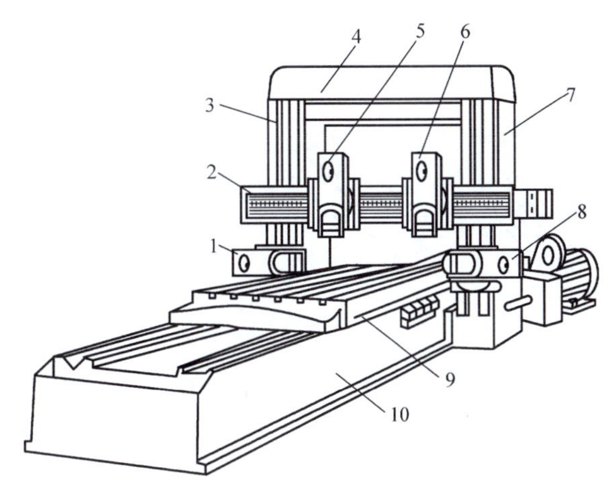

图5-36　B2010A型龙门刨床

1、8—侧刀架　2—横梁　3、7—立柱　4—顶梁　5、6—立刀架
9—工作台　10—床身

龙门刨床的主要特点是自动化程度高，各主要运动的操纵都集中在机床的悬挂按钮站和电气柜的操纵台上，操纵十分方便。工作台的工作行程和空回行程可在不停车的情况下实现无级变速。

5.4.2　刨刀

1. 刨刀的结构和分类

刨刀的结构与车刀相似，由刀头和刀杆组成。常用刨刀有弯刀、弯头刨刀、平面刨刀、偏刀、切刀、成形刨刀等。如图5-37所示。

2. 刨刀的安装

刨刀的正确安装与否直接影响工件加工质量。刨削水平面时刨刀的装夹，如图5-38所示，首先松开刀架上的转盘紧固螺钉8，调整转盘刻度对准零线，拧紧螺钉8，再转动

5

刀架进给手柄6，刀架滑板沿转盘上导轨上下移动，使刀架滑板下端面与转盘基本平齐，最后将刨刀插入刀架内，刀头伸出量不要太长（保证刀具有足够的刚性），拧紧刀夹螺钉3即可。

安装刨刀时，先将转盘对准零线，以便准确控制进给深度。直头刨刀的伸出长度一般为刀杆厚度的1.5~2倍。夹紧刨刀时应使刀尖离开工件表面，防止碰坏刀具和擦伤工件表面。

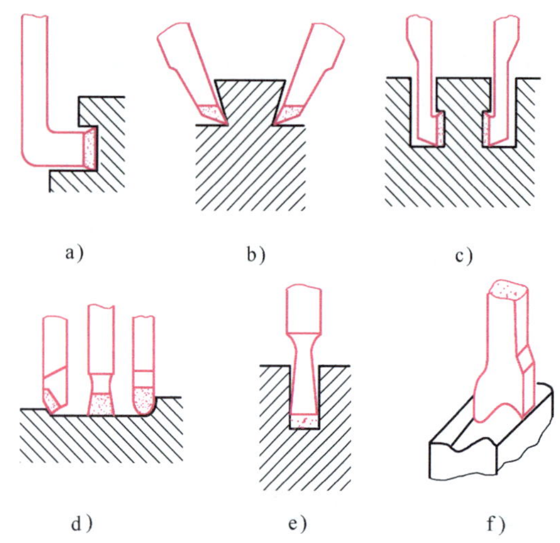

图5-37 刨刀分类

a）弯头刨刀 b）左、右偏刀 c）左、右弯刀 d）平面刨刀 e）切刀 f）成形刨刀

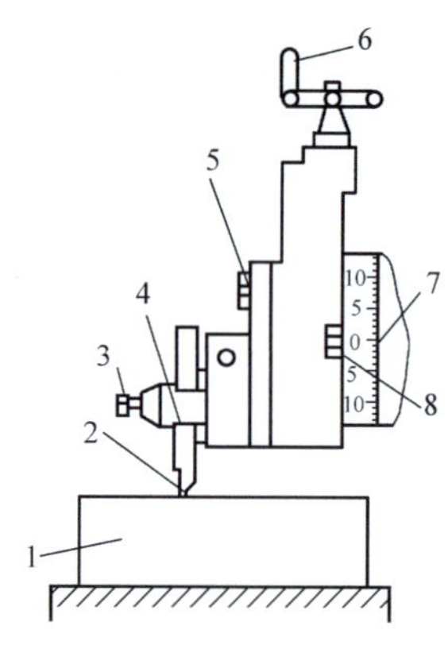

图5-38 刨刀的装夹示意图

1—零件 2—刀头 3—刀夹螺钉 4—刀夹 5—刀座螺钉 6—刀架进给手柄 7—转盘对准零线 8—转盘紧固螺钉

3. 装夹工件

刨床上常用的装夹工具有压板、压紧螺栓、平行垫铁、斜垫铁、支撑板、挡铁、阶台垫铁、V形架、螺丝撑、千斤顶和平口钳等。形状简单，尺寸较小的工件可装夹在平口钳上，如图5-39所示。尺寸较大形状复杂的工件可直接装夹在工作台上，如图5-40所示。

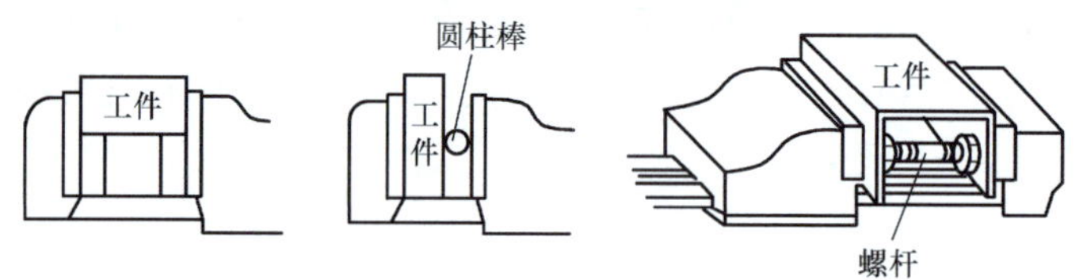

图5-39 用平口钳装夹工件

5.4.3 基本刨削工作

1. 刨水平面

首先正确安装工件和刀具，然后调整机床，包括调整工作台位置和滑枕行程长度及位置。开始加工时先进行试切，用手动进给试切出0.5~1mm宽度。停车测量尺寸后利用刀

架的刻度盘调整切削深度。加工余量较大时可分几次刨削。在水平面刨削时切削深度由手动控制刀架的垂直进刀，进给量由进给运动手柄调整。

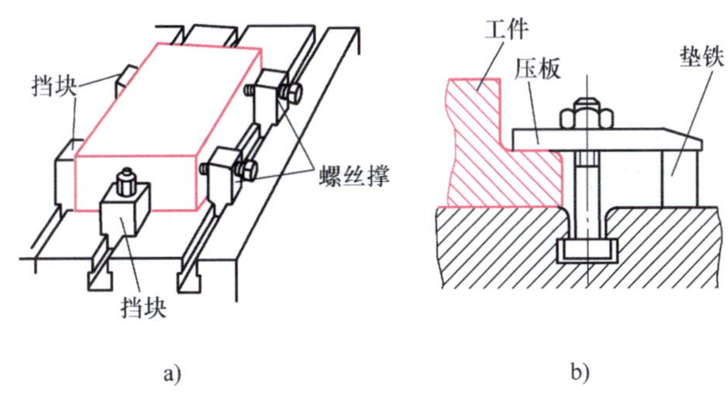

图 5-40 工作台上装夹工件

a）用螺丝撑和挡块夹紧 b）用压板夹紧

2. 刨垂直面和斜面

刨垂直面的方法如图 5-41 所示，先按划线找正安装工件。此时采用偏刀，并使刀具的伸出长度大于整个刨削面的高度。刀架转盘应对准零线，以使刨刀沿垂直方向移动。刀座必须偏转 10°～15°，以使刨刀在返回行程时离开工件表面，减少刀具的磨损，避免工件已加工表面被划伤。刨垂直面和斜面的加工方法一般在不能或不便于进行水平面刨削时才使用。

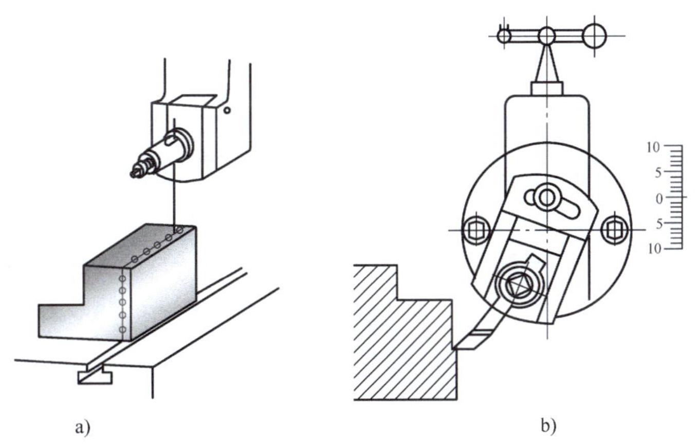

图 5-41 刨垂直面

a）按划线找正 b）调整刀架垂直进给

刨斜面与刨垂直面基本相同，只是刀架转盘必须按零件所需加工的斜面扳转一定角度，以使刨刀沿斜面方向移动。如图 5-42 所示采用偏刀或样板刀，转动刀架手柄进行进给，可以刨削左侧或右侧斜面。

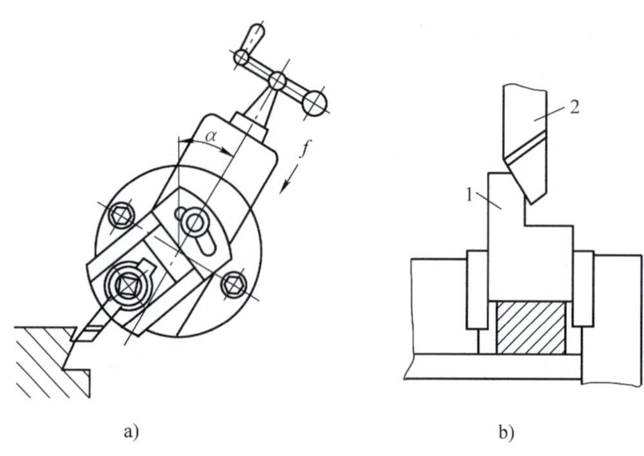

图 5-42　刨斜面

a）用偏刀刨右侧斜面　b）用样板刀刨斜面

1—零件　2—样板刀

3. 刨沟槽

（1）刨直槽　用切刀以垂直进给完成，如图 5-43 所示。

5

（2）刨 T 形槽　先用切槽刀刨出垂直槽，再分别用左、右弯刀刨出两侧凹槽，最后用 45°刨刀倒角。刨削 T 形槽，如图 5-44 所示。

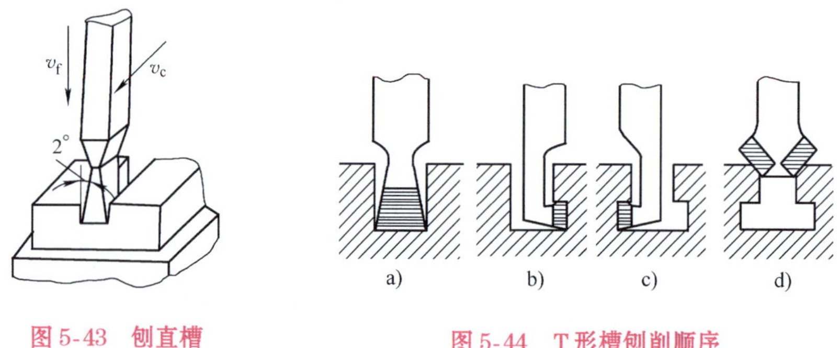

图 5-43　刨直槽

图 5-44　T 形槽刨削顺序

a）刨直槽　b）刨右横槽　c）刨左横槽　d）倒角

5.5　磨削加工

磨削是用磨具（如砂轮、砂带、油石、研磨剂等）以较高的线速度对工件表面进行加工的方法，可用于加工各种表面，如内外圆柱面和圆锥面，平面及各种成形表面等，还可以刃磨刀具进行切断等，工艺范围十分广泛。

磨削加工的特点：比较容易获得高加工精度和低表面粗糙度值，在一般加工条件下，尺寸公差等级为 IT5 ~ IT6，表面粗糙度 Ra 为 0.32 ~ 1.25μm。另外，磨床可以加工其他机床不能或者很难加工的高硬度材料，特别是淬硬零件的精加工。同时在磨削过程中，由于切削速度很高，将产生大量切削热，温度超过 1000℃。高温的磨屑在空气中发生氧化作用，产生火花。在如此高温下，将会使零件材料性能改变而影响质量。因此，为减少摩擦和迅速散热，降低磨削温度，及时冲走屑末，以保证零件表面质量，磨削时需使用大量切削液。

5.5.1 磨床

磨削机床种类主要分为外圆磨床、内圆磨床、平面磨床和工具磨床等。

1. 外圆磨床

常用的外圆磨床分为普通外圆磨床和万能外圆磨床（图5-45）。在普通外圆磨床上可磨削零件的外圆柱面和外圆锥面；在万能外圆磨床上由于砂轮架、头架和工作台上都装有转盘，能回转一定的角度，且增加了内圆磨具附件，所以万能外圆磨床除可磨削外圆柱面和外圆锥面外，还可磨削内圆柱面、内圆锥面及端平面，故万能外圆磨床比普通外圆磨床应用更广。外圆磨床的主参数为最大磨削直径。

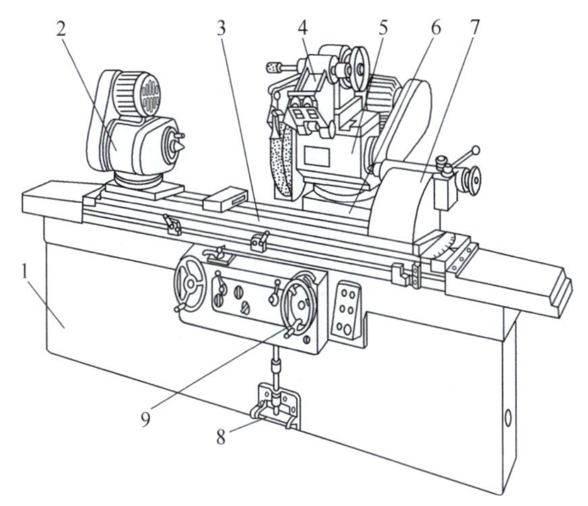

图5-45 万能外圆磨床

—床身 2—头架 3—工作台 4—内圆磨具 5—砂轮架
6—滑鞍 7—尾座 8—脚踏操纵板 9—横向进给轮

外圆磨削适用于轴类及外圆锥工件的外表面磨削，如机床主轴、活塞杆等。工件安装方法有顶尖安装（图5-46）、自定心卡盘安装和心轴安装等。

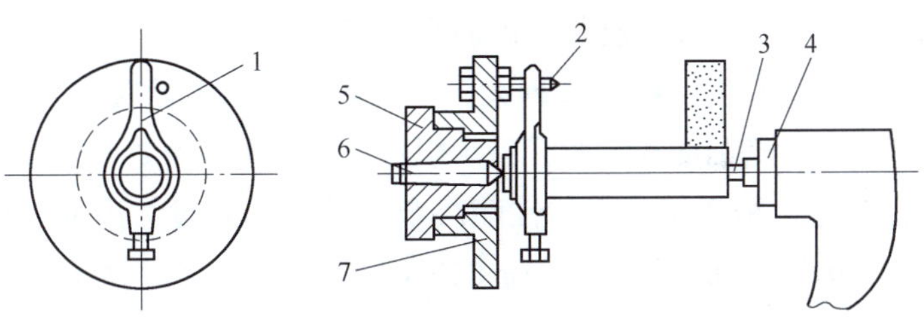

图5-46 顶尖安装

1—鸡心夹头 2—拨杆 3—后顶尖 4—尾座套筒
5—头架主轴 6—前顶尖 7—拨盘

2. 平面磨床

平面磨床由床身、工作台、立柱、磨头、及砂轮修整器等部件组成，如图 5-47 所示。

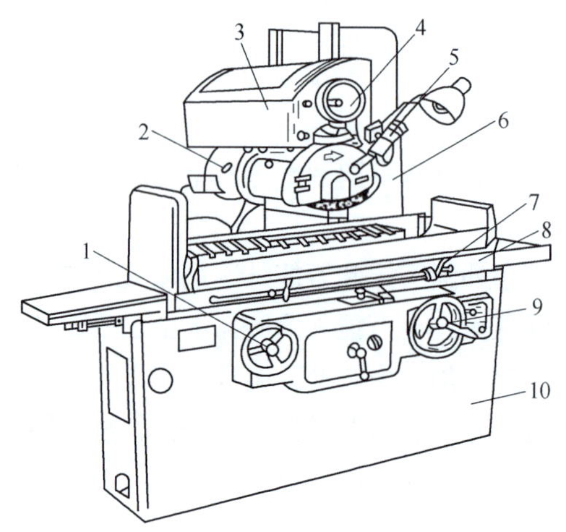

图 5-47 M7130A 平面磨床

1—驱动工作台手轮 2—磨头 3—滑板 4—横向进给手轮 5—砂轮修整器
6—立柱 7—行程挡块 8—工作台 9—垂直进给手轮 10—床身

5

(1) 工作台 工作台 8 装在床身 10 的导轨上，由液压驱动作直线往复运动，也可用手轮 9 操纵。工作台上装有电磁吸盘，用来装夹工作。

(2) 磨头 它沿滑板 3 的水平导轨作横向进给运动，也可由液压驱动或由手轮 4 操纵。滑板 3 可沿立柱 6 的导轨作垂直移动，以调整磨头的高低位置及完成垂直进给运动，这一运动是通过转动垂直进给手轮 9 来实现的。砂轮由装在壳体内的电动机直接驱动旋转。

5.5.2 砂轮

砂轮是磨削的切削工具，它是由磨料和结合剂两种材料经过压制和烧结而制成的多孔体，如图 5-48 所示。这些锋利的磨粒就像铣刀的切削刃，每一磨粒都有切削刃，在砂轮高速旋转的条件下，切入零件表面，故磨削是一种多刃、微刃切削过程，磨削过程和铣削相似。

常用砂轮磨料有刚玉类（氧化铝）和碳化硅类，刚玉类适宜磨削钢料及一般刀具；碳化硅类适宜磨削铸铁、青铜等脆性材料及硬质合金刀具。

磨粒颗粒的大小称为粒度，粒度号越大，颗粒越小。粗磨用粗粒度，精磨用细粒度。当工件材料软，塑性大，磨削面积大时，采用粗粒度，以免堵塞砂轮烧伤工件。

砂轮中的结合剂起粘结作用，它的性能决定了砂轮的强度、耐冲击性和耐热性。此外，它对磨削温度，磨削表面质量也有一定的影响。常用的结合剂有陶瓷结合剂、树脂结合剂、橡胶结合剂等。

砂轮工作一定时间后，磨粒逐渐变钝，这时必须修整。修整时，将砂轮表面一层变钝的磨粒切去，使砂轮重新露出完整锋利的磨粒，以恢复砂轮的几何形状。砂轮常用金刚石笔进行修整，如图5-49所示。

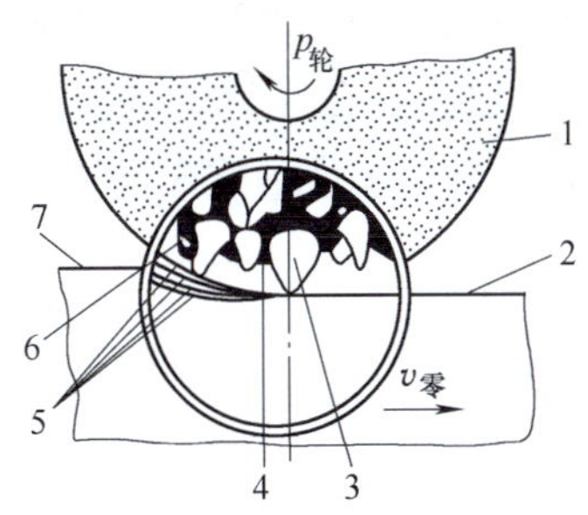

图5-48 砂轮的组成

1—砂轮 2—已加工表面 3—磨粒 4—结合剂
5—加工表面 6—空隙 7—待加工表面

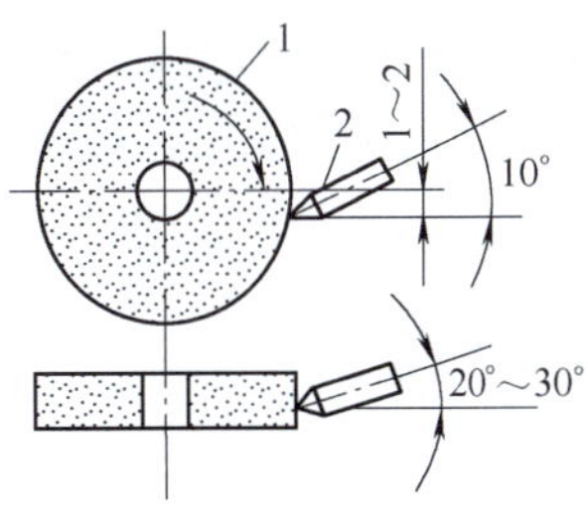

图5-49 砂轮的修整

1—砂轮 2—金刚石笔

5.5.3 基本磨削工作

1. 磨外圆

在外圆磨床上磨削外圆，常用的有纵磨法、横磨法和综合磨法3种，其中以纵磨法用得最多。

(1) 纵磨法 如图5-50所示，纵向磨削的特点是适应性好，一个砂轮可磨削长度不同、直径不等的各种零件，且加工质量好，但磨削效率较低。目前生产中，特别是单件、小批生产以及精磨时广泛采用这种方法，尤其适用于细长轴的磨削。

(2) 横磨法 如图5-51所示，横磨削时，采用砂轮的宽度大于零件表面的长度，零件无纵向进给运动，而砂轮以很慢的速度连续或断续地向零件作横向进给，直至余量被全部磨掉。横磨的特点是生产率高，但精度及表面质量较低。该法适于磨削长度较短、刚性较好的零件。

(3) 综合磨法 如图5-52所示，先用横磨分段粗磨，余量用纵磨法磨去。当加工表面的长度为砂轮宽度的2~3倍时，可采用综合磨法。综合磨法能集纵磨、横磨法的优点为一身，既能提高生产效率，又能提高磨削质量。

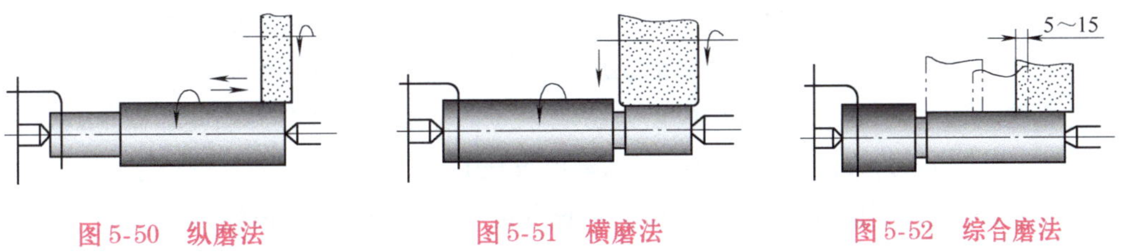

图5-50 纵磨法　图5-51 横磨法　图5-52 综合磨法

2. 磨平面

平面磨削通常可分为周磨与端磨两种。

(1) 周磨 用砂轮的圆周面磨削平面。其中砂轮的高速旋转是主运动，进给运动分为工件的纵向往复运动、砂轮周期性横向移动和砂轮对工件作定期垂直移动。磨削时，砂轮与工件的接触面积小、排屑及冷却条件好、工件不易变形、砂轮磨损均匀，所以能得到较好的加工精度及表面质量，但磨削效率低，适用于精磨，如图5-53a所示。

（2）端磨　用砂轮的端面磨削平面。其中砂轮高速旋转是主运动，进给运动分为工作台圆周进给和砂轮垂直进给。磨削时砂轮轴伸出较短，而且主要受轴向力，所以刚性好，能用较大的磨削用量。并且砂轮与工件接触面积大、金属材料磨去较快、生产效率高，但是磨削热大，切削液又不易注入磨削区，容易发生工件被烧伤的现象，因此加工质量比周磨低，适用于粗磨，如图 5-53b 所示。

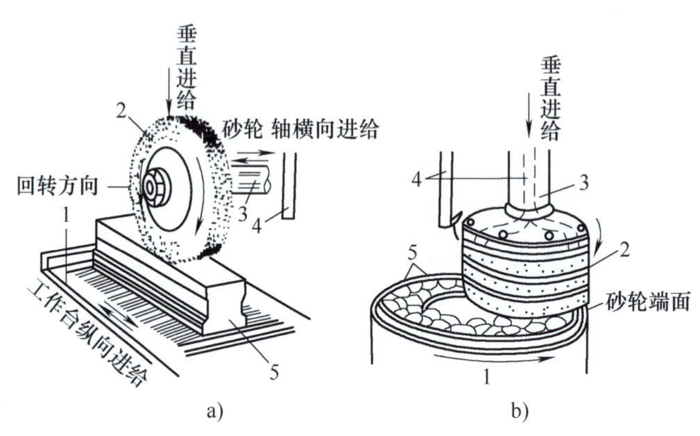

图 5-53　平面磨削方法

a）周磨　b）端磨

1—磁性吸盘　2—砂轮　3—砂轮轴　4—冷却液管　5—工件

5

5.6　插齿与滚齿

齿轮齿形的加工方法有成形法和展成法（又称范成法）两类。

成形法加工齿轮齿形参见 5.3.5 节。展成法是利用齿轮刀具与被切齿轮的互相啮合运转而切出齿形的方法，如插齿和滚齿加工等。

5.6.1　插齿

插齿是在插齿机上用插齿刀加工齿轮齿形的方法，如图 5-54 所示。插齿刀形状类似圆柱齿轮，只是在每一个轮齿上磨出前、后角，使其具有锋利的切削刃。插齿时，插齿刀在作上下往复运动的同时，与被切齿坯强制地保持一对齿轮的啮合关系，即 $n_{工}/n_{刀}=Z_{刀}/Z_{工}$（被切齿轮与插齿刀的转速比等于其齿数的反比）。

插齿可加工直齿圆柱齿轮，还可加工双联齿轮、多联齿轮和内齿轮。

插齿加工所能达到的精度为 IT8-IT7 级，表面粗糙度 Ra 值一般为 1.6μm。

5.6.2　滚齿

滚齿是在滚齿机上用滚刀加工齿轮的方法，如图 5-55 所示。滚刀的形状与蜗杆相似，但要在垂直于螺旋线的方向开出若干个槽，形成刀齿并磨出切削刃。这一排排的刀齿就像能进行切削加工的齿条刀，所以滚齿的工作原理相当于齿条与齿轮啮合的原理。滚齿时，滚刀与被切齿轮之间应具严格的强制啮合关系，即滚刀每转一圈，被切齿轮应转过 K 个齿

(K 为滚刀的线数)。滚齿时，为使滚刀刀齿的运动方向（即螺旋齿的切线方向）与被切齿轮方向一致，滚刀的刀轴必须偏转一定的角度。

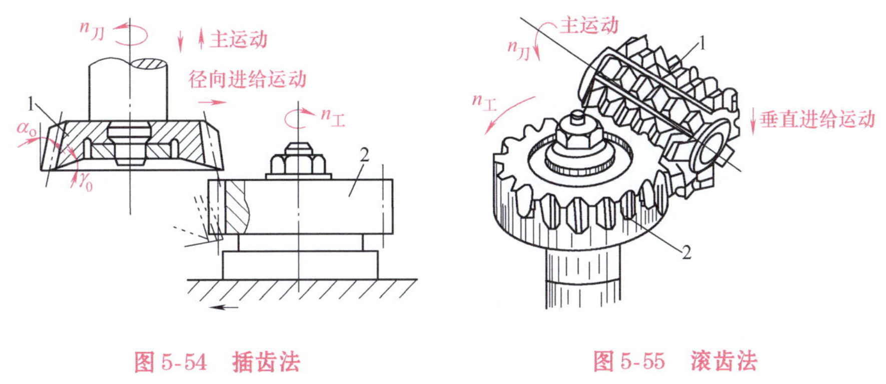

图5-54 插齿法

1—插齿刀 2—被切齿轮

图5-55 滚齿法

1—滚刀 2—被切齿轮

滚齿除用于加工直齿圆柱齿轮外，还可以加工斜齿圆柱齿轮、蜗轮和链轮。滚齿加工所能达到的精度为IT8～IT7级，表面粗糙度 Ra 值为3.2～1.6μm。

滚齿和插齿均能用同一把刀具加工同一模数不同齿数的齿轮，其加工精度和生产率都比成形法高，应用较广泛。当要求齿轮精度高于IT7级时，还需进行齿轮的精密加工。齿轮齿形精密加工的方法有剃齿、珩齿和磨齿等。

5

5.7 切削加工环境与安全操作

1. 切削加工环境

切削加工将多余的材料从零件毛坯上切除，大约有30%的材料成为切屑，切削加工除消耗能源和资源外，还有废液、废气、粉尘和噪声排放。例如切削液和从切削液中挥发出的有害气体，切削振动和噪声，切削热和热辐射等，对环境有不同程度的污染，对人体健康也有不同程度的损害，需要对环境进行保护和自我身体防护。

切削加工环境保护措施很多，如采用先进的切削加工工艺（例如少无切削加工和干式切削加工），降低能耗，废液、废气和切屑的回收再利用等。

2. 切削加工实习操作安全事项

1）正确穿戴好个人防护用品，严禁戴手套操作机床，女学生必须戴好安全帽。

2）正确安装工件、刀具和工夹具，装夹要可靠、牢固。

3）机床运转时，严禁手动清除缠绕在工件或刀具上的切屑，必须停机清除。

4）严禁用手触摸加工中的工件和刀具。

5）严禁开空车；机床运转时，操作者不得离开工作岗位。

6）在未了解机床性能、未掌握操作要领或未得到实习指导老师的许可时不得擅自开动机床。

7）如遇异常情况应立即停车或切断电源，并向实习指导老师报告。

8）工作结束后在指导老师的安排下做好工、量、刃具的清点和保养工作，并做好机床保养及场地的清洁工作。

复习思考题

5-1　试述车削、铣削和刨削的主运动和进给运动。

5-2　切削用量三要素指的是什么？

5-3　刀具材料应具备哪些性能？常用材料有哪些？

5-4　简述常用的量具有哪几种及其测量应用对象。

5-5　车床由哪几部分组成？各有什么作用？

5-6　车床上安装工件有哪些方法？如何选用？

5-7　切断刀安装时有哪些要求？

5-8　铣削加工可以加工哪些表面？

5-9　刨削加工可以加工哪些表面？

5-10　牛头刨床主要由哪几部分组成？其主要功用是什么？

5-11　简述磨削加工原理和主要特点。

5-12　平面磨床由哪几部分组成？各部分有何功用？

5-13　简述铣齿、插齿和滚齿的加工原理。

第6章

钳　　工

本章导读

钳工是一种比较复杂、细微、工艺要求较高的工作，是机械制造环节中重要的工种之一。主要承担一些采用机械方法不太适宜或不能解决的某些工件的加工及机器的装配，在机械生产过程中起着重要的作用。即使在各种先进加工技术及设备不断出现的今天，钳工这个传统的工种也是不可或缺的。

随着机械工业的发展，钳工的工作范围日益扩大，专业分工更细。钳工按工作内容性质一般可分为普通钳工（装配钳工）、机修钳工、模具钳工（工具钳工）等。

（1）普通钳工（装配钳工）　主要从事机器或部件的装配和调整工作以及一些零件的钳工加工工作。

（2）修理钳工　主要从事各种机器设备的维修工作。

（3）模具钳工（工具钳工）　主要从事模具、工具、量具及样板的制作。

无论哪种钳工，首先都应掌握好钳工的各项基本操作技能。基本操作技能是进行产品生产的基础，也是钳工专业技能的基础。因此，必须熟练掌握，才能在今后工作中逐步做到得心应手，运用自如。钳工基本操作项目较多，各项技能的学习掌握又具有一定的相互依赖关系，因此要求必须循序渐进，由易到难，由简单到复杂，一步一步地对每项操作都要按要求学习好，掌握好。

实训目的与要求

1）了解钳工在机械制造和设备维修中的作用。

2）掌握锯削、锉削和钻孔的基本技能。

3）了解划线、扩孔、铰孔、攻螺纹和套螺纹的方法。

4）了解钻床的大致结构。

5）了解装配的基本知识。

6）了解钳工安全操作知识。

6.1 概述

钳工是利用钳工工具对工件进行加工和对机器进行装配、调试与维修等工作的工种。钳工的基本工作有划线、錾削、锯削、锉削、钻孔、铰孔、攻螺纹、套螺纹、刮削和研磨等。

钳工的应用范围主要有：

1）加工前的准备工作，如清理毛坯、在工件上划线等。

2）零件装配时的补充加工，如钻孔、铰孔、攻螺纹和套螺纹等。

3）加工精密零件，如刮削或研磨机器的配合面、机床导轨面等。

4）机器的组装、试车、调整和维修等。

钳工的工作特点：

1）使用的工具比较简单，且制造和刃磨方便、成本低、操作灵活。

2）手工操作方便、灵活，可以完成机械加工不便完成或难以完成的加工。

3）劳动强度较大，生产效率比较低，对工人技术水平要求较高。

6.2 钳工的基本操作

6.2.1 划线

划线是根据图样尺寸，在工件上划出加工界限的一种操作。根据划线的空间位置，划线分为平面划线和立体划线两种，如图 6-1 所示。

划线是零件开始加工的第一步，划线精度影响加工精度，如果划线误差太大，会造成整个工件的报废。

1. 划线的作用

1）在零件上划出加工界线或加工位置的找正线，作为工件的加工或装夹依据。

2）通过划线来检查毛坯的形状和尺寸是否符合要求，去除不合格的毛坯。

3）合理分配加工余量，保证加工时不出或少出废品。

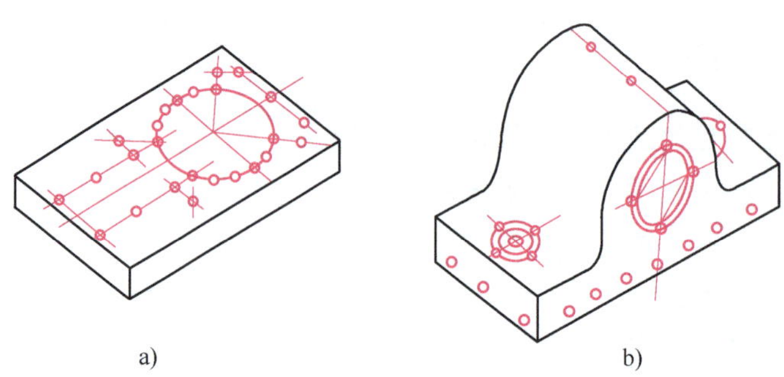

图 6-1 平面划线和立体划线

a）平面划线 b）立体划线

2. 常用划线工具

(1) 划线平台　划线平台是用以检验或划线的平面基准工具，如图6-2所示。划线平台由铸铁制成，上表面经过精刨或刮削加工，以保证基准平面的平直和光洁。

(2) 方箱　划线方箱由铸铁制成，是一个空心的立方体或长方体，其相邻的平面互相垂直，主要用来夹持较小的工件。划线时，通过在平板上翻转方箱，便可在工件表面划出相互垂直的直线，如图6-3所示。

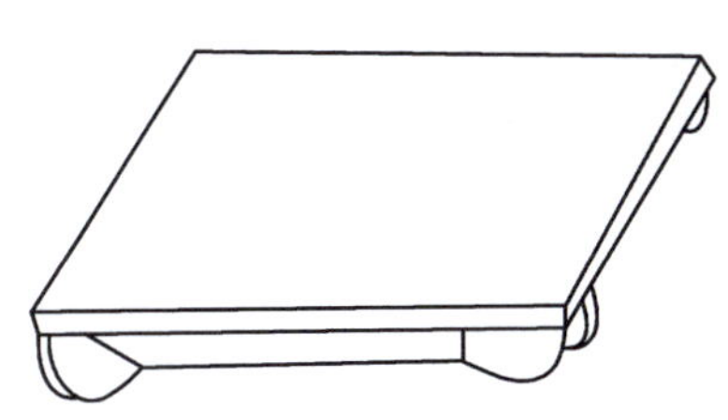

图6-2　划线平台

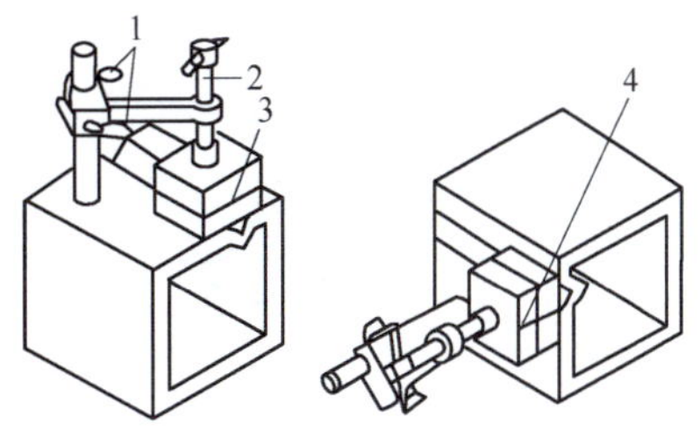

图6-3　方箱及其使用方法

1—紧固手柄　2—压紧螺柱　3—划水平线　4—划垂直线

(3) V形铁　V形铁主要用来支撑圆柱形工件，划线时工件轴线与平板平行，以便划出工件的回转中心，如图6-4所示。按照V形槽的角度，V形铁分为90°或120°两种。

(4) 千斤顶　千斤顶主要用于平面或者不规则零件的支撑，适用于较大型零件。使用时，通过调整每个千斤顶的高度，即可找正工件的位置，如图6-5所示。

(5) 划针与划针盘　划针是在工件表面上直接划线的工具，一般由工具钢淬硬后将尖端磨锐制成。划线时，划针针尖应紧贴钢直尺或样板，用力大小要均匀，一条线应尽量一次划成，如图6-6所示。

6

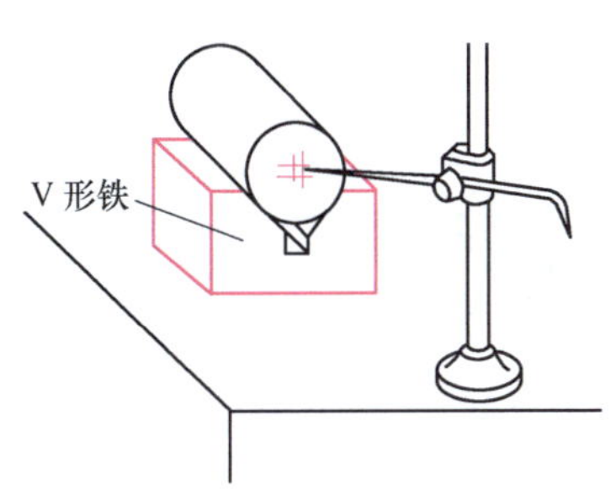

图6-4　用V形铁支撑工件

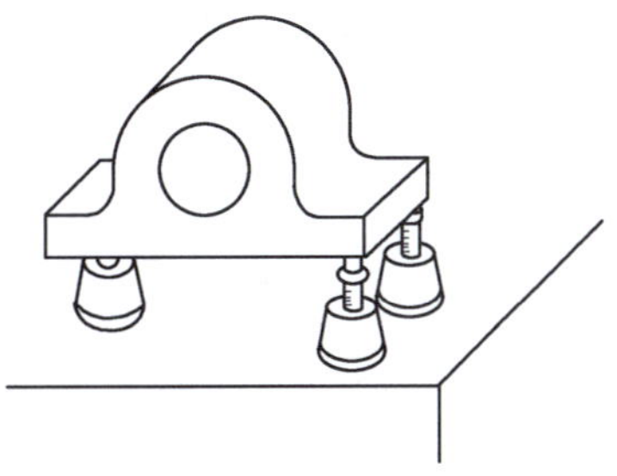

图6-5　用千斤顶支撑工件

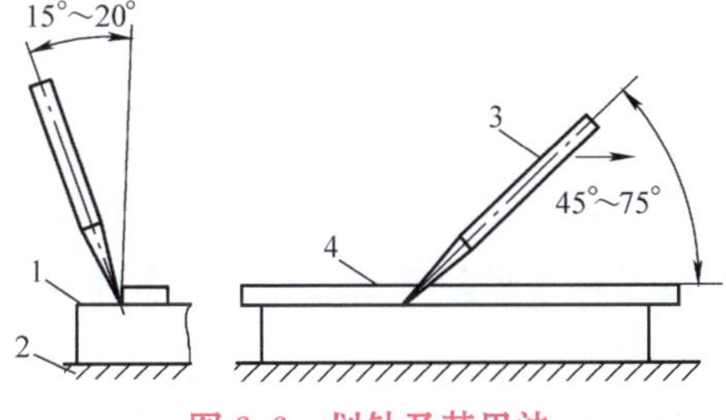

图6-6　划针及其用法

1—工件　2—划线平台　3—划针　4—钢直尺

划针盘是带有划针的可调划线工具，主要用于立体划线或找正位置。划针盘在划线时，首先调整划针所需高度，然后在平板上移动划针盘，便可在工件表面划出与平板平行的线条，如图6-7所示。划针盘在用于工件找正时，划针盘的底座一定要紧贴划线平板平稳移动。

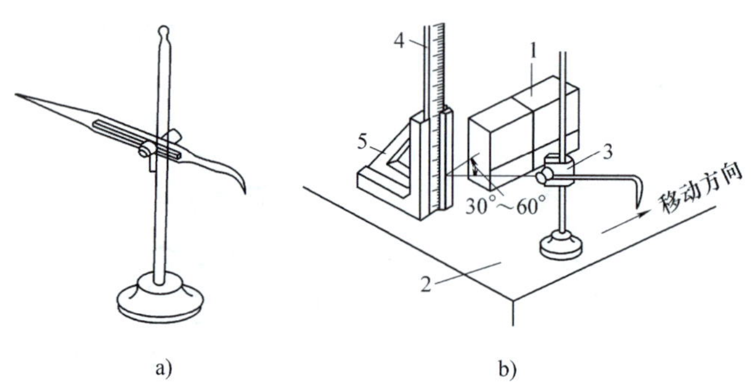

图6-7　划针盘及其用法

a）划针盘　b）划针盘的用法

1—工件　2—平板　3—划针盘　4—钢直尺　5—尺架

（6）划规　划规是在工件表面划圆、等分线段和量取尺寸的主要工具，常见的划规如图6-8所示。

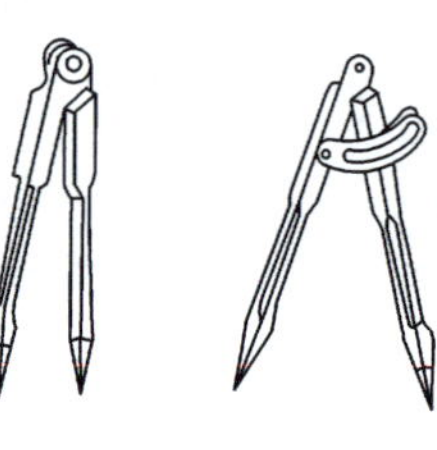

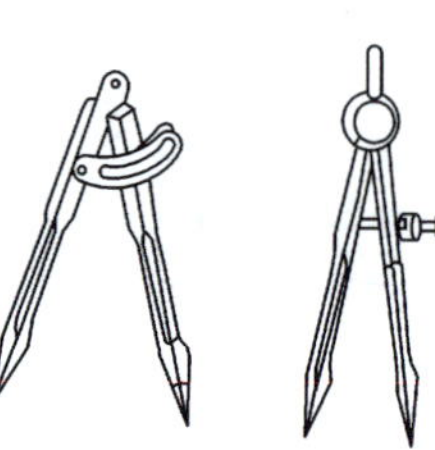

图6-8　划规

（7）样冲　样冲是在工件上打样冲眼的工具，以便在划线模糊后仍能找到原线的位置。另外，在钻孔前也应在孔的中心位置打样冲眼，以便引导钻头找正位置。样冲一般用工具钢制成并经淬硬处理，其尖端磨成45°～130°，样冲的使用如图6-9所示。

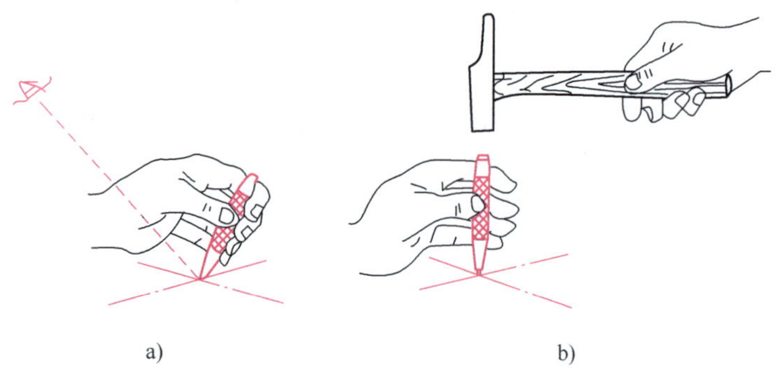

图6-9　样冲及其用法

a）样冲定位　b）样冲冲眼

（8）高度游标卡尺　高度游标卡尺附有划线脚，具有高度尺与划线盘的双重功能，可作为精密划线工具，如图6-10所示。

（9）直角尺　直角尺主要用来检查工件的垂直度，划线时可用来划出一条与基准边

（面）相垂直的直线，使用方法如图6-11所示。

（10）测量工具 划线用测量工具主要包括钢板尺、游标卡尺等。

3. 划线基准

（1）划线基准 在工件表面划线时，常需要根据工件上某些点、线、面的位置来确定其他点、线、面的位置，这些作为度量起点的点、线、面就称为划线基准。

（2）基准的选择 一般可选用图样上的设计基准或重要孔的中心作为划线基准；若工件上有已经加工过的平面，则应选已加工的平面作为划线基准；未加工的毛坯件，应选取重要的、面积较大的未加工面作为划线基准。

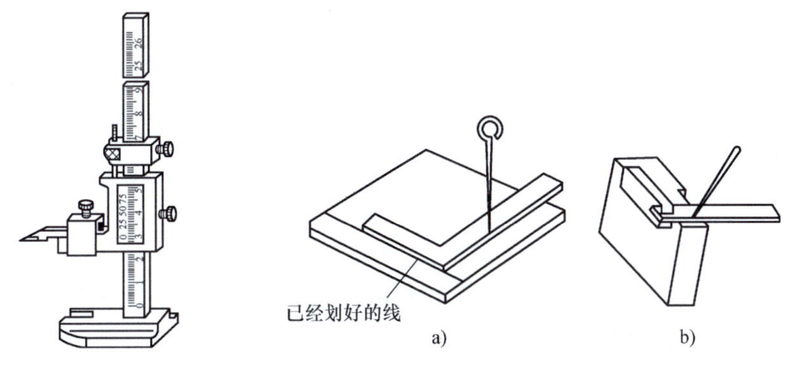

图6-10 高度游标尺

图6-11 直角尺的使用

a）画线的垂线 b）画面的垂线

6.2.2 锯削

锯削是将工件夹持在台虎钳上，用手锯切断材料或在工件上切槽的操作。锯削的加工精度比较低，一般需要后续作进一步加工。

1. 台虎钳

台虎钳是钳工操作时常用的夹持工具，常用的台虎钳有固定式和回转式两种，图6-12所示为固定式台虎钳。工件被夹持在活动钳口与固定钳口之间。转动手柄，通过螺旋机构移动活动钳口夹紧或松开工件。顺时针转动手柄夹紧工件，逆时针转动手柄松开工件。紧固螺母将台虎钳固定在钳工工作台上。

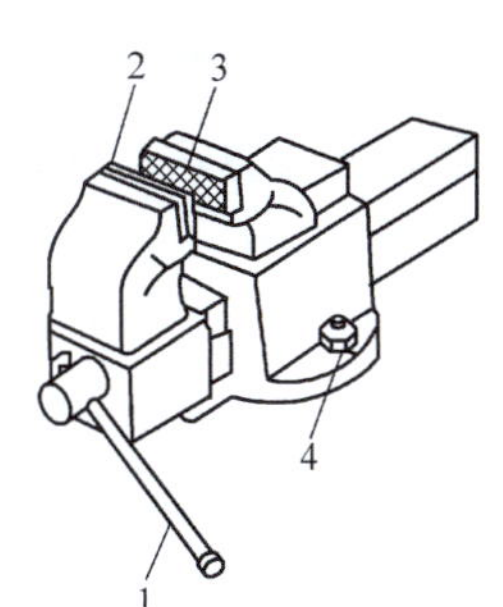

图6-12 固定式台虎钳

1—夹紧手柄 2—活动钳口 3—固定钳口 4—紧固螺母

2. 手锯

手锯是锯削加工的常用工具，它由锯弓和锯条两部分组成。锯弓用于夹持和张紧锯条，有固定式和可调式两种。固定式锯弓的弓架是一个整体，如图6-13a所示，只能安装一种长度规格的锯条；可调式锯弓的弓架分为前后两段，如图6-13b所示，由于前端可以在后套内伸缩，因此可以安装不同长度的锯条。

锯条一般用碳素工具钢制成，并经热处理淬硬。其规格以锯条两端安装孔间的距离表示，最常用的手工锯条为长300mm、宽12mm、厚0.8mm。锯条的切削部分由许多锯齿组成，锯齿的形状如图6-14所示。

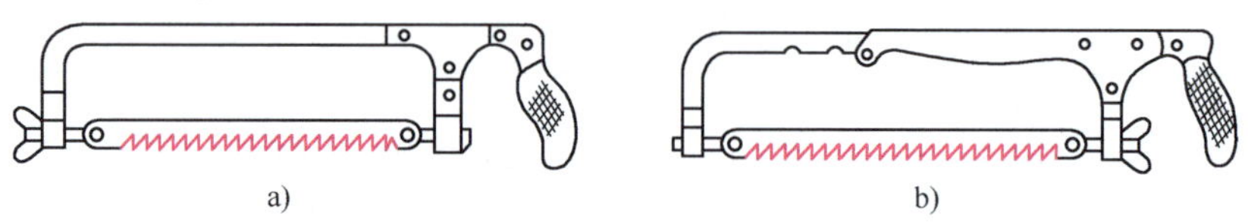

图6-13 锯弓的结构

a）固定式 b）可调式

按锯条上每25mm长度内的齿数，锯齿的粗细分为粗齿、中齿、细齿三类。一般常用的齿数为：粗齿为14～16齿，用于锯削软材料或厚材料；中齿为18～22齿，用于锯削中等硬度材料；细齿为24～32齿，用于锯削硬材料、管材或薄材料。

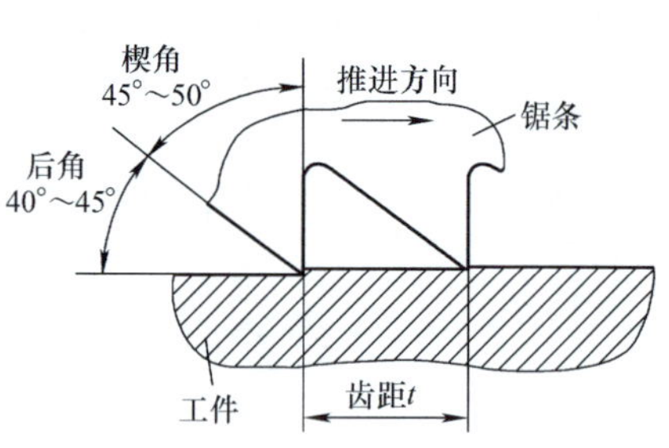

图6-14 锯齿形状图

3. 锯削方法

（1）工件的夹持　工件一般夹持在台虎钳的左面，以便操作；工件伸出钳口不应过长，以防止工件在切削时产生振动，一般应使锯缝距钳口的侧面约20mm左右；工件装夹的松紧程度要适当，以免将工件夹变形或夹坏已加工面。

（2）锯条的安装　根据工件材料的硬度及厚度选择合适的锯条，将其安装在锯弓上，安装时锯齿尖端应向前，如图6-15所示。松紧应适当，一般以两个手指旋紧调节螺母为宜。锯条安装好后，不能有歪斜和扭曲，否则锯削时易折断。

（3）操作方法　起锯是锯削工作的开始，它的好坏直接影响着锯削质量。起锯有远端起锯和近端起锯两种，通常远端起锯较为普遍。起锯时右手握住锯柄，同时可用左手大拇指挡住锯条来定位，以防止锯条的横向滑动，如图6-16所示。开始起锯时锯弓往复行程要短，压力要小，待锯口切出后，将锯弓逐渐调至水平位置并加大锯切行程进入正常锯切。无论采用哪种起锯方法，起锯角度α一般以15°为佳，如图6-17所示。

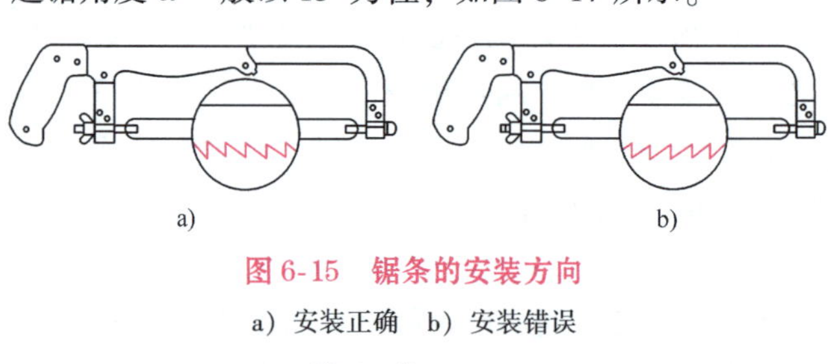

图6-15 锯条的安装方向

a）安装正确 b）安装错误

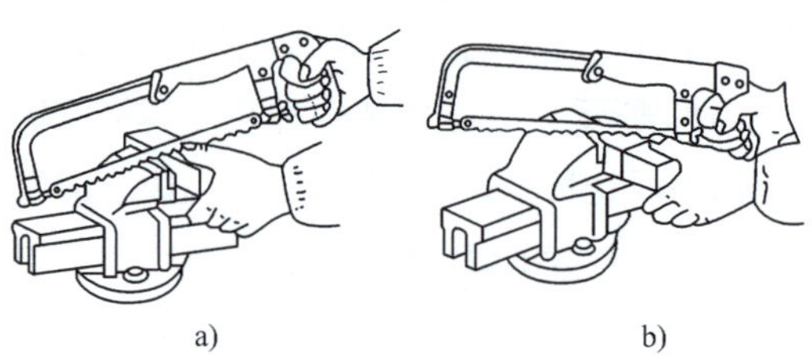

图6-16 起锯方法

a）远端起锯 b）近端起锯

正常锯削时，右手满握锯柄，左手轻扶锯弓前端，如图6-18所示。锯削时推力和压力由右手控制，左手主要配合右手扶正锯弓，压力不能过大。手锯推出时为切削行程，应施加压力，返回时不切削，不施加压力自然拉回。工件将断时，压力要小。

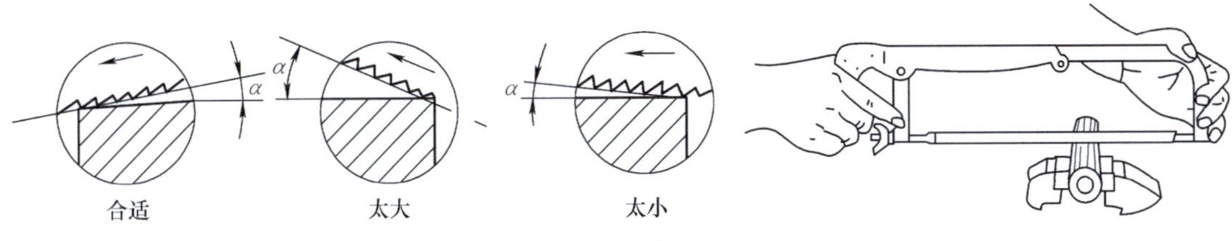

图6-17 起锯角度图

图6-18 手锯的握法

6.2.3 锉削

锉削是用锉刀对工件表面进行切削加工，使零件达到图样要求的形状、尺寸和表面粗糙度的操作。锉削主要可以加工平面、曲面、内外圆弧面、沟槽以及其他复杂表面等。

1. 锉刀

锉刀是锉削加工的工具，常用碳素工具钢制成并经热处理淬硬。锉刀由工作部分和锉柄组成，如图6-19所示。

（1）锉刀的种类 锉刀按用途可分为普通锉、整形锉（什锦锉）和特种锉三种。其中以普通锉刀最为常用，其形状和用途如图6-20所示。锉刀按每10mm锉面上齿数的不同又可分为粗齿（4～12齿）、中齿（13～23齿）、细齿（30～40齿）、油光锉（50～62齿）等。

（2）锉刀的选用 先根据加工的形状和加工面大小选择锉刀的形状和规格大小，然后根据工件材料性质、加工余量大小、精度和表面粗糙度的要求选择锉刀齿纹的粗细。粗加工和锉铜、铝等较软材料选用粗齿；半精加工一般选用中齿；对钢料等的半精加工或精加工选用细齿；精加工时对零件表面的修光选用油光锉。

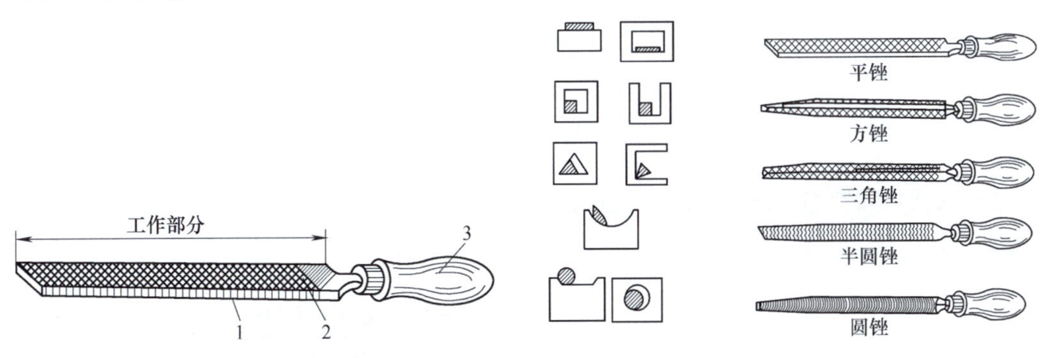

图6-19 锉刀的结构图

1—锉刀边 2—锉刀面 3—锉刀柄

图6-20 普通锉刀的形状及用途

2. 锉削方法

（1）平面锉削 平面锉削方法有交锉法、顺锉法、推锉法。

1）交锉法。以交叉的两个方向依次对工件进行锉削，如图 6-21a 所示。此法去屑较快，并容易判断锉削表面的平整度，适宜较大平面的粗锉。

2）顺锉法。始终向着同一个方向作前后运动的锉削，适宜于加工较小平面。如图 6-21b 所示，其中左图多用于粗锉，右图常用于修光。

3）推锉法。双手横握锉刀沿工件表面推拉锉刀进行锉削，如图 6-21c 所示。适用于窄长平面的修光，能获得平整光洁的加工表面。

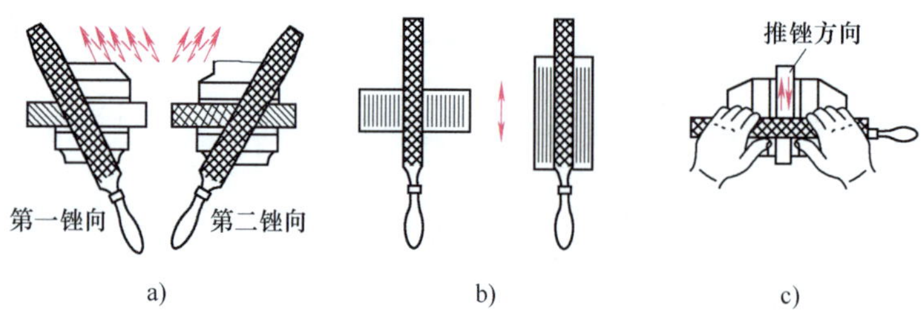

图 6-21 平面锉削方法

a）交锉法 b）顺锉法 c）推锉法

（2）圆弧面锉削 圆弧面锉削分外圆弧面锉削和内圆弧面锉削。

1）常用的外圆弧面锉削方法有滚锉法和横锉法。滚锉法锉削时锉刀顺着圆弧面，用于精锉外圆弧面，如图 6-22a 所示；横锉法锉削时锉刀横着圆弧面，用于粗锉或不能用滚锉法锉削的场合，如图 6-22b 所示。

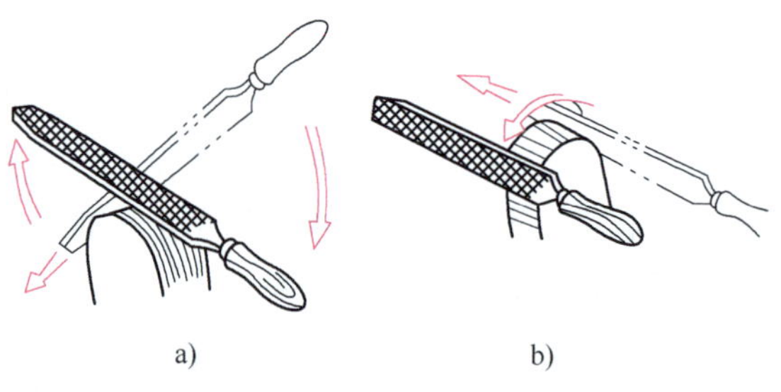

图 6-22 外曲面的锉削方法

a）滚锉法 b）横锉法

2）内圆弧面锉削时锉刀要同时完成前进运动、随圆弧面移动和绕锉刀中心线转动 3 个运动。这样才能保证锉出的圆弧面光滑、准确，如图 6-23 所示。

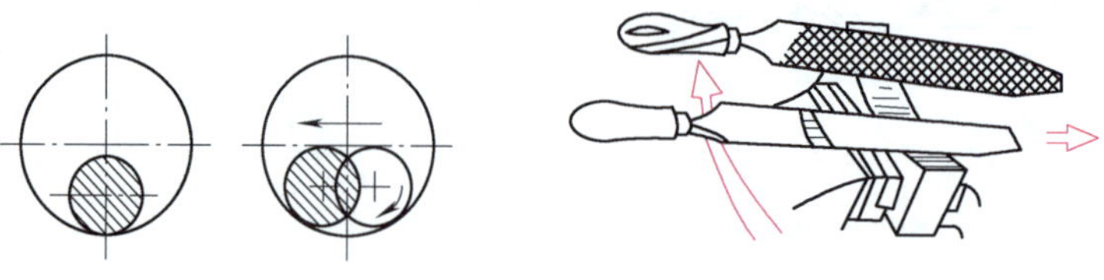

图 6-23 内圆弧面锉削方法

3. 质量检验

检验是控制锉削加工质量的重要环节。锉削时，工件的尺寸可用钢板尺、游标卡尺或其他与加工精度相适应的量具来检查。工件的直线度、平面度和垂直度一般可用直角尺根据能否透光来检查（光隙法），如图6-24所示。

6.2.4 钻孔、扩孔与铰孔

钳工对孔的加工方法有钻孔、扩孔和铰孔3种，加工大多在钻床上进行。在钻床上钻孔时，工件一般是固定的，钻头作回转运动和直线进给运动，如图6-25所示。

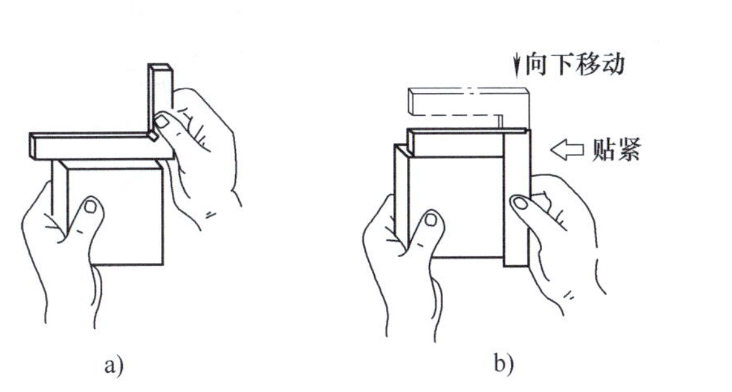

图6-24 用角尺检验平面度和垂直度

a）平面度检验 b）垂直度检验

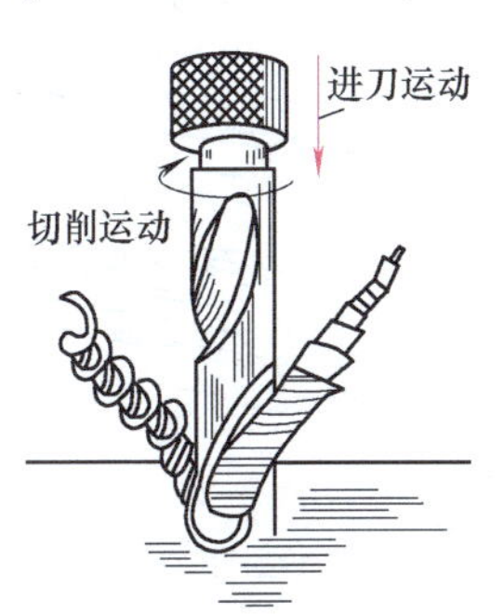

图6-25 钻孔

1. 钻床

钻床是孔加工的必需设备，常用的有台式钻床、立式钻床和摇臂钻床，其中台式钻床在钳工操作中使用较为频繁。

（1）台式钻床 台式钻床简称台钻，如图6-26所示。通常安装在台桌上，主要用来加工小型工件上直径不大于12mm的孔。钻孔时，工件放置在工作台3上，钻头由主轴带动旋转，转速可通过改变V带在带轮中的位置来调节，台钻主轴的向下进给运动由手动完成。

Z4012型台钻型号中的Z表示钻床类，40代表台式，12表示最大钻孔直径为12mm。

（2）立式钻床 立式钻床简称立钻，如图6-27所示。由于主轴2相对于工作台1的位置是固定的，因而钻孔时必须通过移动工件位置使钻头对准孔的中心，对大型或多孔工件的加工十分不便。因此，立式钻床多用于在单件、小批量生产中加工中、小型工件上的孔。

Z5125型立式钻床型号中的Z表示钻床类，51代表立式，25表示最大钻孔直径为25mm。按最大加工孔径的不同，其规格有25mm、35mm、40mm、50mm等几种。

（3）摇臂钻床 摇臂钻床的结构如图6-28所示。其主轴箱2装在可绕垂直立柱1旋转的摇臂4上，并可沿摇臂上的水平导轨3作水平移动。由于主轴箱能在摇臂上做大范围的移动，而摇臂又能绕立柱回转360°，因此，可将主轴7调整到机床加工范围内的任何位置上。在摇臂钻床上加工多孔工件时，工件安装在底座5或工作台6上，工件保持不动，只要调整摇臂和主轴箱在摇臂上的位置即可钻孔。因此，摇臂钻床主要用于加工大型或多孔工件。

Z3040 型摇臂钻床型号中的 Z 表示钻床类，30 代表摇臂钻床，40 表示最大钻孔直径 40mm。

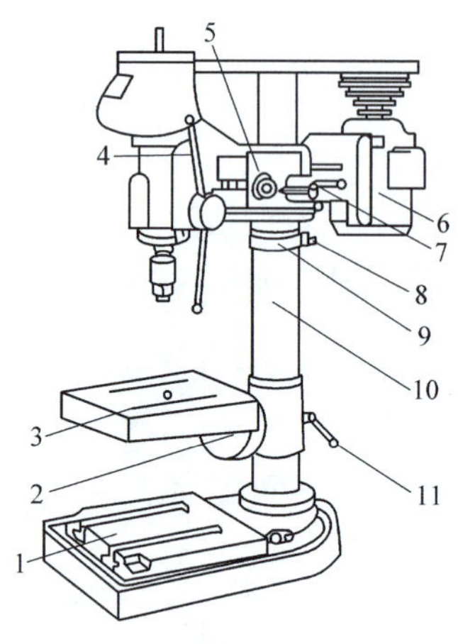

图 6-26 台式钻床

1—底座 2、8—锁紧螺钉 3—工作台 4—手柄 5—主轴架 6—电动机 7、11—锁紧手柄 9—定位环 10—立柱

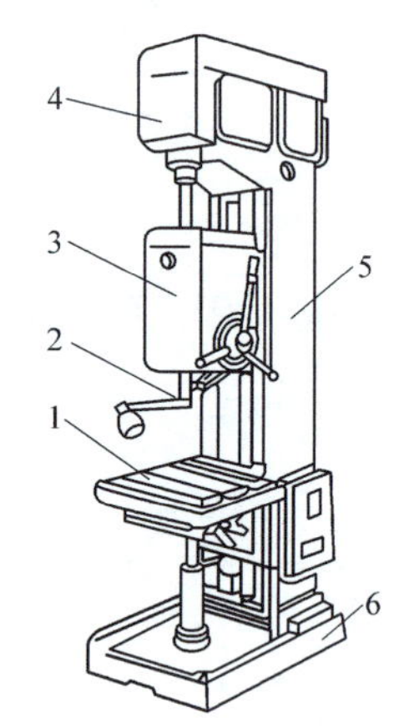

图 6-27 立式钻床

1—工作台 2—主轴 3—进给箱 4—变速箱 5—立柱 6—底座

2. 钻孔

钻孔一般是指在钻床上利用钻头在工件实体上加工出孔的操作，常用于攻螺纹前螺纹底孔的预加工、装配和修理等。

(1) 麻花钻 麻花钻是最常用的一种钻头，它由柄部、颈部及工作部分组成，如图 6-29 所示。

1) 工作部分包括导向部分和切削部分。导向部分有两条螺旋槽和两条刃带，螺旋槽的作用是形成切削刃及向孔外排屑，刃带的作用是导向和减少钻头与孔壁的摩擦；切削部分由两条对称的主切削刃和一条横刃组成，如图 6-30 所示。

2) 颈部是工作部分和柄部之间的连接部分，一般用来刻印钻头的规格、商标和材料标识。

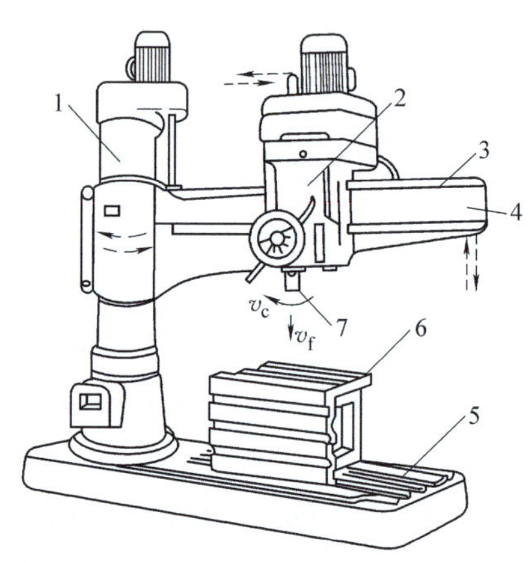

图 6-28 摇臂钻床

1—立柱 2—主轴箱 3—水平导轨 4—摇臂 5—底座 6—工作台 7—主轴

3) 柄部是钻头的夹持部分，它分直柄和锥柄两种。一般直径小于 13mm 的钻头做成直柄，可用钻夹头夹持。钻夹头是一种自定心夹具，装卸时可用钻夹头紧固扳手，如图 6-31 所示。直径大于或等于 13mm 的钻头做成莫氏锥柄，可直接装入主轴锥孔或者采用合适的过渡钻套装夹，拆卸钻头时可用楔铁，如图 6-32 所示。

麻花钻的材料一般为高速工具钢（如 W18Cr4V、W9Cr4V2 等），经淬硬后方可使用，一般淬硬后的硬度可达 62～68HRC。

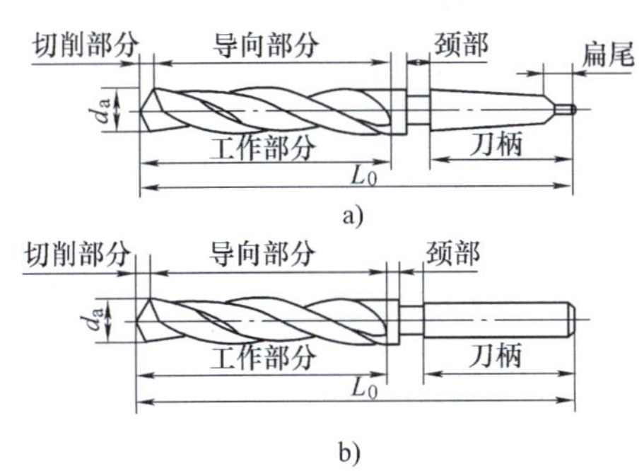

图6-29 标准麻花钻的组成

a）锥柄麻花钻 b）直柄麻花钻

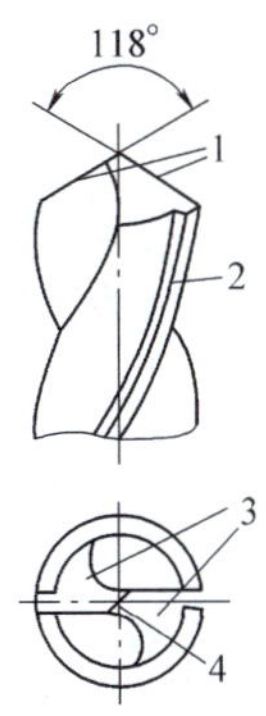

图6-30 麻花钻的切削部分

1—主切削刃 2—刃带 3—主后刀面 4—横刃

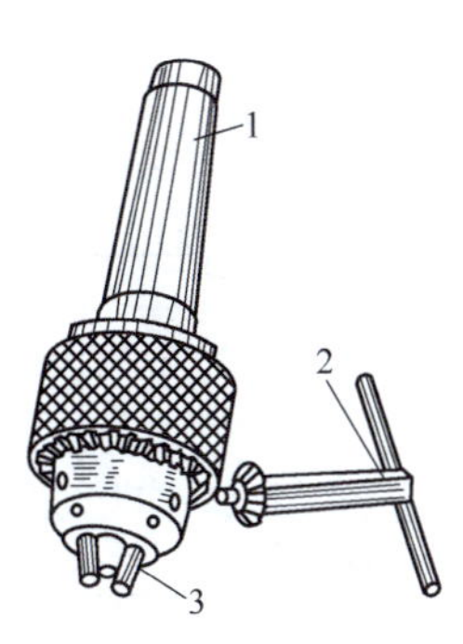

图6-31 钻夹头

1—锥柄 2—紧固扳手 3—自定心卡爪

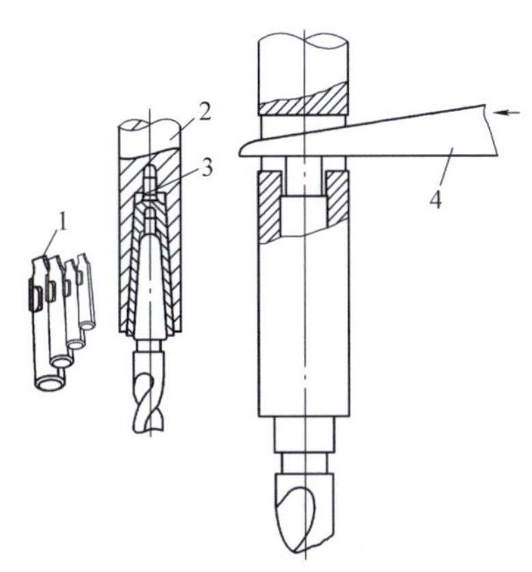

图6-32 钻套及其安装和拆卸

1—钻套 2—主轴 3—钻套 4—楔铁

（2）钻孔方法 在钻床上钻孔时，工件多采用手虎钳、机用平口钳，压板螺栓、V形铁、自定心卡盘、钻模等来装夹工件，如图6-33所示。

在按划线钻孔时，麻花钻的顶尖须对准孔中心的样冲眼。开始钻时要用较大的力向下进给，以避免钻头晃动，临近钻透时逐渐减小压力。钻较深孔时，要经常退出钻头排屑、冷却，避免卡断钻头或加剧钻头的磨损。

3. 扩孔

扩孔是利用扩孔钻头（或麻花钻）对已加工出的孔（如铸造、锻造或钻出的孔）进行加工，以扩大孔径，提高孔的精度，降低表面粗糙度值。

扩孔钻的结构与麻花钻相似，其上有3~4个切削刃，如图6-34所示。扩孔钻的钻芯大、刚性好、导向性好、切削平稳、加工后孔的质量比麻花钻要高。因此，可适当地校正钻孔时的轴线偏差，获得较准确的几何形状和较高的表面质量。

如图6-35所示，在钻床上的扩孔操作与钻孔操作相同，扩孔常作为孔的半精加工及铰孔前的预加工。

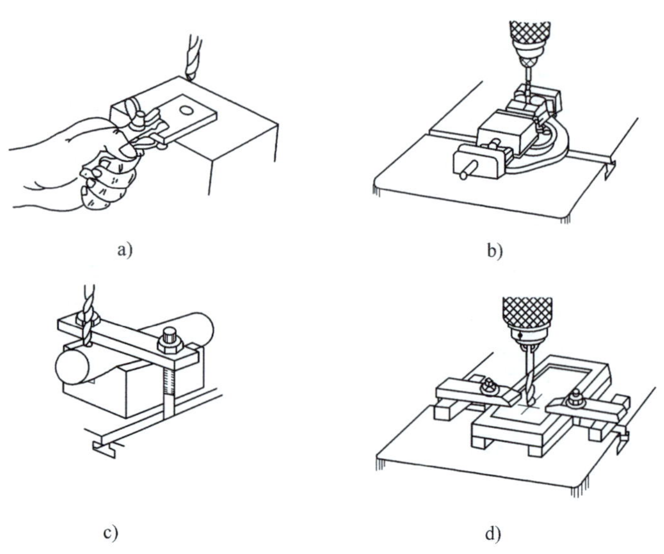

图 6-33 工件装夹方式

a）手虎钳装夹 b）平口钳装夹 c）V 形铁装夹 d）压板、螺栓装夹

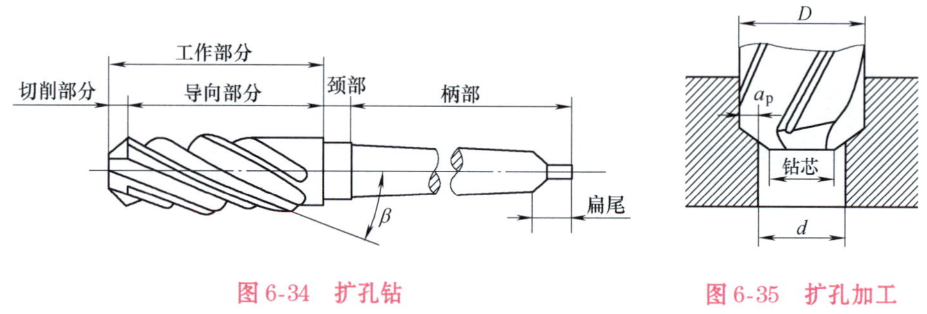

图 6-34 扩孔钻

图 6-35 扩孔加工

4. 铰孔

用铰刀从工件孔壁上切除微量金属层，以提高其尺寸精度和减小表面粗糙度值的方法称为铰孔，铰孔是孔的精加工方法之一。

铰刀按其外形可分为直柄和锥柄铰刀两类；按其使用方法可分为手铰刀和机铰刀两类。手铰刀切削部分长，导向性好，柄部多为直柄，如图 6-36a 所示；机铰刀切削部分短，柄部多为锥柄，如图 6-36b 所示。

机铰刀可安装在钻床主轴或车床尾座套筒上来加工工件，手铰刀使用时须装夹在铰杠上。常用的铰杠有固定式和活动式两种，图 6-37 所示为活动式铰杠，可以通过转动右手手柄或螺钉来调节方孔的大小。

铰孔时，加工余量一般为 0.05 ~ 0.25mm，切削速度一般较低（$v \leq 1.5 \sim 10$m/min），采用手动匀速进给。铰削过程中用合适的切削液冷却和润滑铰刀，一方面保护铰刀，另一方面可获得较好的表面质量。

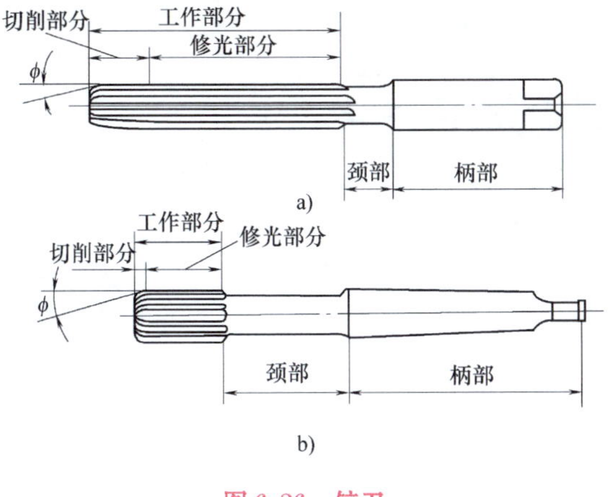

图6-36　铰刀

a）手铰刀　b）机铰刀

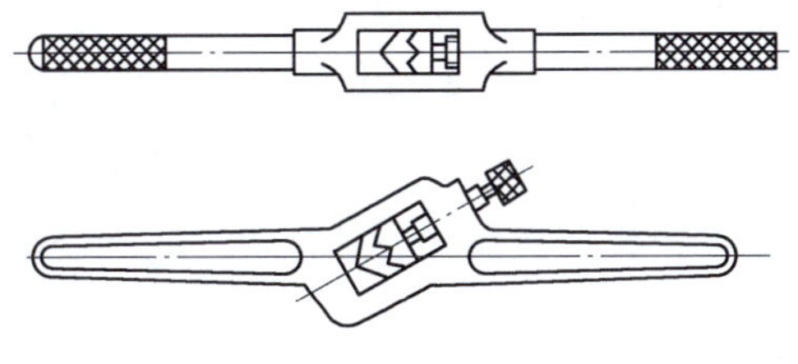

图6-37　活动铰杠

6.2.5　攻螺纹和套螺纹

钳工针对常用三角螺纹的加工方法有攻螺纹（攻丝）和套螺纹（套扣）。用丝锥在工件的光孔上加工出内螺纹的方法称为攻螺纹，用板牙在工件的外圆柱上加工出外螺纹的方法称为套螺纹。

1. 攻螺纹

丝锥是专门用于攻螺纹的一种成形刀具，如图6-38所示。丝锥由工作部分和柄部组成，其工作部分一般有3~4条容屑槽，容屑槽的主要功能是容屑、排屑和形成锋利的切削刃；柄部上的方头，用来与铰杠配合传递切削力矩。攻螺纹用的铰杠与铰孔的相同（图6-37）。

攻螺纹前必须先钻螺纹底孔，一般底孔直径可由下列经验公式进行估算：

脆性材料（如铸铁、青铜等）$D_1 = D - 1.1P$

塑性材料（如钢料、紫铜等）$D_1 = D - P$

式中，D_1 为底孔直径（mm）；D 为螺纹公称直径（mm）；P 为螺距（mm）。

攻螺纹时，用铰杠夹持住丝锥的尾部，将丝锥放到已钻好的底孔处，保持丝锥中心与孔中心重合。如图6-39所示，开始时适当施加压力并顺时针转动，使丝锥攻入工件1~2圈，用目测或直角尺检查丝锥与工件端面的垂直度，然后平稳地沿顺时针转动铰杠，每转1~2圈要反转1/4圈，以利于断屑和排屑。

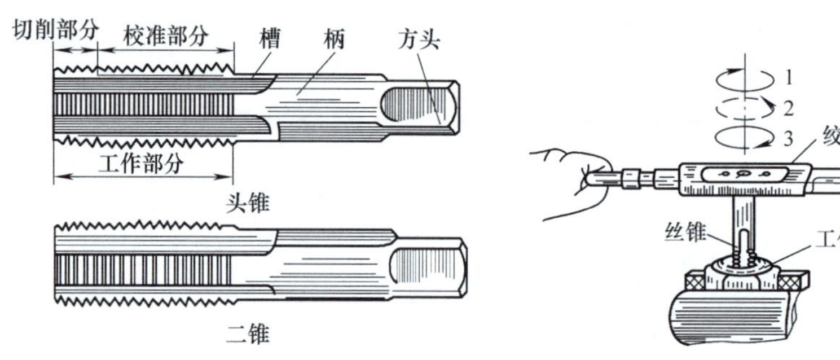

图 6-38　丝锥及其组成

图 6-39　手工攻螺纹操作

2. 套螺纹

板牙是专门用于套螺纹的一种成形刀具，如图 6-40 所示。板牙相当于一个有较高硬度的圆形螺母，在螺孔周围钻有 3 ~4 个排屑孔并形成切削刃；板牙的四周有 4 个锥坑和 1 个 V 形槽，分别和板牙架（如图 6-41 所示）上的 5 个螺钉位置相对应。

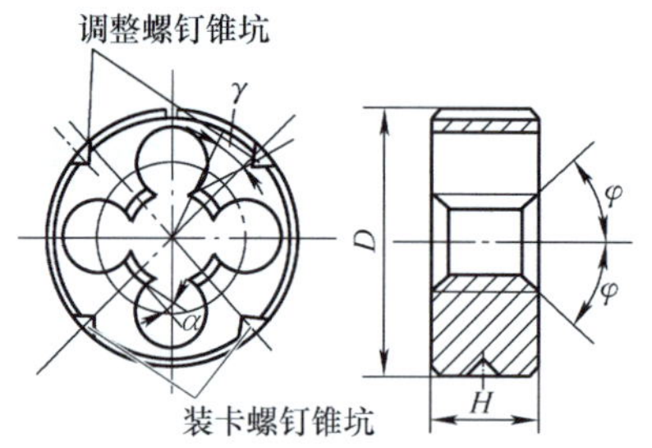

图 6-40　板牙

套螺纹前，必须先加工好螺纹外径，螺纹外径常用下列经验公式进行估算：

$$d = D - (0.1 \sim 0.2)P$$

式中，d 为螺纹外径（mm）；D 为螺纹公称直径（mm）；P 为螺距（mm）。

套螺纹时，先将板牙放入板牙架中，并通过板牙架上的螺钉来调整板牙的位置并使之紧固，使其能够承载一定的切削转矩。套螺纹时要保持板牙端面与工件轴线垂直，其操作与攻螺纹相同，如图 6-42 所示。

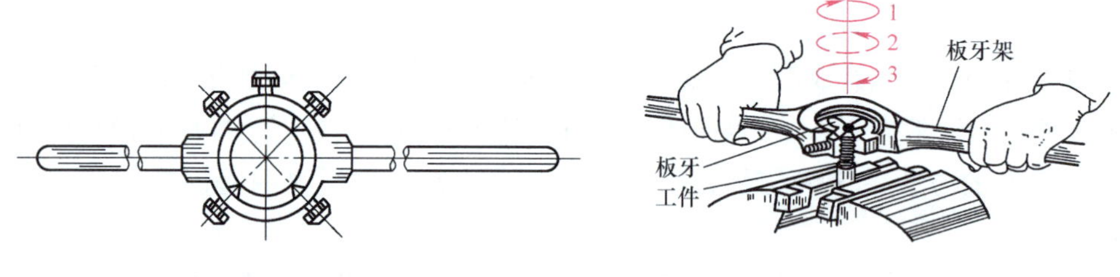

图 6-41　板牙架

图 6-42　套螺纹方法

6.3　装配与拆卸

任何一台机器设备都是由许多零件组成的，将若干个合格零件按规定的技术要求组合成部件，或将若干个零件和部件组合成机器设备，并经过调试而成为合格产品的工艺过程称为装配。

6.3.1 装配流程

1. 装配前的准备工作

1）研究和熟悉产品装配图、工艺文件和技术要求，了解产品结构、零部件的功用以及相互间的联接关系；

2）确定装配方法及装配顺序，准备好装配时所需要的各种工具及设备；

3）对零部件进行必要的清洗和清理，去掉零件上的毛刺、铁锈、切屑、油漆及油污等脏物，获得所需的清洁度；

4）对个别零部件进行刮削等修配工作，有特殊要求的零件还需进行平衡试验、渗漏试验或气密性试验等。

2. 装配工作

在装配准备工作一切就绪后，就可以开始正式装配了。对于结构比较复杂的产品，其装配工作一般按组件装配→部件装配→总装配的次序进行。

（1）组件装配　将若干个零件安装在一个基础零件上；

（2）部件装配　将若干个零件、组件安装在另一个基础零件上；

（3）总装配　将若干个零件、组件、部件安装在另一个较大、较重的基础零件上构成产品。

3. 调整、精度检验和试车环节

1）调整工作是指调整零件或机构的相互位置、配合间隙等，目的是使机构或机器工作协调。比如轴承间隙、镶条位置、蜗轮轴向位置的调整等。

2）精度检验主要包括几何精度检验和工作精度检验。如车床总装后要检验主轴回转轴线和床身导轨的平行度、前后两顶尖是否等高等。工作精度一般指切削试验，如车床进行外圆或端面的车削加工试验等。

3）试车是试验和检测机构或机器运转的转速、功率、振动、噪声、效率、工作温升和灵活性等诸多性能参数是否符合要求。

4. 喷漆、涂油和装箱

机器装配好之后，为了使其表面美观、防止不加工表面锈蚀及便于运输，还需要结合装配工序进行喷漆、涂油和装箱工作。

6.3.2 几种常用联接的装配

1. 螺纹联接件的装配

螺纹联接是一种可拆卸的固定联接，它具有结构简单、联接可靠、装拆方便、应用广泛等优点。螺纹联接一般由螺栓（双头螺柱、螺钉）和螺母等构成，装配时注意以下几点：

1）零件与螺栓或螺母贴合的表面应光洁、平整，接触表面应清洁，螺孔内的脏物应清理干净。

2）在拧紧成组螺栓或螺母时，应根据零件形状、螺栓或螺母的分布情况，按照一定

的顺序进行，否则会使零件、螺栓或螺母松紧不一，甚至变形。在拧紧长方形分布的成组螺栓或螺母时，应从中间对称地向两边扩展；在拧紧圆形分布的螺栓或螺母时，必须对称地进行；如有定位销，拧紧要从定位销附近开始。拧紧顺序如图 6-43 中标注的序列号所示。

3）主要部位的螺栓或螺母必须用扭力扳手按一定的拧紧力矩来拧紧。

4）联接件在工作中有振动或受到冲击时，为防止螺栓或螺母的松动，必须安装可靠的防松装置。

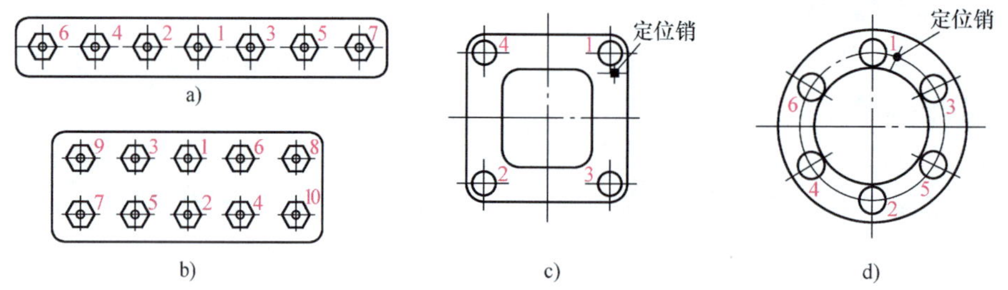

图 6-43 成组螺纹的拧紧顺序

a）直线单排形 b）平行双排形 c）方框形 d）圆环形

2. 键联接件的装配

键是用来联接轴和齿轮、带轮、联轴器等旋转套件的一种标准零件，主要用于周向固定以传递转矩。常用的键联接有平键、半圆键和花键等。平键联接应用最为广泛，常用于高精度、重载荷、冲击及双向扭矩场合，如图 6-44 所示。

平键（半圆键）联接装配时一般不应修锉键的侧面，装配时先试配轴与孔，再将键与轴及孔的键槽试配，而后轻轻将键打入轴的键槽内，最后对准孔的键槽将带键的轴推进孔中。

3. 销联接件的装配

常用的销有圆柱销和圆锥销两种，多用于定位、联接以及需经常拆装的场合，如图 6-45所示。装配时，在销上涂油，先将销自由插入已加工好的销孔中，后用铜棒轻轻打入。

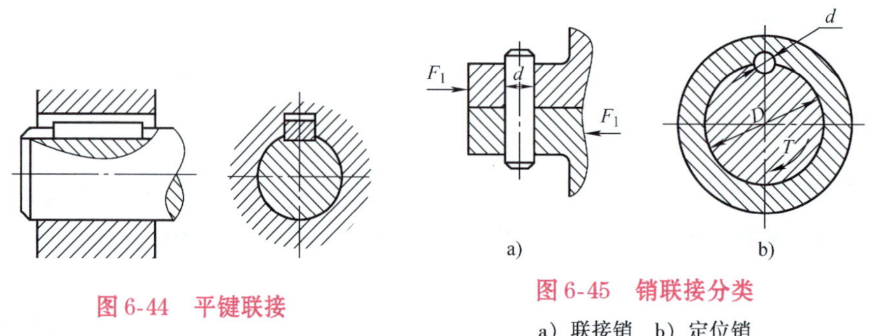

图 6-44 平键联接

图 6-45 销联接分类

a）联接销 b）定位销

4. 轴承的装配

轴承是用来支承轴及轴上零件，保持其旋转精度，减少转子在旋转过程中的摩擦和磨损的标准件。轴承种类非常多，按其摩擦性质，轴承分为滑动轴承和滚动轴承。

滑动轴承有整体式滑动轴承和剖分式滑动轴承，图 6-46 所示为整体式滑动轴承。滑动轴承的装配，要求轴颈与轴承孔间有合适的间隙、良好的接触和充分的润滑，以保证轴在轴承中运转平稳。

滚动轴承是滚动摩擦性质的轴承，一般由外圈、内圈、滚动体和保持架四个部分组成，如图 6-47 所示。根据滚动体的不同，滚动轴承又可分为球轴承、圆柱滚子轴承、圆锥滚子轴承等。

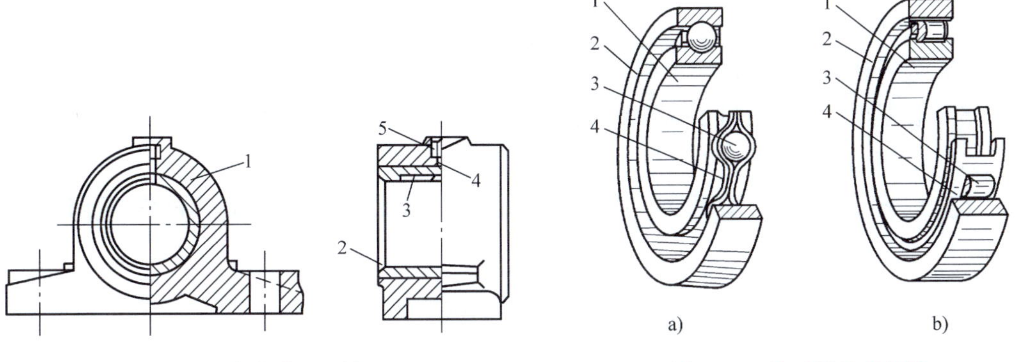

图 6-46 整体式滑动轴承

1—轴承座 2—轴套 3—油槽 4—油孔 5—油杯螺纹孔

图 6-47 滚动轴承的结构

a）向心球轴承 b）圆柱滚子轴承

1—内圈 2—外圈 3—滚动体 4—保持架

滚动轴承的装配方法应根据轴承的结构、尺寸大小和轴承部件的配合性质来确定。轴承套圈安装时，应先装紧配合的套圈后再装松配合的套圈，安装时的压力应直接加在待配合套圈的端面。装内圈时只能压轴承内圈，装外圈时只能压轴承外圈，决不允许通过滚动体传递装配压力。

6

图 6-48a 所示的轴承内圈与轴颈为较紧配合，轴承外圈与轴承座孔是较松配合时的安装方法；图 6-48b 所示为轴承外圈与轴承座孔为较紧配合，轴承内圈与轴颈是较松配合时的安装方法；图 6-48c 所示为轴承内圈与轴颈、外圈与轴承座孔都是较紧配合时的安装方法。

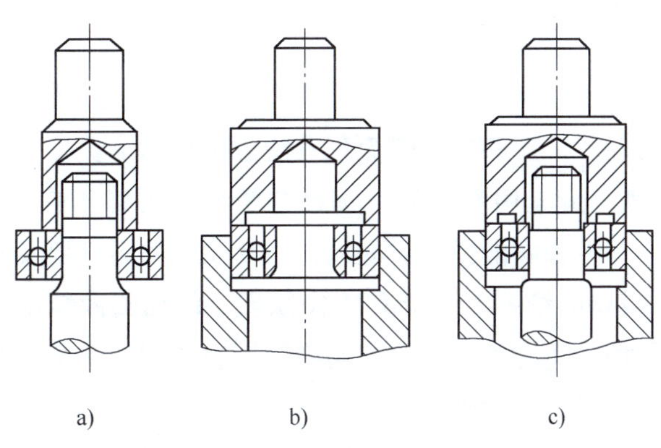

图 6-48 轴承套圈的安装

a）内圈紧配合 b）外圈紧配合 c）内外圈同为紧配合

压入轴承采用的工具及方法视配合过盈量大小而定。若配合过盈量较小时，可采用套筒压入或铜棒敲入的方法装入；若配合过盈量较大时，可用压力机压入；当配合过盈量很大时，可用温差法来装配轴承，即将轴承用油加热至80～100℃后再与常温轴配合。

6.3.3 装配示例

图6-49所示为一个轴系组件，轴上零件的装配步骤如下：

1）按装配图将零件编号，并且对零件进行对号计件；

2）清洗、去除油污、灰尘和切屑；

3）修整、修锉锐角、毛刺；

4）分析轴系组件装配图，确定装配顺序；

5）装配顺序：先装键5→压装齿轮6→装隔套7→压入右轴承8→压入左轴承4→放入毛毡2→套装透盖3；

6）按图样技术要求，检验零件装配的正确性和装配质量，无误后转入部件或总装环节。

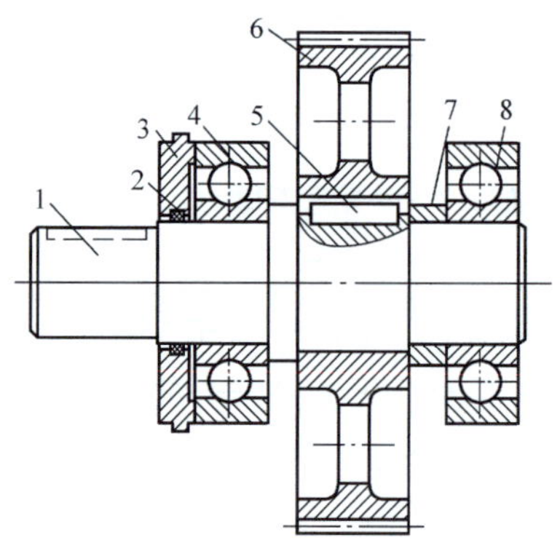

图6-49 轴系组件

1—大轴 2—毛毡 3—透盖 4—左轴承 5—键 6—齿轮 7—隔套 8—右轴承

6.3.4 拆卸的基本要求和流程

机械设备拆卸的目的就是为了对失效或损坏的零部件进行必要的检查、修复或更换，以恢复机械设备的使用性能。拆卸的一般流程及注意事项如下：

1）机械设备解体前，应先切断电源，选择并清理好拆卸工作地，保护好电气设备，擦洗设备外部并放出冷却液和润滑油，对易氧化、易锈蚀的零件要及时进行保护等。

2）详细了解机械设备的结构、性能和工作原理，仔细阅读装配图，弄清装配关系以及零部件的结构特点和相互间的配合关系，明确其用途和相互间的作用，以便合理安排拆卸步骤和选用适宜的拆卸工具或设施。

3）拆卸的顺序，一般应与装配的顺序相反，即先装的零件后拆，后装的零件先拆。按照先附件后主体，先外后内，先上部后下部依次将整机拆成总成、部件，最后全部拆成零件，并按部件汇集放置。

4）拆卸时要记住每个零件原来的位置，拆下的零部件要摆放整齐、有序，并按原结构套在一起；有些零部件拆卸时要做好标记（如配合件、不能互换的零件等），防止以后装错；对细小件（如销子、止动螺钉、键等），拆卸后要立即拧上或插入孔内；对丝杆、细长轴类零件等，要用绳索将其吊起，以防弯曲变形或碰伤；精密零件要单独存放，以免损坏。

5）应根据零部件联接形式和规格尺寸，使用合理的工具和设备，避免猛敲狠打，严禁直接锤打机件的工作面。必须敲打时，应使用木锤、铜锤或铅锤，或垫以软性材料（铜皮或铜棒）。拆卸配合紧密的零部件时，要用专用工具（如各种拉拔器、弹性卡环钳、销子冲头等）。

6）拆卸采用螺纹联接或锥度配合的零件，必须辨清方向。

7）拆卸时对液压元件、润滑油孔应加以堵塞保护，以免掉进污物或尘屑。

8）拆卸完成后，要彻底清洗并涂油防锈，以保护加工面。

6.4 钳工安全操作知识

在钳工实习操作中，无论是手工操作还是钻床操作都应注意安全，防止发生人身事故和设备事故。实习操作前应认真学习钳工安全操作知识。

1. 钳工工作台上操作注意事项

1）工件必须牢固地装夹在虎钳上，装夹小工件时须防止钳口夹伤手指；松紧虎钳时须防止工件跌落伤人、损物。

2）操作中不得使用没有手柄或手柄松动的工具（如锉刀、榔头等）。如发现手柄松动，必须加以紧固。

3）锉削时，工件表面应高于钳口面，以免锉刀的磨损和台虎钳口的损伤；清除工件上和锉刀齿里的切屑要用毛刷或专用刷子，不许直接用手或用口吹，避免伤及手和眼睛。

4）在锤击錾子时，视线应该集中在錾切的地方。錾切工件最后部分时锤击要轻，并注意断片飞出的方向，以免伤人。

5）使用手锯时，不可用力重压或扭转锯条，工件将断时，应轻轻锯削。

6）铰孔或攻丝时，不要用力过猛，以免折断铰刀或丝锥。

7）禁止用一种工具代替其他工具使用，如用扳手代替手锤；用钢尺代替螺丝刀；用管子接长扳手的柄；用划针代替样冲打眼等。

2. 钻床操作注意事项

1）在钻床上装卸工件、钻头或钻夹头，以及进行主轴变速及测量工件尺寸时，都必须停机进行。

2）禁止用手握住工件进行钻孔，应该把工件紧固在虎钳中或用压板固定在工作台上。

3）孔将钻透时应十分小心，不可用力过猛，注意减压减速进给，避免钻头扎刀折断。

4）严禁戴手套操作钻床，以免被钻头绞缠，发生工伤事故。

复习思考题

6-1 简述钳工的应用范围和工作特点。

6-2 简述划线的作用以及常用的划线工具有哪些?

6-3 如何区分粗齿、中齿、细齿锯条?各自适用于什么加工场合?

6-4 根据截面形状的不同,普通锉刀可分为哪几种?

6-5 简述锉刀的选用原则。

6-6 平面锉削的方法有哪三种?各有什么特点?

6-7 在钻床上钻孔有几个运动?

6-8 简述钻床的分类以及 Z4012 型号的含义。

6-9 钻孔、扩孔和铰孔之间有什么区别?

6-10 钻孔前常在孔的中心位置打上样冲眼,样冲眼起什么作用?

6-11 简述手工攻螺纹的方法和操作过程。

6-12 简述机械装配和拆卸的目的。

第7章

数控加工

本章导读

实际的生产和加工中由于零件的形式有多种：高复杂性和高精度零件；批量小而又多次重复生产的零件；贵重而不允许报废的零件；需要最少生产周期的急需零件；新产品的试制件等。如果这些类型零件的加工放在普通机床上加工，那将是一个复杂而又艰巨的过程，生产周期较长、加工精度不易保证、加工的成本不一定低。如果用数控机床加工不仅能提高加工效率和加工精度，还能减轻劳动强度和实现现代化的生产和管理。

实训目的与要求

1）了解数控加工基本原理和加工特点。
2）了解数控机床的基本结构和控制方法。
3）熟悉数控加工手工编程方法，独立编制简单零件的数控加工程序。
4）掌握数控车床或铣床的基本操作方法，独立完成简单零件的数控加工。

7.1 概述

7.1.1 数控加工原理

数控机床是用数字化代码作为指令，受数控系统控制的自动加工机床。世界上第一台数控机床是1948年由美国的PARSONS公司和麻省理工学院研制的。数控加工根据零件图样及工艺要求编制零件数控加工程序并输入数控系统（CNC），数控系统对数控加工程序进行译码、刀补处理、插补计算和可编程控制器（PLC）协调控制机床刀具与工件的相对运动，实现零件的自动加工。数控机床原理结构如图7-1所示。

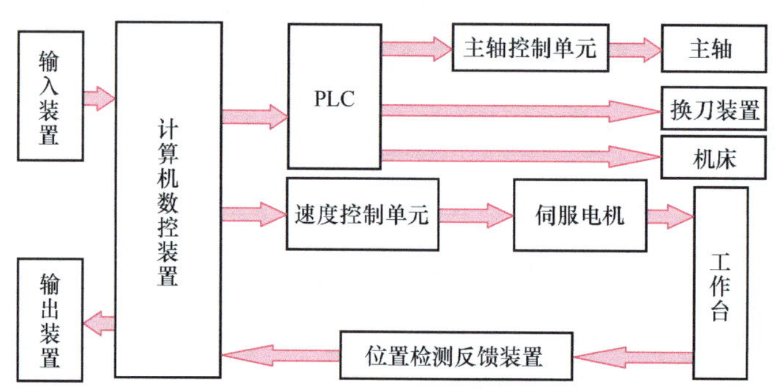

图 7-1 数控机床原理结构图

7.1.2 数控加工特点

1）加工适应性强。在数控机床上更换加工零件时，只须重新编写或更换程序就能实现对新零件的加工。从而对结构复杂的单件、中小批量生产和新产品试制提供了极大的方便。

2）加工精度高、加工质量稳定。数控机床的加工精度高主要是指其加工质量稳定。

3）生产效率高。数控机床由于不需要一直进行手工操作，主要通过程序进行控制且刀具可以自动更换，从而缩短了加工时间和辅助时间。

4）自动化程度高，减轻劳动强度。数控机床加工零件是按事先编制的程序自动完成的，操作者除操作键盘、装卸工件、关键工序的中间检测及观察外，不需要进行其他手工劳动，劳动强度大大减轻。

7.1.3 数控机床的组成

7

数控机床主要由三大部分组成，如图 7-2 所示。

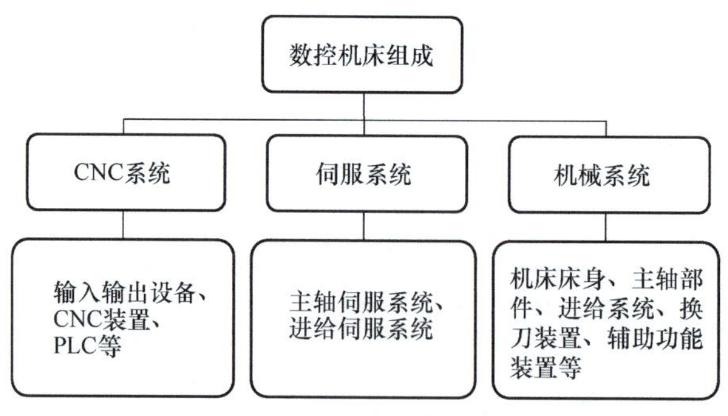

图 7-2 数控机床的组成

1. CNC 系统

CNC 系统主要有输入输出设备、CNC 装置和 PLC 等。该系统的主要功能有：数控程序输入、数控程序编译、刀具半径补偿和长度补偿、刀具运动轨迹插补计算等。

2. 伺服系统

伺服系统主要有主轴伺服系统、进给伺服系统、主轴驱动装置和进给驱动装置，分别控制主运动和进给运动的速度和位移。

（1）主轴伺服系统　控制机床主轴运动的速度，必要时还控制机床主轴的角位移。主轴伺服系统主要由主轴控制单元、主轴电动机、测量反馈元件等组成。

（2）进给伺服系统　主要由位置控制单元、伺服电动机、驱动控制系统以及位置检测反馈装置等组成。CNC 装置发出的指令信号与位置检测反馈信号在位置控制单元中进行比较并生成位移指令，经驱动控制系统功率放大，控制伺服电动机的运转，通过机床的传动机构带动刀具运动。

3. 机械系统

数控机床机械结构与普通机床结构大致相同，图 7-3 所示为数控车床。数控机床的独特机械结构有：

（1）机床床身　多采用斜床身结构。

（2）主轴部件　主轴变速箱结构简单，有的甚至是无齿轮变速机构，采用异步电动机配合调频装置实现无级变速。

（3）进给系统　由伺服电动机单独驱动，选用高精度滚珠丝杠和高分辨率的脉冲编码器，对进给传动实现闭环或半闭环控制。

（4）自动换刀装置　用电动刀架或刀库配换刀机械手实现刀具自动更换。

（5）辅助功能装置　程序控制润滑、冷却装置和自动排屑装置等。

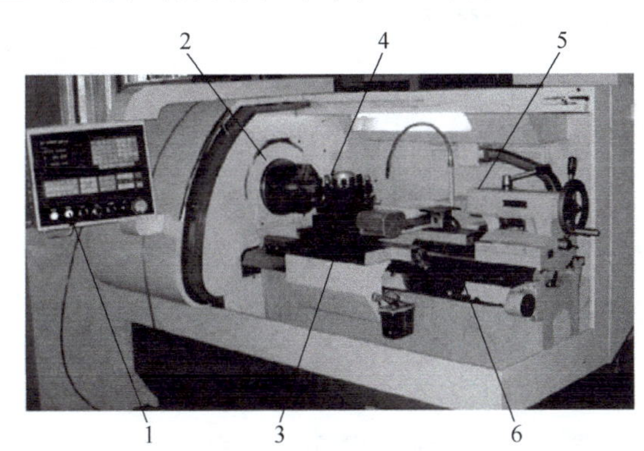

图 7-3　数控车床外形图

1—数控操作面板　2—主轴　3—拖板　4—电动刀架　5—尾座　6—床身/导轨

7.1.4　数控机床的控制方式

（1）开环控制系统　机床传动控制系统没有位移测量元件，对机床工作台的位移不检测，通常由步进电动机驱动，如图 7-4 所示。

（2）闭环控制系统　机床传动控制系统装有测量元件，检测机床工作台的实际位移，并反馈给数控装置，与理论位移值进行比较，及时发出位置补偿命令，使工作台精确到达指令位置。测量元件一般装在传动系统末端元件上，如工作台上，如图 7-5 所示。机床闭环传动控制系统由伺服电动机驱动。

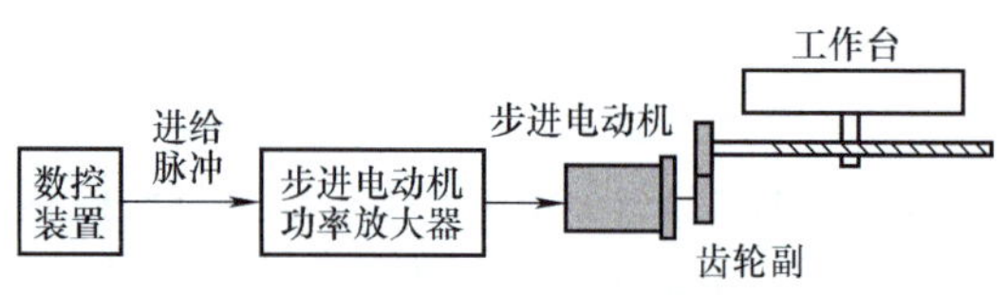

图 7-4　开环控制系统

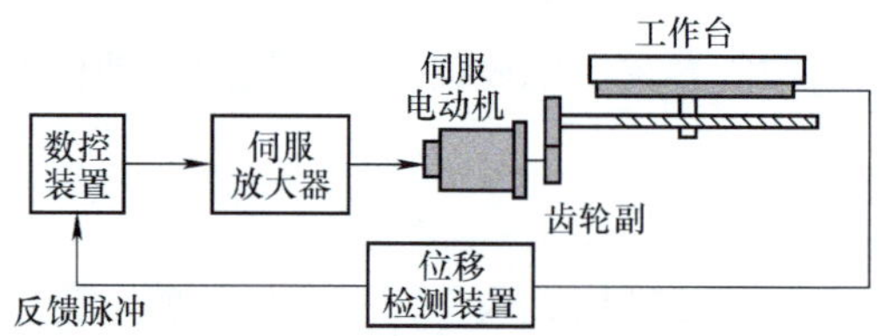

图 7-5　闭环控制系统

（3）半闭环控制系统　如果测量元件装在机床传动控制系统中间元件上，则构成半闭环控制，如装在滚珠丝杠或伺服电动机轴上，如图 7-6 所示。

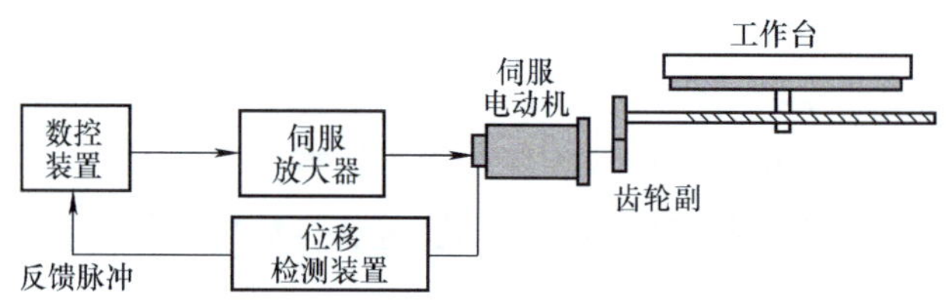

图 7-6　半闭环控制系统

7.2　数控加工编程

7.2.1　数控加工编程方法

数控程序是控制机床自动加工零件的指令代码的集合。编制数控程序首先要对零件进行工艺分析，制定工艺路线，确定加工顺序、装夹方式、刀具和切削用量，确定工件坐标系和机床坐标系的相对位置，计算刀具的运动轨迹，然后用规定的文字、数字和符号编写指令代码，按规定的程序格式编制数控程序。数控程序编制方法有手工编程和自动编程。

1. 手工编程

手工编程是从工艺分析、工艺设计、数值处理、编写加工程序、输入程序到校验，全部由人工完成。对于几何形状比较简单的零件，数值计算量小，程序段少，编程容易的零件，采用手工编程比较经济、方便快捷。手工编程过程如图 7-7 所示。

2. 自动编程

自动编程是指程序的大部分或全部程序编制工作由计算机完成。典型的自动编程有人

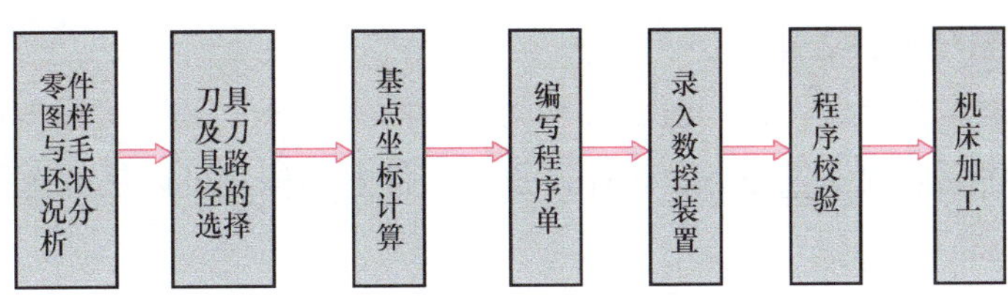

图 7-7 手工编程过程

机对话式自动编程及图形交互式自动编程。在人机对话式自动编程中，从工件的图形定义、刀具的选择、起刀点的确定、进给路线的安排，到各种工艺指令的插入，都是在 CNC 编程菜单的引导下进行，最后由计算机处理，得到所需的数控加工程序。

图形交互自动编程是一种可以直接将零件的几何图形信息自动转化为数控加工程序的全新的计算机辅助编程技术。它通常以计算机辅助设计（CAD）为平台，利用 CAD 软件的绘图功能在计算机上绘制零件的几何图形，生成零件的图形文件，然后调用数控编程模块，自动进行数学处理并编制出数控加工程序，同时在计算机屏幕上动态地显示出刀具的加工轨迹。自动编程大大减轻了编程人员的劳动强度，提高了工作效率，同时解决了手工编程无法解决的许多复杂零件的编程难题。

7.2.2 坐标系

为了方便编程，不必考虑数控机床具体的运动形式，即是刀具运动还是工件运动，一律假定刀具相对于静止的工件运动，编程时只需根据零件图样编程。标准中规定机床坐标系采用右手直角笛卡尔坐标系，如图 7-8 所示。图中大拇指的方向为 X 轴的正方向，食指为 Y 轴的正方向，中指为 Z 轴的正方向。A、B、C 表示绕 X、Y、Z 轴回转的回转轴线，A、B、C 的正方向用右手法则确定。

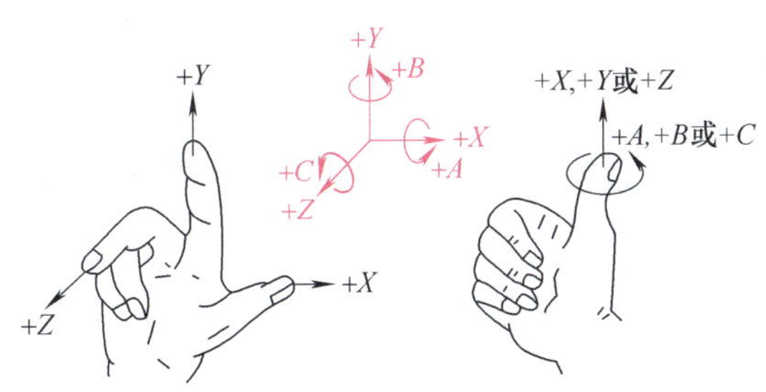

图 7-8 右手直角笛卡尔坐标系

1. 机床坐标系和机床原点

机床坐标系是机床上的一个固定的坐标系，其位置是由机床制造厂商确定的，一般不允许用户改变。

机床坐标系的零点称为机床原点，机床原点通常设在机床主轴端面中心点或主轴中心线与工作台面的交点上。机床坐标系是用来确定工件位置和机床运动部件位置的基本坐标系。

7

2. 工件坐标系和编程原点

工件坐标系是用于定义刀具相对工件运动关系的坐标系，又称编程坐标系。工件坐标系的原点称为程序原点或工件原点，程序原点在工件上的位置可以任意选择。

3. 机床参考点

机床参考点一般设置在机床各轴靠近正向极限的位置，通过行程开关粗定位，由零位点脉冲精确定位。数控机床接通电源后，一般需要做回参考点（回零）操作，即利用数控装置控制面板或机床操作面板上的有关按钮，使刀具或工作台回到机床参考点。当返回参考点操作完成后，显示器显示的坐标值即为机床参考点在机床坐标系中的坐标值，则表明机床坐标系已经建立。

图 7-9 所示为卧式数控车床坐标系，图 7-10 所示为立式数控铣床坐标系。

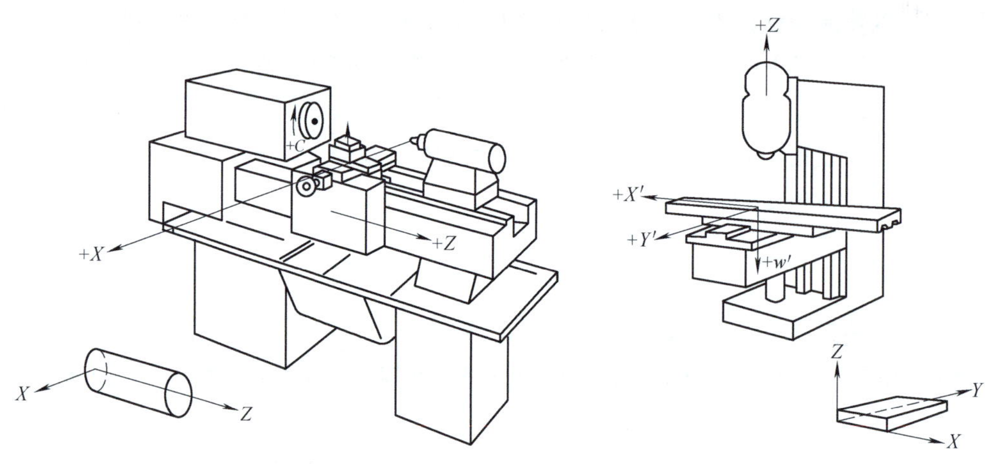

图 7-9　卧式数控车床坐标系　　图 7-10　立式数控铣床坐标系

7.2.3　程序结构

一个完整的数控加工程序由若干个程序段组成，程序段由若干个字代码组成（包括程序段号），字代码由字地址符和数字组成。程序以程序号开始，以 M02 或 M30 结束，如图 7-11 所示。

1. 程序号

程序号是程序的标识，以区别其他程序。程序号由地址符及 1～9999 范围内的任意整数组成，不同的数控系统的程序号地址符是不同的，如 FANUC 系统用英文字母“O”、SI-ENUMERIK 系统用“%”等。编程时应按照数控机床说明书的规定书写，否则数控系统报错。

2. 程序段格式和组成

程序段格式是指一个程序段中的文字、数字和符号的书写规则。一般分为字地址可变程序段格式、分隔符可变程序段格式和固定顺序程序段格式。字地址可变程序段格式又称自由格式，它由程序段号、指令字和程序段结束符组成。各指令字由字地址符和数字组

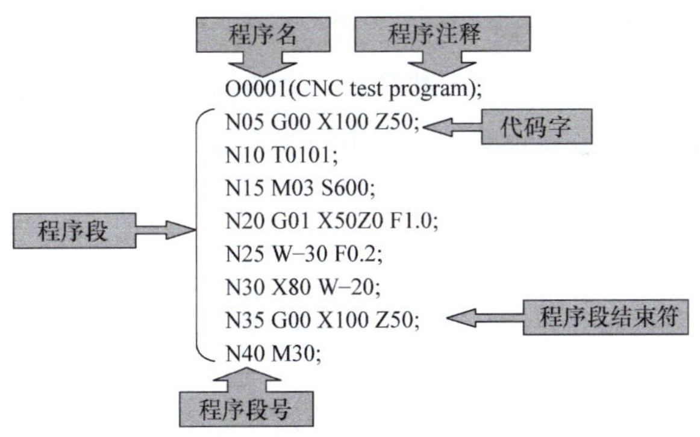

图 7-11 数控程序结构

成，字的排列顺序要求不严格，不需要的字或与上一程序段相同的续效字可以省略不写。数据可正可负，可以带小数点（单位 mm），也可以不带小数点（单位为最小设定单位）。字地址可变程序段格式简单、直观，便于检查和修改，应用广泛。

程序中常用字地址符英文字母的含义见表 7-1。

表 7-1 FANUC 0i 系统地址符的英文字母含义

功　能	地址字符	意　义
程序号	O、P	程序编号，子程序号的指定
程序段号	N	程序段顺序编号
准备功能	G	指令动作的方式
坐标字	X、Y、Z	坐标轴的移动指令
	A、B、C；U、V、W	附加轴的移动指令
	I、J、K	圆弧圆心坐标
	R	圆弧半径
进给速度	F	进给速度指令
主轴功能	S	主轴转速指令
刀具功能	T	刀具编号指令
辅助功能	M、B	主轴、冷却液的开关，工作台分度等
补偿功能	H、D	补偿号指令
暂停功能	P、X、U	暂停时间指定
循环次数	L	子程序及固定循环的重复次数
参数	P、Q、R	固定循环参数指令

自由格式程序段中各字的说明：

（1）程序段顺序号字 N　用于识别程序段的编号，由地址符 N 和若干位数字组成

（一般1～5位）。程序段顺序号位于程序段之首。

（2）准备功能字G　用于指定数控机床的运动方式、坐标系设定、刀具补偿等多种加工操作，为数控系统的插补运算做准备。常用的准备功能见表7-2。

表7-2　常用准备功能表

G代码	指令含义	G代码	指令含义	G代码	指令含义
G00	快速点定位	G17	选择XY平面	G42	刀具半径右补偿
G01	直线插补	G18	选择YZ平面	G43	刀具长度补偿
G02	顺时针圆弧插补	G19	选择ZX平面	G49	撤销刀具长度补偿
G03	逆时针圆弧插补	G40	撤销刀具半径补偿	G90	绝对坐标编程
G04	暂停	G41	刀具半径左补偿	G91	增量坐标编程

（3）坐标字　用于指定数控机床某坐标轴位置。由地址符、“+”“-”符号及绝对（或增量）坐标值组成，如X30 Y-20。其中“+”号可省略。坐标字的地址符有：X、Y、Z、U、V、W、P、Q、R、A、B、C、I、J、K、D、H等。

（4）进给功能字F（为续效代码）　用于指定刀具进给速度。数控机床进给速度单位有每转进给量mm/r和每分钟进给量mm/min，由准备功能G指令指定 。

每分钟进给由G98指定，F后面的数值单位是mm/min，格式：G98　F__；

每转进给由G99指定，F后面的数值单位是mm/r，格式：G99　F__。

（5）主轴转速功能字S（为续效代码）　用于指定主轴速速度。数控机床主轴速度单位有每分钟转速（r/min）和每分钟线速度（m/min），由准备功能G指令指定。

每分钟线速度由G96指定，S后面的数值单位是r /min，格式：G96　S__；

每分钟转速由G97指定，S后面的数值单位是m/min，格式：G97　S__。

（6）刀具功能字T　用于指定刀具，T后面的数字是刀具编号。

7

（7）辅助功能字M　用字地址符M及两位数字表示，也称M功能或M指令。它是用来指令数控机床辅助装置的接通和断开。常用的辅助功能见表7-3。

表7-3　常用辅助功能表

M代码	指令含义	M代码	指令含义	M代码	指令含义
M00	程序暂停	M04	主轴反转	M08	1号切削液开
M01	程序选择暂停	M05	主轴停止	M09	切削液关
M02	程序结束	M06	换刀	M30	程序结束，且返回至程序开始
M03	主轴正转	M07	2号切削液开		

1）程序暂停（M00）。当执行有M00指令的程序段后，不执行下一段程序，相当于执行单程序段操作。按下控制面板上循环启动按钮后，程序继续执行。该指令可应用于自动加工过程中，停车进行某些手动操作，如手动变速、换刀、关键尺寸的抽样检查等。

2）程序选择暂停（M01）。该指令的作用和M00相似，但它必须在预先按下操作面板上“选择停止”按钮的情况下，当执行有M01指令的程序段后，才会停止执行程序。如果不按下“选择停止”按钮，M01无效，程序继续执行。

3）主轴正转（M03）。对于立式铣床，由Z轴正方向向负方向看去，主轴顺时针方向旋转为正转。

4）主轴反转（M04）。对于立式铣床，由Z轴正方向向负方向看去，主轴逆时针方向旋转为反转。

5）程序结束（M30）。在完成程序段所有指令后，使主轴、进给、切削液停止，机床及控制系统复位等。

（8）程序段结束字　用于每一程序段之后，表示程序段结束。当用ISO标准代码时，结束符为“LF”或“NF”；用EIA标准代码时，结束符为“CR”，有的用符号“;”，有的直接回车即可。FANUC 0i系统采用“;”。

7.3 数控加工示例

7.3.1 数控车削加工示例

编制图7-12所示零件的加工程序，毛坯为45钢，$\phi30\times60$mm，选用主偏角90°外圆车刀。先安排两个矩形循环进行粗车，然后精车。

```
O0001;
S400 M03;
T0101;
G00 X35.0 Z2.0;
G90 X23 Z-24.0 F0.2   G99; 矩形循环
X18.0 Z-15;
G00 X0.0
G01 Z0.0 F0.2;            （刀具到达O点）
G03 X15.0 Z-7.5 R7.5;     （刀具到达A点）
G01 Z-15.0;               （刀具到达B点）
X20.0 Z-17.5;             （刀具到达C点）
Z-26.0;                   （刀具到达D点）
G02 X28.0 Z-30.0 R4.0;    （刀具到达E点）
G01 Z-40.0;               （刀具到达F点）
G00 X100.0;
Z100.0;
T0100;                     （撤销1号刀具补偿）
M30;
```

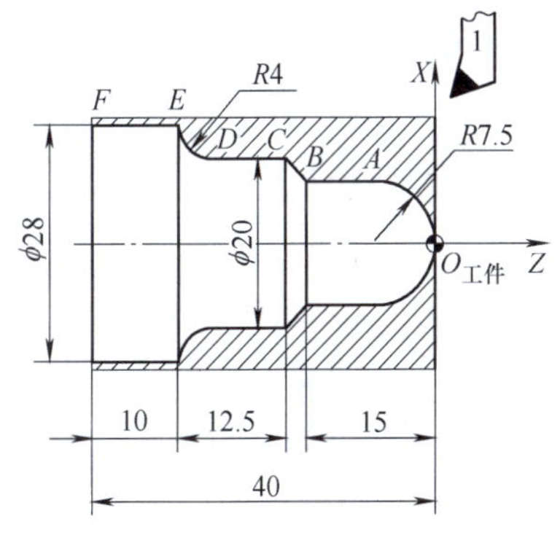

图7-12　数控车床编程实例

7

7.3.2 数控铣削加工示例

编制图7-13所示零件的程序，材料为铝合金，加工深度为2mm，刀具直径ϕ6mm。

```
O0001;
S1000 M03;
G90 G54 G00 Z100;
G00 X0 Y-25;
G00 Z3;
G01 Z-2 F100;
G02 X0 Y-25 I0 J25 F300;
G03 X0 Y0 R12.5;
G02 X0 Y25 R12.5;
G00 Z3;
G00 X0 Y12.5;
G01 Z-2 F100;
G00 Z3;
G00 X0 Y-12.5;
G01 Z-2 F100;
G00 Z100;
M30;
```

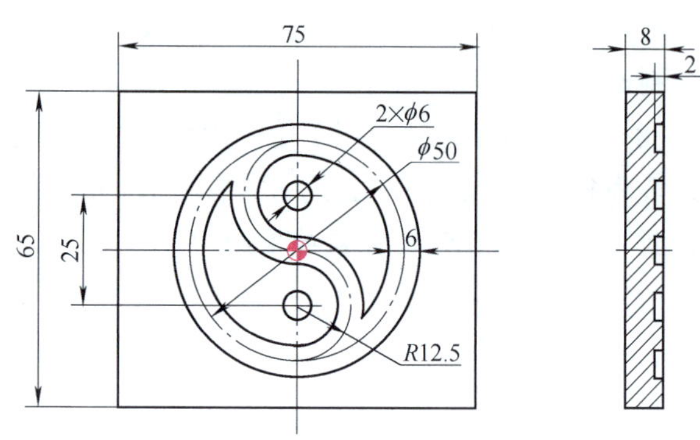

图7-13 数控铣床编程实例

7.4 数控机床加工操作

7

1. 接通电源、机床回零

接通机床电源后，机床各轴进行回零操作，带有绝对位置测量传感器的机床不用回零操作。详见机床操作说明书。

2. 装夹工件

将工件正确安装在平口钳、卡盘或其他夹具上，并进行夹紧。

3. 对刀

所谓对刀是使刀位点与工件原点重合的操作，并且找到工件原点在机床坐标系里的坐标。刀位点是刀具的基准点，一般为刀具上的某一特定的点，如车刀的刀位点是假想的刀尖点或刀尖圆弧的中心点；立铣刀的刀位点为铣刀端面与轴心线的交点。数控车床和数控铣床的对刀方法不同，且对刀的方法有多种，这里分别介绍数控车床和数控铣床的试切法对刀。

（1）数控车床试切法对刀步骤

1）将“方式选择旋钮”置于“MDI”状态，输入转速，例如：S500　M03；

2）摇动手轮移动Z轴，使刀具切入工件的右边端面2~3mm，产生新的端面；

3）在机床面板上按“刀补”键，通过上下光标键找到当前刀具对应的刀补号，例如：T0101 相对应的 01 号刀的刀补号为 01，则在 01 号刀具补偿界面输入 Z 向当前刀位点在机床坐标系中的坐标值 β，如图 7-14 所示，以工件的右端面回转中心为工件坐标系的基准点 W；

4）摇动手轮移动 X 轴和 Z 轴，使刀具切入工件 2～3mm，车削出长 5～10mm 的圆柱面，Z 向退出，X 向保持不变，测量工件直径 d；

5）停主轴，刀具沿 Z 向退出，X 向不动；

6）在机床数控面板上输入当前 X 向的刀具偏置值，即在 01 号刀具补偿界面输入 X 向当前刀位点在机床坐标系中的坐标值（α 与直径 d 之和）。

（2）数控铣床试切法对刀步骤

1）将“方式选择”旋钮置于“MDI”状态，输入转速使刀具旋转，例如：S300 M03；

2）用手轮控制刀具靠近工件 X 向一侧，并与工件相切，把相对坐标系中 X 值清零；

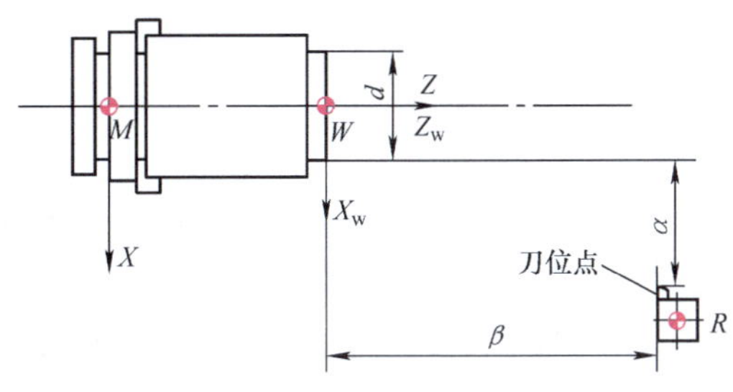

图 7-14 数控车床对刀

3）抬起刀具，用手轮控制刀具移动至 X 向另一侧，并与工件相切，记下此时相对坐标系 X 值；

4）抬起刀具，用手轮控制刀具移动至 X 值 1/2 处，即得到 X 轴工件坐标原点位置；

5）同样方法确定 Y 轴工件坐标原点位置；

6）用手轮控制刀具移动，让刀具端面与工件上表面相切，即得 Z 轴工件坐标原点位置；

7）用 G54 设定当前坐标系的原点位置。

4. 输入程序、图形模拟

程序输入后进行图形模拟，如果模拟的结果不正确，在编辑状态下修改程序，并再次进行模拟直到正确为止。

5. 启动自动加工

6. 加工结束后清理机床，关机

复习思考题

7-1　数控加工有哪些特点？

7-2　数控机床由哪些部件组成？

7-3　开环进给伺服系统与闭环进给伺服系统的区别是什么？

7-4　为什么数控机床加工前要对刀？

7-5　手工编程的主要工作有哪些？

第8章

特种加工

本章导读

特种加工是传统加工工艺方法的重要补充和发展，已成为航空、航天、电子仪表、家用电器以及通信、汽车、拖拉机、轻工等各个机械制造业，特别是模具业不可缺少的一种加工方法。随着科技的进步和发展，特种加工的种类越来越多，比如电火花成形加工、电火花线切割加工、激光加工等。

电火花加工基于电火花熔蚀原理，在工具电极与工件电极相互靠近时，两极间形成脉冲性火花放电，在电火花通道中产生瞬时高温，使金属局部熔化，甚至气化，从而将金属蚀除。电火花加工主要加工难加工的金属材料和导电材料；复杂型面的加工；薄壁、弹性、低刚度零件和微细小孔、异形小孔、深孔的加工。

线切割是电火花加工的一种，也是基于电火花熔蚀原理，以移动着的金属细丝为工具电极。线切割加工不需要制作工具电极，适合加工高硬度材料，如淬火钢、硬质合金；可以加工低刚度、细小及复杂形状的零件；可以加工硬度大的导电材料，如淬火钢、硬质合金。

激光加工主要用于激光打孔、激光切割、激光焊接、激光打标等。

实训目的与要求

1）了解特种加工的特点和应用。

2）了解几种常用特种加工的基本原理和加工过程。

3）熟悉线切割加工编程方法。

8.1 概述

随着科学技术的发展和市场需求的拉动，新产品、新材料不断涌现，结构形状复杂的精密零件和高性能难加工材料的零件随之被设计出来，这些零件的加工向人们提出了新的挑战，用传统的加工技术和方法加工上述零件难以获得预期的结果，有的甚至无法加工。

特种加工是使用非传统的加工技术和方法加工零件，利用化学、物理（电、声、光、热、磁等）或电化学的方法对工件材料进行去除、变形、改变性能或被镀覆（添加材料）等非传统加工方法统称为特种加工。与传统的机械加工方法比较，特种加工具有以下突出优点。

1）可加工结构形状复杂的精密零件和高性能难加工材料的零件。

2）加工工具和被加工工件之间不存在显著切削力，不引起机械变形和大面积的热变形，可以进行精密和精细加工，实现“非接触性加工”。

特种加工已得到广泛运用，如高精度和极低表面粗糙度表面的加工；复杂型面、薄壁、小孔、窄缝等特殊结构形状的加工；高强度，高硬度，耐高、低温材料零件的加工，高强度合金钢、耐热钢等难加工金属材料和陶瓷、人造金刚石、硅片等难加工非金属材料。

8.2 电火花加工

8.2.1 电火花加工原理

电火花加工基于电火花熔蚀原理，在工具电极与工件电极相互靠近时，两极间形成脉冲性火花放电，在电火花通道中产生瞬时高温，使金属局部熔化，甚至汽化，从而将金属蚀除。这一过程大致分为工作液介质电离、形成放电通道、热膨胀并产生电火花和电极材料的抛出四个阶段，如图 8-1 所示。

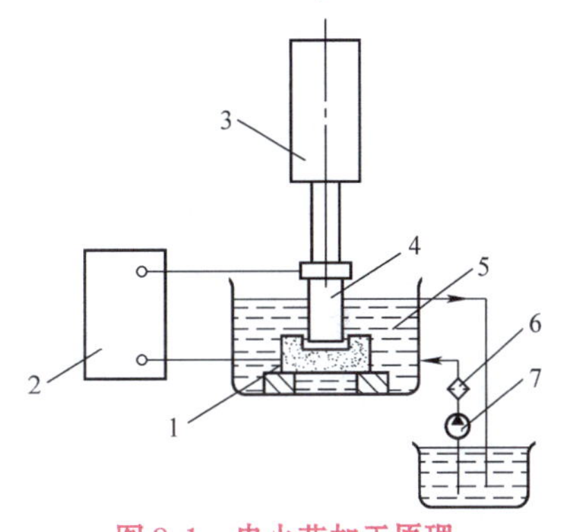

图 8-1 电火花加工原理

1—工件 2—脉冲电源 3—自动进给装置 4—工具电极 5—工作介质 6—过滤器 7—液压泵

（1）工作液介质电离 工具电极与工件电极缓缓靠近，极间的电场强度增大，由于两电极的微观表面的凹凸不平，如图 8-2a 所示，在两极间距离最近的 *A*、*B* 处的电场强度最大。工具电极与工件电极之间充满着液体介质，液体介质中不可避免地含有杂质及自由电子，它们在强大的电场作用下，形成了带负电的粒子和带正电的粒子。

（2）形成放电通道 在电场的作用下，电子高速奔向正极，负离子高速奔向负极，电场强度越大，带电粒子就越多，形成放电通道，如图 8-2b 所示。放电通道是由大量高速运动的带正电和带负电的粒子以及中性粒子组成的。由于通道截面很小，通道内因高温热膨胀形成的压力高达几万帕。

（3）热膨胀并产生电火花 高温高压下，放电通道急速扩展，通道间带负电的粒子奔向正极，带正电的粒子奔向负极，粒子间相互撞击，产生大量的热能，使通道瞬间达到很高的温度。通道高温首先使工作液汽化，然后高温向四周扩散，使两电极表面的金属材料开始熔化直至沸腾汽化。汽化后的工作液和金属蒸气瞬间体积猛增，形成了爆炸的特性。

8

所以在观察电火花加工时，可以看到工件与工具电极间有冒烟现象，并听到轻微的爆炸声，形成了肉眼所能看到的电火花，如图 8-2c 所示。

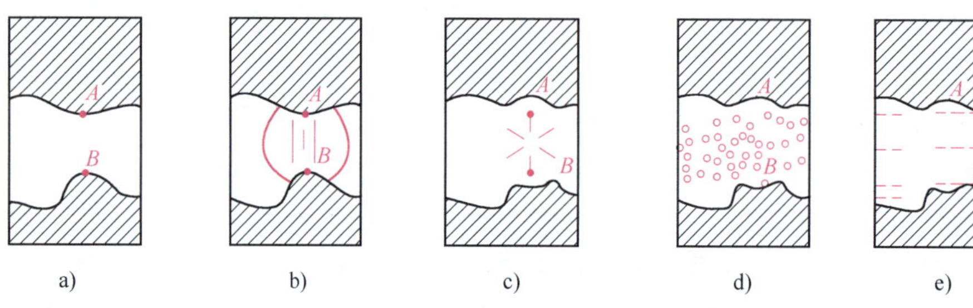

图 8-2 电火花加工机理

a）电离 b）放电 c）火花放电 d）电极材料抛出 e）消电离

（4）电极材料的抛出 如图 8-2d 所示，爆炸力将熔化和汽化的金属抛入附近的工作液介质中，仔细观察可以看到桔红色的火花四溅，这就是被抛出的高温金属熔滴和碎屑。熔化的金属液中被电离的工作液立即恢复到绝缘状态，即所谓的消电离，如图 8-2e 所示。此后，两极间的电压再次升高，又在另一处绝缘强度最小的地方重复上述放电过程。

实际上，电火花加工的过程远比上述要复杂，它是电力、磁力、热力、流体动力、电化学等综合作用的过程。到目前为止，人们对电火花加工过程的了解还很不够，需要进一步研究。

8.2.2 电火花加工机床

数控电火花加工机床的主要组成部分有机床本体、数控系统、工作液过滤和循环系统。机床附件有 C 轴装置、自动电极交换装置和平动头等。

1. 机床本体

数控电火花加工机床本体主要有床身、立柱、工作台、主轴头等。

床身和立柱是电火花加工机床的骨架，是机床的基础部件，用以支撑机床的其他工作部件，保证工具电极、工作台和工件之间具有准确的相对位置。

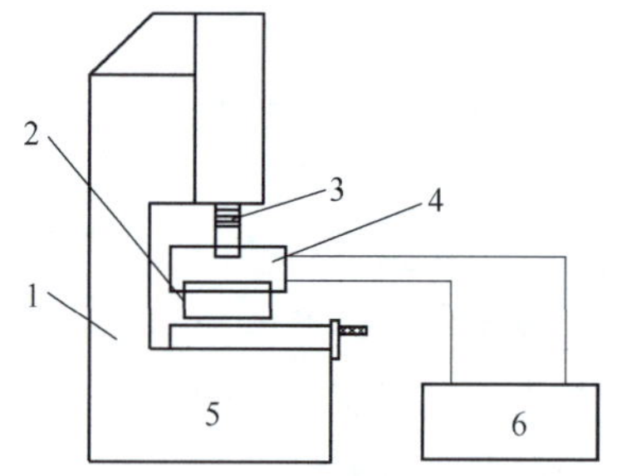

图 8-3 电火花加工机床简图

1—机床立柱 2—十字滑台 3—主轴和数控电极头 4—加工储液槽 5—机床床身 6—储液箱

工作台是机床的基础（基准）平面，主要用于支撑和安装工件，立式电火花机床的工作台在横向和纵向作直线移动，以便找正工件与电极之间的相对位置。

主轴头是电火花加工机床的重要部件，可以沿立柱导轨做上下 Z 轴运动。工具电极安装在主轴头上，通过控制主轴头和工具电极的进给速度和位置，以保持在整个加工过程中工具电极与工件之间的间隙准确衡定，确保加工能顺利进行。

2. 数控系统

数控系统包括脉冲电源、进给运动控制等电气系统。

脉冲电源是数控系统的核心部分，先进的数控电火花机床的技术核心是脉冲电源技术。脉冲电源是把直流或交流电转变成具有一定频率的脉冲电流，提供电火花加工所需要的放电能量的设备。

进给运动控制系统主要包括进给伺服系统和参数控制系统。进给伺服系统主要用于控制工具电极的进给速度、位置和放电间隙的大小；而参数控制系统主要用于控制电火花加工中的各种参数，如放电电流、脉冲宽度、脉冲间隔等。

3. 工作液过滤和循环系统

电火花加工中的蚀除物，一部分以气态形式抛出，其余大部分是以球状固体微粒分散地悬浮在工作液中，直径一般为几微米。随着电火花加工的进行，蚀除物越来越多，充斥在电极和工件之间，或粘连在电极和工件的表面上。蚀除物的聚集，会与电极或工件形成二次放电，这就破坏了电火花加工的稳定性，降低了加工速度，影响了加工精度和表面粗糙度。为了改善电火花加工的条件，一种办法是使电极振动，以加强排屑作用；另一种办法是对工作液进行强迫循环过滤，以改善间隙状态。

8.2.3 电火花加工工艺特点及适用范围

1. 电火花加工工艺特点

1）脉冲放电的能量密度高，能加工普通切削加工方法难以切削的材料和复杂形状工件。不受材料硬度、热处理状况影响。

2）脉冲放电持续时间极短，放电时产生的热量传导扩散范围小，材料受热影响范围小，不产生毛刺和刀痕沟纹等缺陷。

3）加工时，工具电极与工件材料不接触，两者之间宏观作用力极小，工具电极材料无须比工件材料硬。

4）可以改进工件结构设计，改善结构的工艺性，提高工件使用寿命，降低工人劳动强度。

5）直接使用电能加工，便于实现自动化。

电火花加工的不足之处是：

1）只能用于加工金属等导电材料，在一定条件下才能加工半导体和聚晶金刚石等非导体超硬材料。

2）加工速度一般较慢。工艺安排通常先采用切削加工去除大部分的加工余量，然后再进行电火花加工，提高生产率。

3）存在电极损耗。

4）加工后表面产生变质层，在某些应用中须进一步去除。

5）工作液的净化、循环再利用和加工中产生的排放物的处理成本比较高。

2. 电火花加工的适用范围

1）难加工的金属材料和导电材料的加工。

2）复杂型面的加工。

3）薄壁、弹性、低刚度零件和微细小孔、异形小孔、深孔的加工。

8.3 线切割加工

8.3.1 线切割加工原理

线切割是电火花加工的一种，也是基于电火花熔蚀原理，以移动着的金属细丝为工具电极，接脉冲电源的负极；工件通过绝缘板安装在工作台上，接脉冲电源的正极，中间注入工作液，在电极丝与工件之间产生火花放电熔蚀，工作台带动工件按所要求的形状运动，从而达到加工的目的。

8.3.2 数控线切割机床

数控线切割机床主要由机床本体、脉冲电源、数控系统、工作液循环系统和机床附件等组成，如图 8-4 所示。线切割加工机床通常按电极丝的走丝速度分为快走丝线切割机床（走丝速度一般为 8 ~ 10m/min）和慢走丝线切割机床（走丝速度低于 0.2m/min）。

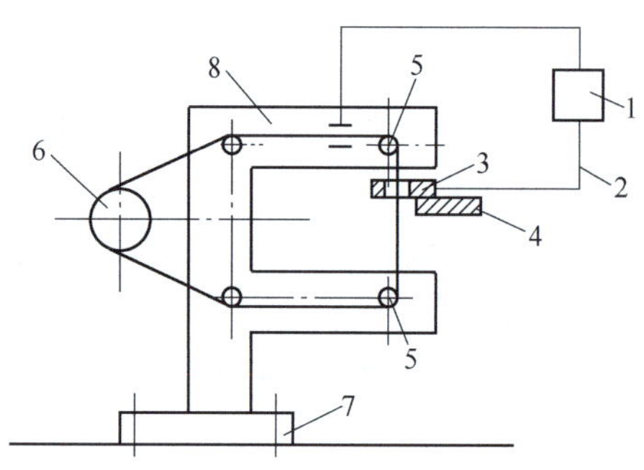

图 8-4 快速走丝线切割机床

1—脉冲电源 2—电极丝 3—工件 4—工作台

5—导轮 6—储丝筒 7—床身 8—丝架

1. 机床本体

数控线切割机床的机床本体主要由床身、工作台、运丝机构和丝架组成。

(1) 床身 床身主要用于支承工作台、运丝机构及丝架。

(2) 工作台 工作台主要用于支承和装夹工件。工作台由十字拖板、滚动导轨、丝杠传动副、齿轮副等机构组成，由步进电动机驱动。

(3) 运丝机构 运丝机构的作用是使电极丝以一定的张力和稳定的速度运动。电极丝均匀地缠绕在储丝筒上，电动机通过弹性联轴器带动储丝筒作正、反向交替转动，对于高速运丝机构要保证电极丝进行高速往复运动。

(4) 丝架 丝架对电极丝起支撑作用，它与走丝机构组成了线切割机床的走丝系统。

2. 脉冲电源

数控线切割机床的脉冲电源和电火花加工的脉冲电源相似，都是把普通的交流电转换

8

成高频率的单向脉冲电源。线切割加工脉冲峰值电流受加工表面粗糙度和电极丝直径的限制，脉冲峰值电流一般在 1～5A 范围内。

在一定工艺条件下，增加脉冲宽度，使单个脉冲放电能量增加，可提高切割速度，但表面粗糙度值增加，同时电极丝损耗变大，脉冲宽度一般低于 60μs。减少脉冲间隔，即提高脉冲频率，也可以提高切割速度。

3. 数控系统

数控线切割机床数控系统的作用是控制加工轨迹和加工过程。轨迹控制是为了获得所需的工件形状和尺寸。加工过程控制是根据放电间隙大小与放电状态控制进给速度，保证进给速度与工件材料的蚀除速度平衡。

4. 工作液循环及过滤系统

数控线切割机床的工作液循环及过滤系统是为了能充分、连续地向加工区供给干净的工作液，及时排出电蚀产物，并对电极丝和工件进行冷却，保持脉冲放电过程稳定。线切割加工中应用的工作液种类很多，有煤油、乳化液、去离子水、蒸馏水和酒精等，一般低速走丝线切割机床的工作液采用最多的是去离子水，高速走丝线切割机床的工作液采用最多的是乳化液。

8.3.3 线切割加工特点及应用

线切割加工是非接触性加工，其主要特点有：

1）不需要制造成形电极，工件材料的预加工量少。

2）可以加工高硬度材料，如淬火钢、硬质合金。

3）可以加工低刚度、细小及复杂形状的零件。

4）可以加工硬度大的导电材料，如淬火钢、硬质合金。

慢走丝电火花线切割加工可以达到比快走丝电火花线切割加工更高的加工精度，目前加工精度可以稳定达到 ±0.001mm；目前慢走丝电火花线切割加工广泛应用于精密冲模、粉末冶金压模、样板、成形刀具和特殊、精密零件的加工。

8.3.4 线切割加工编程

数控线切割加工需要按照工件的图样，用机床控制系统所规定的指令代码和格式编写数控加工程序，然后输入机床控制系统，机床按指令顺序进行加工，编写这种指令的工作叫做编程。编程方法有两种：一种是手工编程，一种是计算机辅助编程。目前，我国线切割机床的程序格式是国标 3B 格式和国际标准 G 格式。

1. 线切割 3B 代码程序格式

我国生产的快走丝线切割机床一般采用 3B 格式编程。3B 格式是固定程序格式，即每个程序段由 5 个指令代码组成，见表 8-1。

表 8-1　3B 程序格式

B	X	B	Y	B	J	G	Z
分隔符	X 坐标值	分隔符	Y 坐标值	分隔符	计数长度	计数方向	加工指令

B 为分隔符，将 X、Y、J 的数值分开，B 后的数值为 0 时，可以省略不写，但必须保留分隔符 B。

2. 3B 代码指令规则

（1）坐标系与坐标值的确定　数控线切割编程时，坐标系这样规定：面对机床操作台，工作台平面为坐标系平面，左右方向为 X 轴，且向右为正；前后方向为 Y 轴，向前为正。编程时采用相对坐标系（也称工件坐标系），即坐标系的原点随程序段的不同而变化。加工直线时，以该直线的起点为相对坐标系的原点，X、Y 表示直线的终点坐标值；加工圆弧时，以该圆弧的圆心为相对坐标系的原点，X、Y 表示圆弧起点的绝对坐标值单位 μm。

（2）计数方向 G 的确定　不管加工直线还是圆弧，计数方向都是按终点坐标的绝对值来确定。对于直线取终点坐标绝对值大的为计数方向，如 X-10，Y3，因为 10 >3，计数方向为 X 轴，记为 GX；对于圆弧取终点坐标绝对值小的为计数方向，如 X-10，Y3，因为 10 >3，计数方向为 Y 轴，记为 GY。加工与坐标轴成 45°的线段时，计数方向取 X 轴、Y 轴都可以。

（3）计数长度 J 的确定　计数长度是在计数方向的基础上确定的。计数长度是被加工的直线或圆弧在计数方向坐标轴上的投影长度的总和，单位 μm。

（4）加工指令 Z 的确定　加工直线用 L 表示，直线终点落在第几象限，L 的后面就用几表示，与 +X 轴一致的为 L1，与 +Y 轴一致的为 L2，依次类推。加工圆弧用 R 表示，当加工圆弧的起点在第Ⅰ象限及 +Y 轴上，且按顺时针方向进行切割时，加工指令用 SR1；当加工圆弧的起点在第Ⅱ象限内及-X 轴上，且按顺时针方向进行切割时，加工指令用 SR2；加工指令 SR3、SR4 依次类推。逆时针加工时，当加工圆弧的起点在第Ⅰ象限内及 +X 轴上，加工指令用 NR1；当加工圆弧的起点在第Ⅱ象限内及 +Y 轴上，加工指令用 NR2；加工指令 NR3、NR4 依次类推。

8

加工如图 8-5a 所示直线 OA 的程序为：B10000 B7000 B10000 GX L1 其中，$X=|X_A|=10\text{mm}=10000\mu\text{m}$，$Y=|Y_A|=7\text{mm}=7000\mu\text{m}$，计数长度取终点坐标绝对值大的坐标值，$J=|X_A|=10\text{mm}=10000\mu\text{m}$，计数方向为 GX，加工指令 L1。

如图 8-5b 所示，直线段 OA 与 X 轴重合，程序为：B10000 B B10000 GX L1，如图 8-5c所示，圆弧段 AB 跨第一、二象限，圆弧半径 $R=15\text{mm}$，以圆弧的圆心作为增量坐标系的原点，则 A（15，0），B（−15，0）；取终点坐标绝对值小的坐标轴为计数方向，判定计数方向为 GY；计数长度为圆弧段 AB 在 Y 轴的投影的代数和 30；加工圆弧 AB 为逆时针加工，指令用 NR1 表示。程序为：B15000 B B30000 GY NR1。

如果加工 BA 圆弧，顺时针加工，指令用 SR2 表示。程序为：B15000 B B30000 GY SR2。

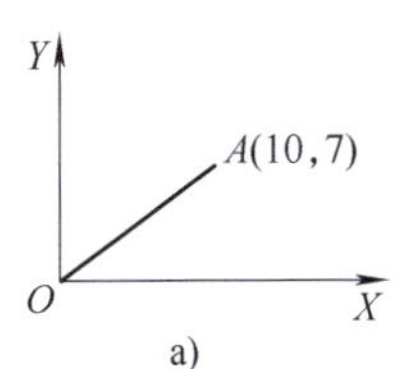

a)

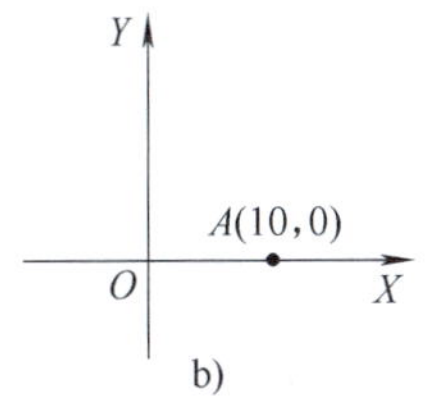

b)

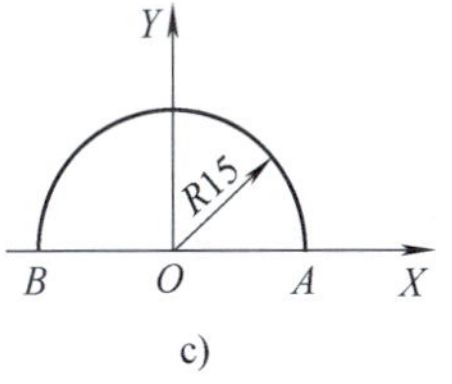

c)

图 8-5 3B 代码编程示例

a）第一象限直线段 b）X 轴上直线段 c）跨第一、二象限圆弧段

3. 线切割 3B 代码编程实例

零件轮廓形状、尺寸如图 8-6 所示，用 3B 代码编制线切割加工程序。

（1）确定加工路线 切割起点为 O 点，加工路线沿逆时针方向进行：O→A→B→C→D→E→O。

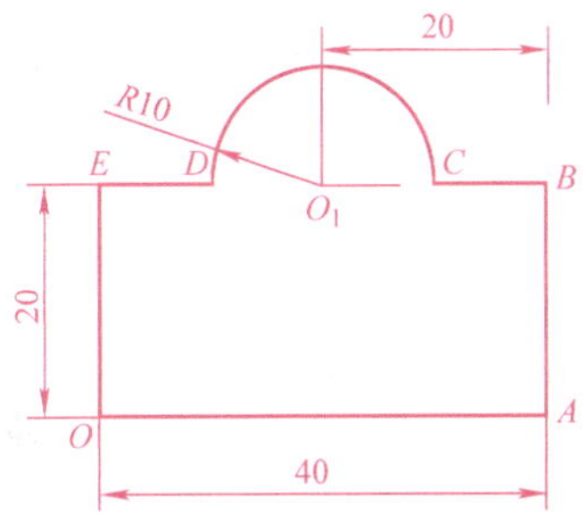

图 8-6 线切割加工编程示例

（2）确定各点在绝对坐标系中的坐标值 O（0，0），A（40，0），B（40，20），C（30，20），D（10，20），E（0，20）。

（3）按 3B 代码编制线切割加工程序。

1）直线段 OA 编程。以 O 点为增量坐标系的坐标原点，OA 直线段与 +X 轴重合，加工指令 L1，计数方向 GX，OA 直线段的程序：B40000 B0 B40000 GX L1。

2）直线段 AB 编程。以 A 点为增量坐标系的坐标原点，AB 直线段与 +Y 轴重合，加工指令 L2，计数方向 GY，直线段 AB 的程序：B0 B20000 B20000 GY L2。

3）直线段 BC 编程。以 B 点为增量坐标系的坐标原点，BC 直线段与 -X 轴重合，加工指令 L3，计数方向 GX，BC 直线段的程序：B10000 B0 B10000 GX L3。

4）圆弧段 CD 编程。以圆弧 CD 的圆心 O_1（20，20）为增量坐标系的坐标原点，终点 D 坐标应为（10，0），$|X_D|>|Y_D|$，所以计数方向为 GY；圆弧 CD 在 Y 轴的投影长度的总和为 20mm，计数长度 $J=20000$；加工的起点在 X 轴上，逆时针加工，圆弧最先进入第一象限，加工指令为 NR1，圆弧段 CD 的程序：B20000 B0 B20000 GY NR1。

5）直线段 DE 编程。以 D 点为增量坐标系的坐标原点，DE 直线段与 -X 轴重合，加工指令为 L3，计数方为 GX，直线段 DE 的程序：B10000 B0 B10000 GX L3。

6）直线段 EO 的编程。以 E 点为增量坐标系的坐标原点，则 O 点坐标为（0，-20），EO 直线段与 -Y 轴重合，加工指令为 L4，计数方为 GY，直线段 EO 的程序：B0 B20000 B20000 GY L4。

4. 线切割 ISO 代码程序格式

线切割 ISO 代码程序格式、指令和数控铣类似，这里不再赘述。需要提醒的是：在线切割加工编程时，一般使用 G92 指定起始点坐标来设定加工坐标系；在数控铣中的 T 功能是刀具选择功能，而在数控线切割机床中 T84 代表启动液压泵，T85 用于关闭液压泵，T86 代表启动运丝机构，T87 表示关闭运丝机构。

8

8.4 激光加工

8.4.1 激光加工原理

激光是一种亮度高、方向性好、单色性好的相干光。由于激光发散角小和单色性好，理论上可通过一系列光学装置把激光聚焦成直径与光的波长相近的极小光斑，加上亮度高，其焦点处的功率密度可达 $10^7 \sim 10^{11}$ W/cm²，温度高达万度左右。在此高温下，任何坚硬的或难加工的材料都将瞬时急剧熔化和汽化，并产生强烈的冲击波，使熔化的物质爆炸式地喷射出去，这就是激光加工的工作原理。

图 8-7 是利用固体激光器加工的原理图。当激光工作物质（如红宝石、钕玻璃和掺钕钇铝石榴石等）在激光器 1 中受到光泵（即激励脉冲氙灯）的激发后，产生光放大，形成激光束 2；激光束 2 通过全反射镜 3 产生振荡，并改变方向，由全反射镜一端输出激光束；再通过聚焦透镜 4 将激光束聚焦到待加工工件 5 表面上，即可对工件进行加工。

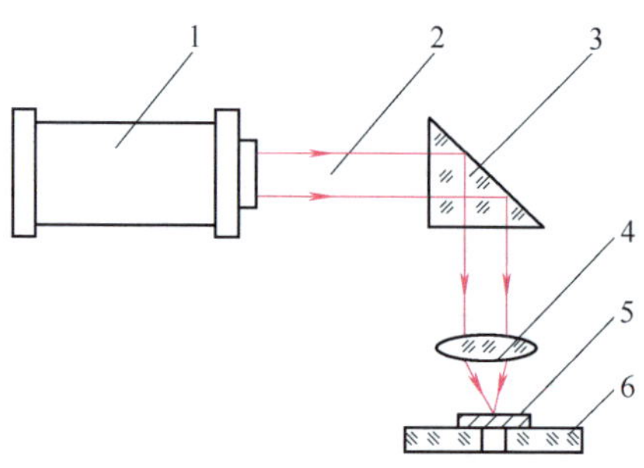

图 8-7 激光加工原理

1—激光器 2—激光束 3—全反射镜
4—聚焦物镜 5—工件 6—工作台

8.4.2 激光加工设备

8

激光加工的基本设备由激光器、导光聚焦系统和加工系统组成。

1）激光器是激光加工的重要设备，主要作用是把电能转变成光能，产生所需要的激光束。按工作物质的种类可分为固体激光器、气体激光器、液体激光器和半导体激光器。目前一般采用二氧化碳气体激光器，红宝石、YAG 等固体激光器，激光器输出足够大的功率和能量。

2）导光聚焦系统，激光从激光输出器窗口到被加工工件之间的装置称为导光聚焦系统，其作用是把光束放大、整形、聚焦后作用于加工部位。

3）加工系统主要包括床身、工作台及机电控制系统。其中工作台可以在三维坐标范围内移动，随着电子技术的发展，许多激光加工系统工作台的移动已采用计算机控制，实现激光连续加工。

8.4.3 激光加工特点及应用

1. 激光的加工特点

1）加工材料范围广，激光几乎对所有的金属材料和非金属材料都可进行加工，特别适合加工高熔点材料、耐热合金及陶瓷、宝石、金刚石等硬脆材料。

2）激光加工属于非接触加工，无受力变形；受热区域小，工件热变形小，加工精度高。

3）工件可离开加工机进行加工，并可透过空气、惰性气体或光学透明介质进行加工。例如，激光能透过玻璃在真空管内进行焊接，这是普通焊接方法不能做到的。

4）可进行微细加工，激光聚集后可实现直径0.01mm的小孔加工和窄缝切割。在大规模集成电路的制作中，可用激光进行切片。

5）加工效率高，可控性好。如在宝石上打孔，加工时间仅为机械加工方法的1%左右。

2. 激光的应用

（1）激光打孔　激光束在高硬度材料和复杂、弯曲的表面打小孔，速度快而不产生破损，主要应用在航空航天、汽车制造、电子仪表、化工等行业，YAG激光器打孔已发展成为当前最成熟的激光加工应用。

（2）激光切割　激光可以切割金属，也可以切割非金属，并且对工件不产生机械作用力，切缝小，所以常用来加工玻璃、陶瓷及各种精密细小的零件。激光切割大多采用CO_2激光器，精细切割采用YAG激光器。CO_2激光切割技术是激光加工应用最广泛的技术之一。激光器的功率逐渐由2kW提升到3kW、4kW。

（3）激光焊接　激光焊接一般不要焊料和焊剂，只需将工件的加工区域“热熔”在一起，焊接速度快，热影响区小，焊接质量高，可焊接同种材料，也可焊接不同材料。

（4）激光打标　激光打标是指利用高能量的激光束照射在工件表面，光能瞬时变成热能，使工件表面迅速蒸发，从而在工件表面刻出任意所需要的文字和图形，以作为永久的防伪标识。打标机可对零件在固定位置打标，也可对在流水线上物品进行飞行打标。标记对象的材料可以是各类金属和非金属。

（5）激光表面处理　当激光的功率密度为$10^3 \sim 10^5 W/cm^2$时，可以对铸铁、中碳钢，甚至低碳钢等材料进行激光表面淬火。淬火层深度一般为0.7~1.1mm，激光淬火变形小，还能解决低碳钢的表面淬火强化问题。激光表面处理由相变硬化发展到激光表面合金化和激光熔覆，由激光合金涂层发展到复合涂层及陶瓷涂层，以及激光显微仿形熔覆技术，较大范围应用到电力、石化、冶金、钢铁、机械等方面的产业领域。

8.5 快速成形制造

快速成形技术（Rapid Prototyping，RP）又称三维打印技术或增层制造技术、增材制造技术。快速成形技术于20世纪80年代后期产生于美国，并迅速扩展到欧洲及日本，被认为是近年来制造技术领域的一项重大突破。

快速成形技术彻底摆脱了传统的“去除”加工法（去除毛坯上多余的材料来得到工件），而采用全新的“增长”堆积法（用一层层的材料逐步叠加成大工件，将复杂的三维加工分解成简单的二维加工的组合），因此，它不必采用传统的加工机床和工装夹具及模具，只需传统加工方法的10%～30%的工时和20%～35%的成本，就能直接制造出产品样品或模具，特别适合于新产品的开发、具有复杂结构的单件或少批量产品试制，以及快速模具制造等。

快速成形技术集成了机械工程、计算机控制、CAD、数控技术、检测技术、激光技术、材料技术等各种学科的前沿技术，随着快速成形技术的不断发展，快速成形技术已工程化，成为一种实用的先进制造技术，从样件制造走向真正的零件制造。

8.5.1 快速成形制造基本原理

快速成形技术可以根据零件的形状，每次制作一个具有一定微小厚度和特定形状的截面（平面加工），然后再把它们逐层粘结起来，就得到了所需制造的立体零件。整个过程是在计算机的控制下，由快速成形系统自动完成的。

不同公司制造的快速成形系统所用的成形材料不同，系统的工作原理也有所不同，但其基本原理都是一样的，那就是“分层制造、逐层叠加”。这种工艺可以形象地叫做“增长法”或“加法”。快速成形工艺流程如图8-8所示。

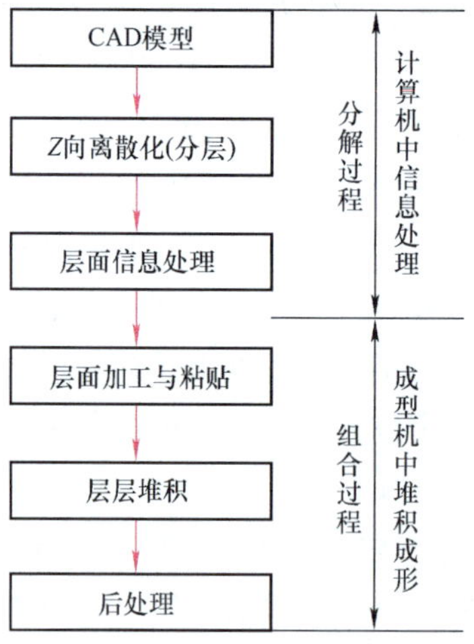

图8-8 快速成形工艺流程图

8.5.2 快速成形制造工艺特点

快速成形技术突破了“毛坯→切削→加工品”传统的零件加工模式（去除材料），开创了不用刀具制作零件的先河，是一种利用薄层叠加的加工方法（增加材料）。与传统的切削加工方法相比，快速成形加工具有以下特点：

1）可迅速制造出具有自由曲面和更为复杂形态的零件，无需设计制造专用夹具和刀具，从而大大降低了新产品的开发成本和开发周期。

2）可实现设计制造一体化和制造过程自动化。快速成形加工设备自动化程度高，无需过多的人工干预。

3）加工效率高，能快速制作出零件产品及模具，而且精度高、产品质量好。

4）快速成形加工节约资源，绿色环保。快速成形加工是非接触加工，无振动、噪声和切削废料。传统的切削加工噪声较大，加工时产生大量的切屑和边角料，造成资源的浪费。

快速成形工艺方法有很多，较为成熟的主要有光固化 SLA、选择性激光烧结 SLS、分层实体制造 LOM、熔融沉积成形 FDM、三维打印 3DP 等。目前选择性激光烧结（SLS）、直接金属激光烧结（DMLS）、直接金属沉积（DMD）、电子束熔融（EBM）等多种方法都可以直接制造出金属零件。

8.5.3 熔融沉积成形（FDM）工艺及应用

1）成形材料：固体丝状工程塑料。

2）制件性能：相当于工程塑料或蜡模。

3）主要用途：塑料件，铸造用蜡模、样件或模型。

FDM 的基本工作原理如图 8-9 所示，将成形材料 6 通过加热单元 8 熔化，在喷头 4 的运动过程中挤压喷出细丝，按零件的截面形状沉积成一薄层，这样逐层堆积制成一个零件 3。在沉积过程中，喷头 4 在水平分层数据的控制下沿 *XY* 移动，同时半熔的细丝从喷头中挤压出来。只要精确控制从挤压头孔流出的材料数量和喷头的移动速度，使得热熔性材料的温度始终稍高于固化温度，而已成形部分的温度稍低于固化温度，就能保证热熔性材料挤喷出喷嘴后，随即与前一层面熔结在一起。整个零件是在一个可以上下移动的升降工作台 2 上进行的，当制作完一层后升降工作台下降，为下一层制作留出层厚所需的空间。FDM 可以使用很多种材料，任何有热塑特性的材料均可作为其候选材料。

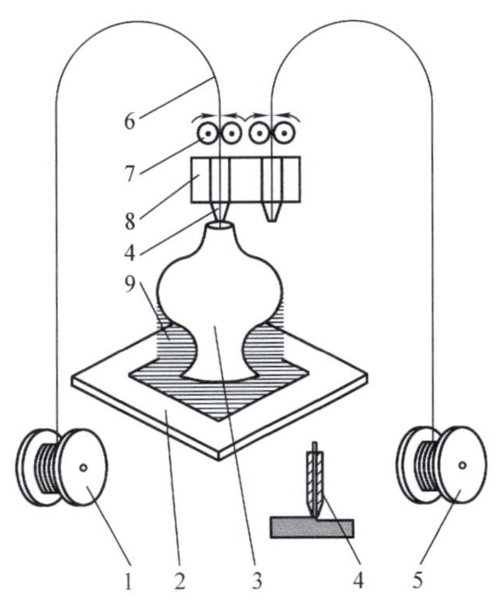

图 8-9 熔融沉积成形法原理图

1—成形材料丝盘 2—升降工作台 3—零件 4—喷嘴 5—支撑材料丝盘 6—丝材 7—送丝机构 8—加热单元 9—支撑材料

FDM 的主要优点是：不用激光，使用、维护简单，成本低，操作环境干净、安全，可在办公室环境下进行，制造速度快，材料的质感与 ABS 塑料（Acrylonitrile Butadiene Styrene plastic）相近，材料收缩率低（约为 0.5% ~0.8%）。适于快速制造小齿轮、小功能件、薄壁小件等，用蜡成形的零件原型可直接用于失蜡铸造；用 ABS 工程塑料制造的原型则具有较高强度，在产品设计、测试与评估等方面得到广泛应用。

FDM 工艺的加工温度根据所用丝材的不同而有所不同，一般为 80 ~ 250℃，材料的收缩率必然会引起尺寸误差，同时会产生热应力，导致制件的翘曲变形，因此需要设计支撑结构。

由于是填充式扫描，因此成形时间较长，FDM 工艺适合成形小塑料件。实际应用中，FDM 工艺可采用单喷头工作，也可采用双喷头工作。如果采用双喷头，其中的一个喷头可以专门作为支撑材料喷涂，也可两个喷头各自为成形件的不同材料进行涂覆，达到双材料同时一体成形的效果。

FDM 工艺已广泛应用于汽车、机械、航空航天、家电、医学、玩具等原型或产品的制作，采用 FDM 工艺制作的样件模型如图 8-10 和图 8-11 所示。

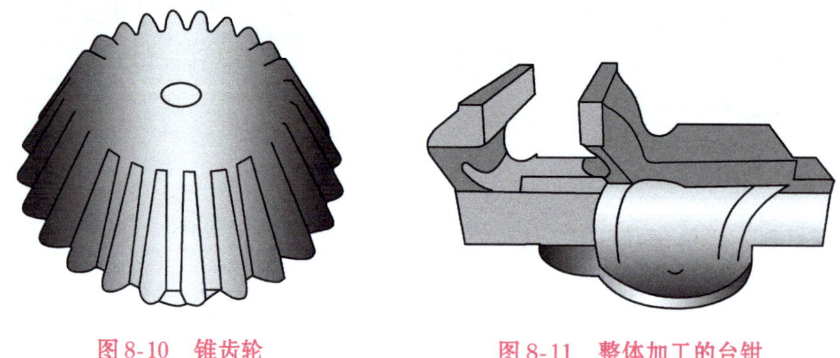

图 8-10　锥齿轮　　图 8-11　整体加工的台钳

复习思考题

8-1　电火花加工的基本原理是什么？

8-2　电火花加工与线切割加工的主要区别是什么？

8-3　线切割加工时，脉冲宽带、脉冲间隔和峰值电流对加工质量有何影响？

8-4　零件轮廓形状、尺寸如图 8-12 所示，用 3B 代码编制线切割加工程序。

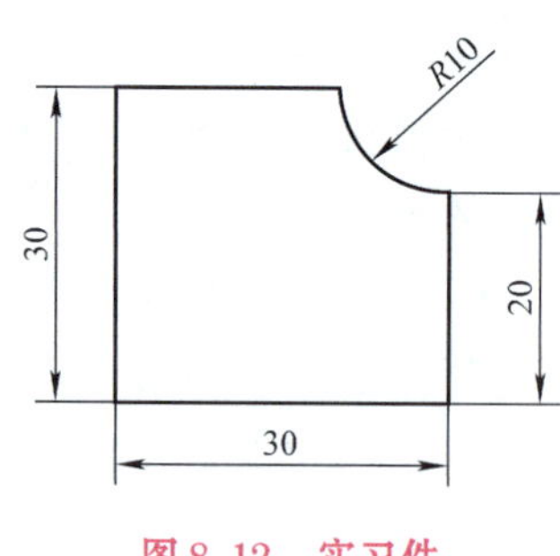

图 8-12　实习件

8-5　激光加工的主要特点是什么？目前有哪些应用？

8-6　常见的快速成形的工艺方法有哪些？

8-7　快速成形加工时设置的层厚对原型件表面质量有无影响？

第9章 电气线路基本知识

本章导读

在科学技术高度发达的时代，人们用电能作通信、计算、控制、检测、驱动、照明、调温等，几乎是无所不能。然而，如何正确使用电能和用好电能是人们孜孜不倦研究和探索的课题。

在日常生活中经常碰到电气和电器两个名词，电气（electrical，electrical power and equipment）是电能的生产、传输、分配、使用和电工装备制造等学科或工程领域的统称。电器（electricity appliance）泛指所有用电器具，从专业角度上来讲，主要指用于对电路进行接通、分断，对电路参数进行变换，以实现对电路或用电设备的控制、调节、切换、检测和保护等作用的电工装置、设备和元件。电器分工业用电器和家用电器，例如变压器、继电器、接触器、电动机等是工业用电器；空调、冰箱、洗衣机等是家用电器。

机和电是一体化的，不可分的，机械设备需要电气控制、驱动，例如机床主轴的转速和转向的控制，由电气线路和驱动电动机实现。电气设备也离不开机械，否则就失去控制对象，而且电气设备本身也包含有机械元素，如铁心、衔铁、螺钉、弹簧、杠杆等。

实训目的与要求

1）了解常用电工工具的功用，会正确使用常用电工工具。

2）了解常用电工材料的性能和应用。

3）了解低压电器的种类、功用和性能。

4）熟悉电气控制线路中电气元件的符号。

5）了解机床的基本电气控制线路。

6）了解安全用电基本知识和常用触电急救方法。

9.1 概述

电气传动和控制是机械制造装备的重要组成部分，电气传动主要由电动机和电气控制线路组成，电气控制线路主要由电气元件和导线组成。电气传动较之于其他传动方式（如机械传动、流体传动）具有效率高、控制容易、节能环保等优点，在机械制造装备和工业产品中应用广泛。

驱动电动机的类型很多，有普通三相交流电动机、步进电动机、直流伺服电动机和交流伺服电动机等，根据机械制造装备的运动形式和要求不同选用不同类型的电动机，根据电动机的类型和功率采用相应的控制方式，控制由各种电气元件组成的电气控制线路实现，保证机械制造装备准确、可靠运行。

从事电气线路安装、维修和调试的人员称为电工。电工利用电工工具和电工材料将电气元件安装在一起，组成各种电路，如照明电路、电机控制电路等。

9.1.1 电工工具

正确使用和维护电工工具，既能提高工作效率和施工质量，又能减轻劳动强度、保证操作安全和延长工具的使用寿命。常用电工工具见表9-1。

表9-1 常用电工工具

名称	简图	用途	使用注意事项
低压验电笔		检查线路和设备外壳是否带电	用手触及尾部金属部分，测电压范围为60～500V
螺钉旋具		紧固或拆卸螺钉	选用合适规格和绝缘性能好的螺丝刀，手不可接触金属杆
钢丝钳		夹持元件、剪切导线	柄部绝缘完好，剪切带电导线时，不得同时剪切两根不同的相线
尖嘴钳		夹持较小元件、剪切细导线	柄部绝缘完好，剪切带电导线时，不得同时剪切两根不同的相线
剥线钳		剥离较细导线绝缘层	不得带电操作
电工刀		剥削较粗电缆、电线绝缘层，削制木制品	不得带电操作，使用时刃口应向外

（续）

名 称	简 图	用 途	使用注意事项
电烙铁		焊接电线接头、元件接点	不得触摸加热元件
万用表		测电压、电流、电阻	转换开关位置应准确，量程应适当

9.1.2 电工材料

常用电工材料主要有导电材料、绝缘材料和磁性材料等。

1. 导电材料

导电材料应具有如下性能：导电性能好（电阻系数小）、有一定的机械强度、不易氧化和腐蚀，容易加工和焊接，并要求价格低廉、资源丰富。金属中导电性能最佳的是银，其次是铜，银的价格比较昂贵，只用于特殊的场合。最常用的导电材料是铜和铝。在某些特殊场合选用金属合金作为导电材料，例如架空线选用强度较高的铝镁硅合金，电热材料选用电阻系数较大、熔点较高、耐热性能好的镍铬合金或铁铬铝合金，熔断丝选用熔点较低的铅锡合金，电光源选用熔点高的导电材料，常用钨丝。

2. 绝缘材料

绝缘材料主要用来隔离带电的或不同电位的导体，使电流能按指定的方向流动。在某些场合下，绝缘材料还起机械支撑、保护导体及防电晕、灭弧等作用。

绝缘材料的主要性能要求是击穿强度高、绝缘电阻大和机械强度高等。常用的绝缘材料有：陶瓷、玻璃、云母、橡胶、木材、胶木、塑料、纸和矿物油。

绝缘材料在使用过程中受热因数的影响，可能会老化。老化后，其绝缘性能下降。

3. 磁性材料

各种物质在外界磁场的作用下，都会呈现不同的磁性，有些物质的磁性强，有些物质的磁性弱。前者为强磁性物质，后者为弱磁性物质。

磁性物质按其特性不同，分为软磁性材料和硬磁性材料（又称永磁材料）。软磁材料又称导磁材料，其主要特点是导磁率高，剩磁弱。

电工用的纯铁、硅钢片、普通低碳钢片都是导磁率高的磁性材料。

9

9.1.3 安全用电

安全用电指在保证人身安全和设备安全的前提下正确地使用电能，或以此为目的所采取的科学措施和手段。

1. 触电种类

人体是导电体，电流通过人体称为触电。当通过人体的电流很小时，人没有感知；当通过人体的电流稍大，电流达到 0.5mA 时，人就会有“麻电”的感觉，当人体通过电流达到 50mA 以上时，会使心脏跳停止跳动，甚至死亡。

触电对人体的伤害按伤害程度分为电击和电伤。电流流过人体，对人体内部器官及神经系统造成破坏乃至死亡，称为电击。电流流过人体表皮，造成局部伤害，称为电伤。电伤有电灼伤、电烙印和皮肤金属化等。

2. 安全电压

（1）人体电阻　人体电阻直接影响通过人体的电流强度，是决定伤害程度的重要因素。人体电阻值一般为 1000 ~ 2000Ω。

（2）安全电流　人体可以忍受而无致命危险的最大电流，在一般场合可以取 30mA 为安全电流。

（3）安全电压　触电时对人体各部分均不会造成伤害的电压值。从触电安全角度考虑，人体电阻值取 1700Ω，通过人体电流按 30mA 计算，则电压值

$$
\begin{aligned}
U &= 30\text{mA} \times 1700\Omega \\
&= 51000\text{mV} \approx 50\text{V}
\end{aligned}
$$

国际规定 50V 为安全电压，但并非绝对安全。我国规定 36V、24V 和 12V 三个电压等级为安全电压级别，不同场合选用不同等级的安全电压。常用安全电压为 36V 和 24V，绝对安全电压 12V。经常接触的用电设备，应按规定使用安全电压，如机床照明灯。

3. 触电急救

抢救者动作迅速、救护方法合理，可减轻或消除触电伤害。一旦发生触电事故，抢救者必须保持冷静，首先应尽快使触电者脱离电源，如拉闸断电、剪短电源线、拉触电者的衣服使其脱离带电体。并立即现场采取人工呼吸和人工胸外挤压心脏等急救措施，同时迅速拨打急救电话，通知医院救护。

9.2 常用低压电器

9.2.1 低压电器的作用与分类

低压电器是指工作在交流 1200V 或直流电压 1500V 以下的电路中，起通断、控制、保护、切换和调节作用的电器。

按低压电器在电气线路中所处的地位和作用，可分为两大类：

1. 低压配电器

9

在低压输配电系统或动力装置中，用来进行电能分配、接通和分断的电器以及保护配电线路的电器称为低压配电器。要求低压配电器工作可靠、动作准确、热稳定性和电动力稳定性好。常用的低压配电器有刀开关、转换开关、熔断器和低压断路器等。

2. 低压控制器

在电力传动系统及各类控制设备与系统中，对电动机进行控制、调节与保护的电器称为低压控制器。低压控制器要求工作可靠、动作准确、体积小、质量轻、寿命长、工作效

率高。

9.2.2　开关型电器

开关型电器的功能是接通、分断电路。开关型电器带负载切断电路时，产生很大的响声和电弧。电弧能量很大，温度可高达 2000 ~ 3000℃，可烧坏触头。因此，开关型电器必须快速安全灭弧。灭弧装置的工作原理是拉长电弧或增大冷却面。

1. 刀开关

刀开关广泛应用于各种低压配电线路中，作为电源隔离开关，也可用于不频繁地接通和分断电路。刀开关有多种形式，如闸刀开关、刀形转换开关、开启式负荷开关和封闭式负荷开关等。图 9-1 所示为胶盖闸刀开关及电气符号。刀开关的额定电压通常为 250V 和 500V，额定电流在 60A 以下。

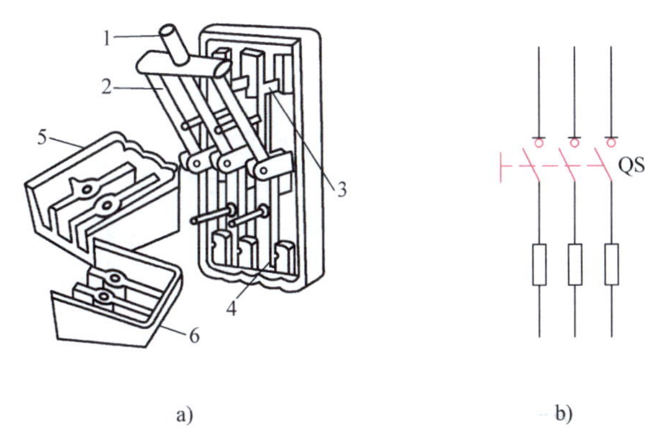

图 9-1　胶盖闸刀开关

a）结构图示意图　b）电气符号

1—瓷质手柄　2—闸刀　3—静触点　4—装熔丝接点　5—上胶盖　6—下胶盖

2. 组合开关

组合开关又称转换开关，常用作电源引入开关，也可直接起动和停止小容量笼式电动机，也可控制电动机的正、反转。图 9-2 所示为 HZ10 系列组合开关及电气符号。

3. 自动开关

自动开关又称自动空气开关或自动空气断路器，具有开关功能，又具有过载、断路和失压保护功能。也可作为小容量、不频繁起动电动机的控制电器。常用的自动开关有 DZ、DW 等系列。低压断路器结构及工作原理如图 9-3 所示。

自动空气开关主要由触点、操作机构、灭弧系统和脱扣器等组成。自动空气开关的三个主触头 1 接在三相主电路中。在正常情况下，由锁键 2 和搭钩 3 组成的脱扣机构锁住，主触头 1 保持接通状态。当电路发生短路、过载或欠压等不正常情况时，脱扣器将自动脱扣而切断电路，以实现保护作用。如图 9-3 所示，一旦发生短路事故时，与主电路串联的过电流脱扣器 7 的线圈（图中仅画一相）就会产生很大的电磁吸力，把衔铁 9 吸合，推动杠杆 5，从而顶开脱扣机构，使主触头分断。而当电网电压严重下降或全部消失时，欠压脱扣器 8 的线圈失电，衔铁 10 释放，也顶开脱扣机构使主触头分断。当过载时，由于热脱扣器的双金属片 12 弯曲，同样将脱扣器顶开，使主触头分断。

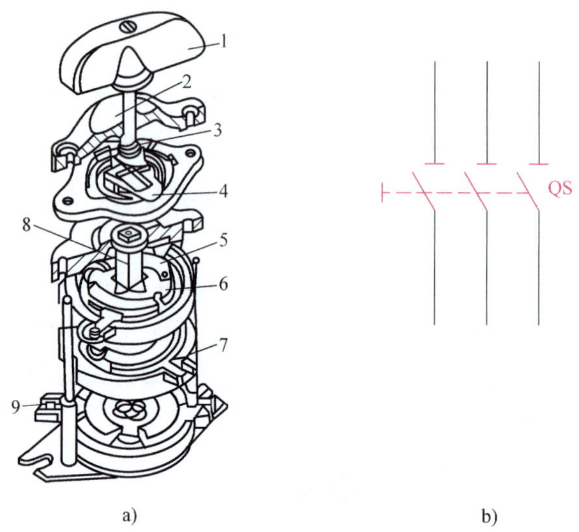

图 9-2 HZ10 型组合开关结构示意图及电气符号

a）结构示意图 b）电气符号

1—手柄 2—转轴 3—弹簧 4—凸轮 5—绝缘垫

6—动触点 7—静触点 8—绝缘方轴 9—接线柱

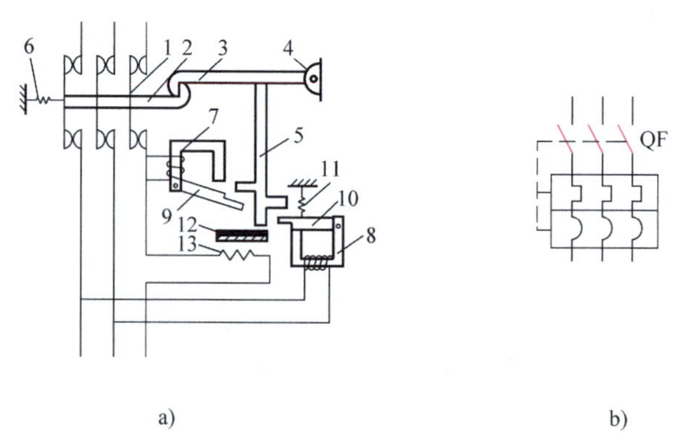

图 9-3 自动空气开关

a）原理图 b）电气符号

1—主触头 2—锁键 3—搭钩 4—轴 5—杠杆 6—弹簧 7—过电流脱扣器

8—欠电压脱扣器 9、10—衔铁 11—弹簧 12—双金属片 13—热电阻

4. 熔断器

熔断器是用来进行短路或过载保护的器件，当电路发生短路或严重过载时，通过熔断器熔体的故障电流很大，熔体被自身产生的电阻热熔断而自动分断电路，起到保护作用。

常用的熔断器有：RC 系列插入式熔断器、RM 系列无填料封闭管式熔断器、RL 系列螺旋式熔断器和 RS 系列快速熔断器。

熔断器的熔体有熔丝和熔片两种，一般用易熔合金制成。电流在 30A 以上的电路中，熔断器的熔体多采用熔片。

图 9-4a、b 分别为 RC 插入式熔断器和 RL 螺旋式熔断器，图 9-4c 为熔断器电气符号。

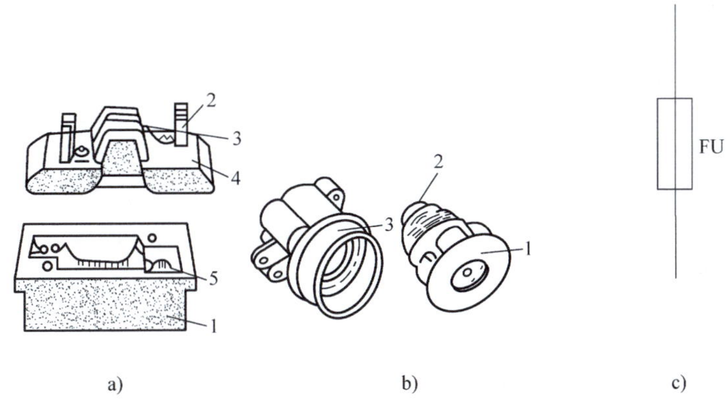

图 9-4　熔断器

a）RC 系列瓷插入式熔断器

1—瓷底座　2—动触头　3—熔丝　4—瓷插件　5—静触头

b）RL 系列螺旋式熔断器

1—瓷旋帽　2—熔丝芯　3—瓷护圈

c）熔断器符号

9.2.3　主令电器

主令电器是用于发布控制命令的电器。主令电器主要有控制按钮、万能转换开关、行程开关、主令控制器和无触点开关等。

1. 控制按钮

控制按钮是一种手动发出控制指令的控制器，只能短时通断 5A 及以下的小电流。按触头结构和用途分为起动按钮（常开按钮）、停止按钮（常闭按钮）和复合按钮。

起动按钮具有动合触头（即未按下时，它的动、静触头是分离的）。当按下按钮时，动、静触头接通。手松开时，靠弹簧的作用力使动、静触头分开，称为复位。

停止按钮具有动静触头（即未按下时，它的动、静触头是接通的），当按下按钮时，动、静触头分开。手松开时，靠弹簧的作用力使动、静触头闭合而接通。

复合按钮具有常闭触头和常开触头，如图 9-5 所示。按下复合按钮，先断开常闭触头，后接通常开触头。复位时，先断开常开触头，后闭合常闭触头。按钮的图形符号如图 9-6 所示。

2. 万能转换开关

万能转换开关是一种多档位、多段式、控制多回路的主令电器，用于控制线路的转换、电气测量仪表的转换，以及配电设备的远距离控制，也可用于小功率电动机的起动、制动、换向及变速控制。转动操作手柄时，带动开关内部的凸轮转动，从而使触点按规定顺序闭合或断开。图 9-7 所示为万能转换开关的结构示意图和电气符号图。

图 9-5 复合按钮

1、2—常闭静触点 3、4—常开静触点 5—动触点 6—按钮帽 7—复位弹簧

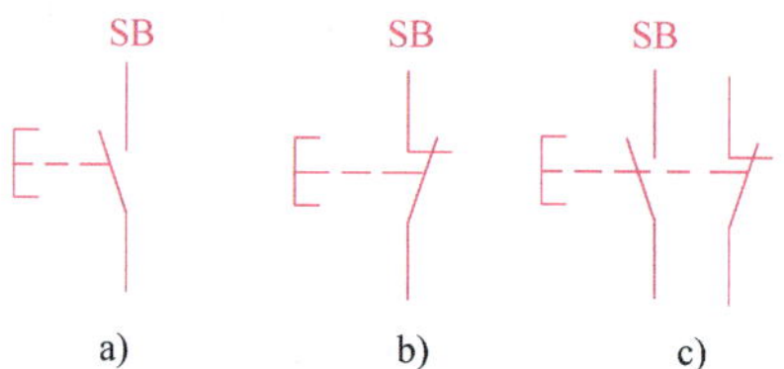

图 9-6 按钮的图形符号

a）常开按钮 b）常闭按钮 c）复合按钮

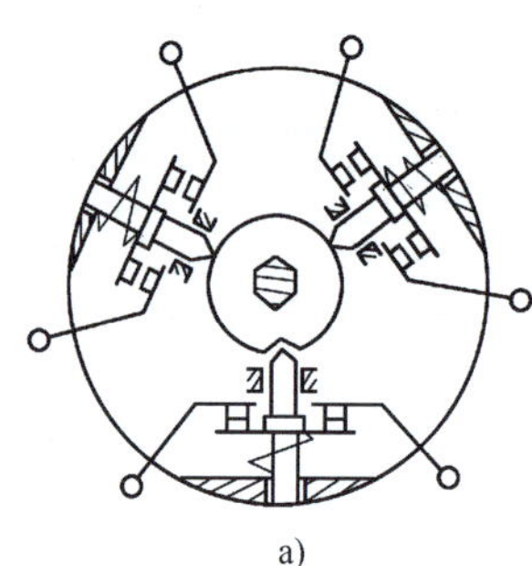

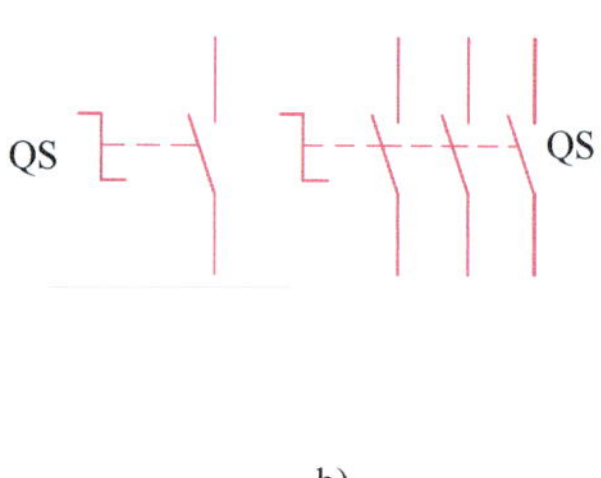

b)

图 9-7 万能转换开关

a）结构示意图 b）电气符号图

3. 行程开关

行程开关是一种将机械信号转换为电气信号，以控制运动部件位置或行程的自动控制电器，又称限位开关，是一种常用的小电流主令电器。行程开关主要用于控制电动机的正、反转，实现工作台的自动往返，或作为终端保护、制动与变速等的控制器。图 9-8 和图 9-9 分别为行程开关外形图和结构示意图。

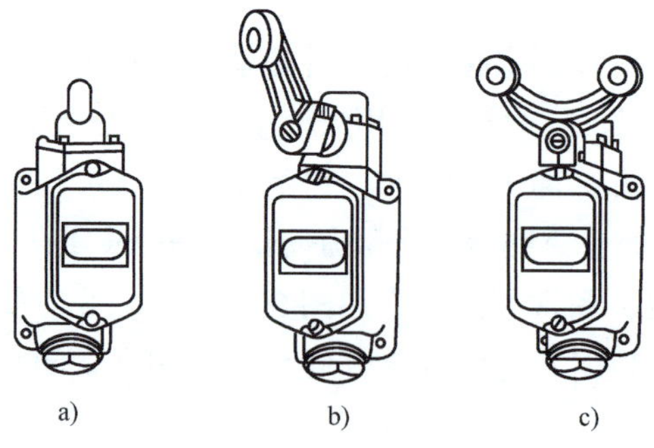

图 9-8 行程开关外形图

a）直动式 b）单轮转动 c）双轮转动

开关的动作原理与按钮类似，不同之处是行程开关由运动部件上的撞块来碰撞其推杆，使行程开关的触点动作。图 9-10 为行程开关的电气符号图。

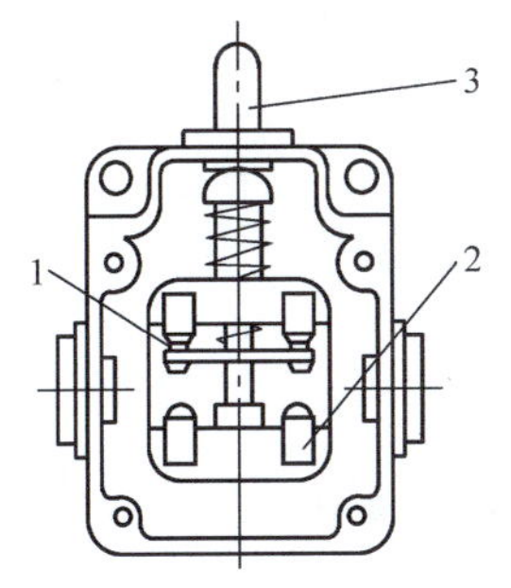

图9-9　行程开关结构示意图

1—动触点　2—静触点　3—推杆

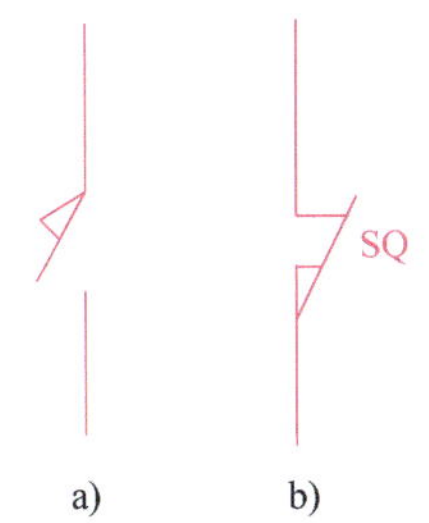

图9-10　行程开关电气符号图

a）动合（常开）触头　b）动断（常闭）触头

9.2.4　接触器

接触器是用来频繁接通或切断较大负载电流电路的一种电磁式控制电器。其主要控制对象是电动机或其他电器设备。按其主触头通断电流的种类，接触器可以分为直流接触器和交流接触器。交流接触器主要由电磁系统、触头系统、灭弧装置和支架等部分组成，其工作原理如图9-11所示。未通电时的状态称为常态，常态时，动静触头相互分开的称为常开触头，相互闭合的触头称为常闭触头。在交流接触器线圈5通电后，衔铁3被吸合，固定在动铁心上的动触点1与固定在壳体上的静触点2紧密接触，从而使各个常开触点都闭合，各个常闭触点都分断。在线圈失电后，在复位弹簧4的作用下，衔铁和所有动触点都恢复到常态。

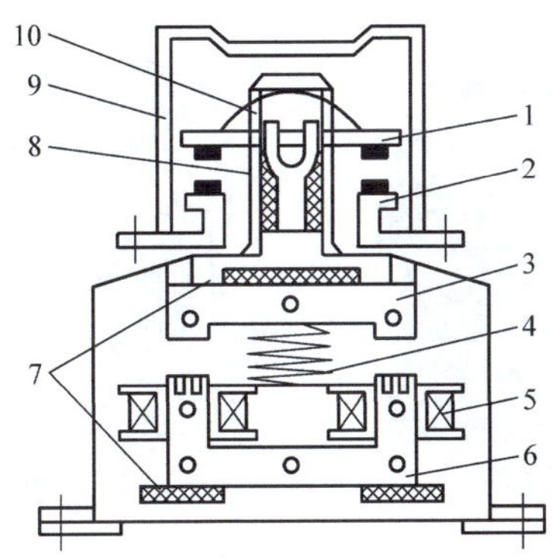

图9-11　CJ20-63型交流接触器的工作原理图

1—动触点　2—静触点　3—衔铁　4—复位弹簧　5—电磁线圈

6—铁心　7—毡垫　8—触点弹簧　9—火弧罩　10—触点压力簧片

交流接触器的主要优点是结构简单、控制容量大、过载能力强、动作快、操作方便、便于远距离控制，广泛应用于电动机、电热、机床等设备的控制电路中。其缺点是噪声偏大、寿命短，只能通短负荷电流，不具备其他保护功能，需与熔断器、热继电器等配合使用。交流接触器的电气符号图如图9-12所示。

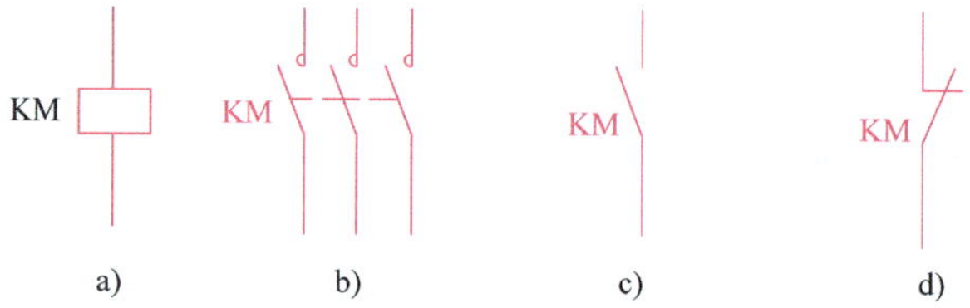

图 9-12 交流接触器的电气符号图

a）线圈 b）主触点 c）常开触点 d）常闭触点

9.2.5 继电器

继电器是根据电流、电压、时间、速度、温度等信号来接通或断开控制电路，实现远距离自动控制和保护的电器。继电器的种类很多，常用的继电器有中间继电器、时间继电器和热继电器。电磁式继电器的一般电气符号如图 9-13 所示。

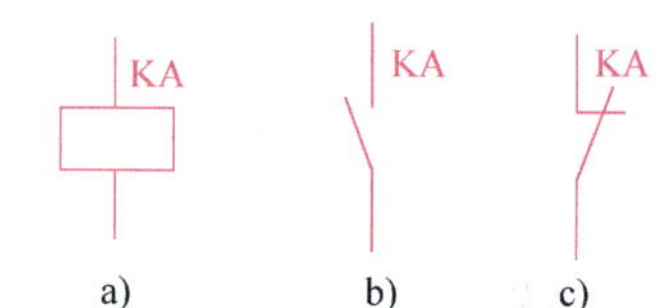

图 9-13 电磁式继电器的一般电气符号

a）线圈 b）常开触点 c）常闭触点

1. 中间继电器

中间继电器有多个接点，且接点额定电流不大于 5A。在继电保护中，常利用中间继电器同时接通、断开多个独立回路，中间继电器如图 9-14 所示。

JZ-7 系列中间继电器工作原理和交流接触器工作原理相似，具有四对常开触点和四对常闭触点，瞬时动作，其动作时间不大于 0.05s，接点的开断容量可达 110VA，在控制线路中被大量使用。

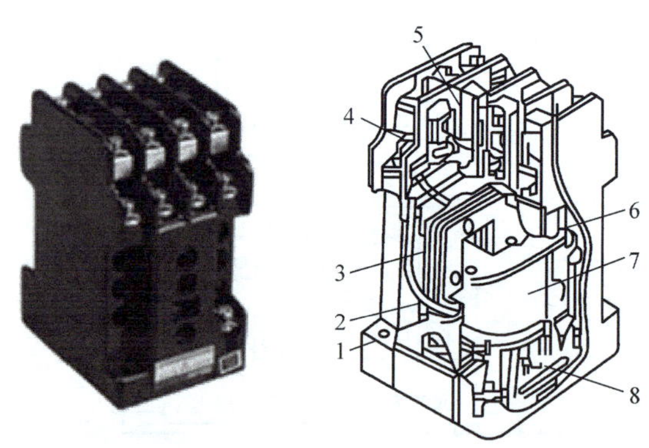

图 9-14 JZ-7 中间继电器

1—静铁心 2—短路开关 3—动铁心 4—动合触点 5—动断触点 6—复位弹簧 7—线圈 8—作用弹簧

2. 时间继电器

时间继电器是按照所规定的时间间隔的长短来切换电路的自动电器。它的种类很多，常用的有空气阻尼式时间继电器。空气阻尼式时间继电器又分为通电延时型和断电延时型。通电延时型是指时间继电器接收到电信号后，等待一段时间，时间继电器的触头延时动作（即动合触头闭合，动断触头断开）；当电信号取消（断电），其触头立即复原（即动合触头断开，动断触头闭合）。而断电延时型是指时间继电器接收到电信号后，其触头立即动作；当电信号取消（断电）后，等待一段时间，其触头延时复原。空气阻尼式时间继电器 JS7 外形如图 9-15 所示。

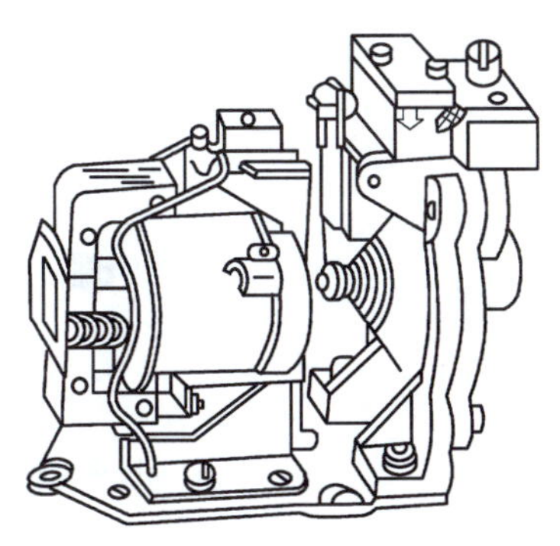

图 9-15　JS7 时间继电器外形图

图 9-16 所示为 JS7—A 型空气阻尼式时间继电器结构示意图，它是利用空气的阻尼作用而产生动作延时的，主要由电磁系统、触点、气室和传动机构组成。当吸引线圈 1 通电时，衔铁 4 就被吸下，使铁心与活塞顶杆 6 之间有一段距离，在释放弹簧 7 的作用下，活塞顶杆 6 就向下移动。由于在活塞 12 上固定有一层橡皮膜 9，当活塞向下移动时，橡皮膜上方空气变稀薄，压力减小，而下方的压力加大，限制了活塞顶杆 6 下移的速度。只有当空气从进气孔进入时，活塞杆才继续下移，直至压下杠杆 15，使微动开关 13 动作。可见，从线圈通电开始到触点（微动开关）动作需要经过一段时间，此即继电器的延时时间。旋转调节螺钉 10，改变进气孔的大小，就可以调节延时时间的长短。线圈断电后复位弹簧 3 使橡皮膜上升，空气从单向排气孔迅速排出，不产生延时作用。这类时间继电器称为通电延时式继电器，它有两对通电延时的触点，一对是微动开关 13，一对是延时触头 16，此外还可装设一个具有两对瞬时动作触点的微动开关。该空气式时间继电器经过适当改装后，还可成为断电延时式继电器，即通电时它的触点动作，而断电后要经过一段时间它的触点才能复位。时间继电器电气符号图如图 9-17 所示。

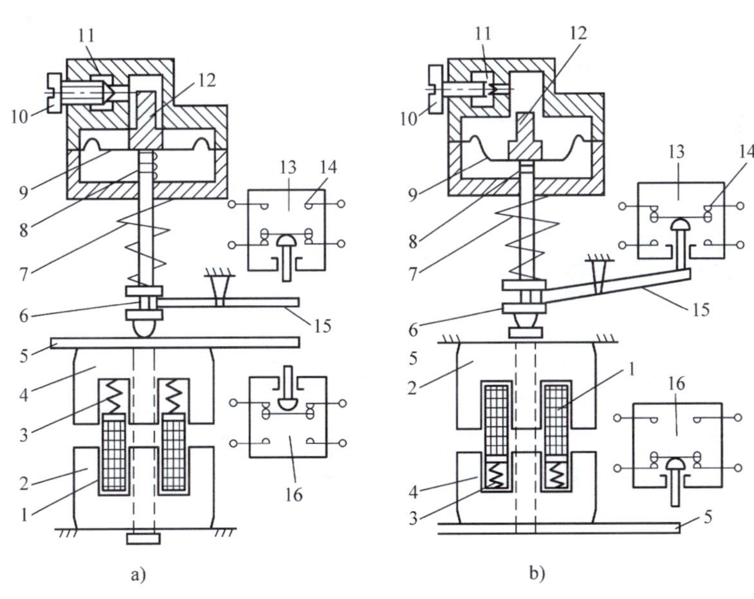

图 9-16　JS7—A 型空气阻尼式时间继电器结构示意图

a）通电延时型　b）断电延时型

1—线圈　2—静铁心　3、7、8—弹簧　4—衔铁　5—推板　6—顶杆　9—橡皮膜
10—螺钉　11—进气孔　12—活塞　13、14—微动开关　15—杠杆　16—延时触头

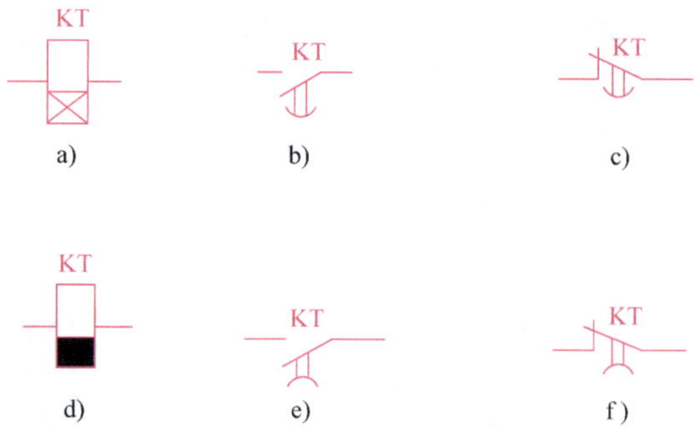

图 9-17　时间继电器的电气符号图

a）通电延时线圈　b）延时闭合常开触点　c）延时断开常闭触点

d）断电延时线圈　e）延时断常开开触点　f）延时闭合常闭触点

3. 热继电器

热继电器是感受热量而动作的电器，通常用来使电动机（或其他负载）免于过载而损坏，所以它是一种过载保护的具有两种具有不同膨胀系数的金属辗压而成。常闭触头串联在控制电路中，即与接触器的吸引线圈串联。热继电器的外形、结构、电气符号如图 9-18 所示。图 9-18b 中，1 是发热元件（电阻丝或电阻片），串联在电动机的主电路中，2 是双金属片，当主电路中的电流正常时，流过发热元件的电流所产生的热量不会使热继电器动作，常闭触头是闭合的。当电动机过载时，发热元件中通过的电流超过了其额定值，经过一定时间后，发热元件产生过量的热，使双金属片的温度升高。由于双金属片中右面的一片热膨胀系数比左面要小，因而双金属片向右弯曲，推动绝缘导板 3，带动补偿片 4 和推杆 5，使常闭动触头 6 与静触头 7 分断，从而断开了电源，达到过载保护的目的。双金属片冷却后，热继电器的常闭触头重新闭合；也可按下它的复位按钮，使常闭触头复位。

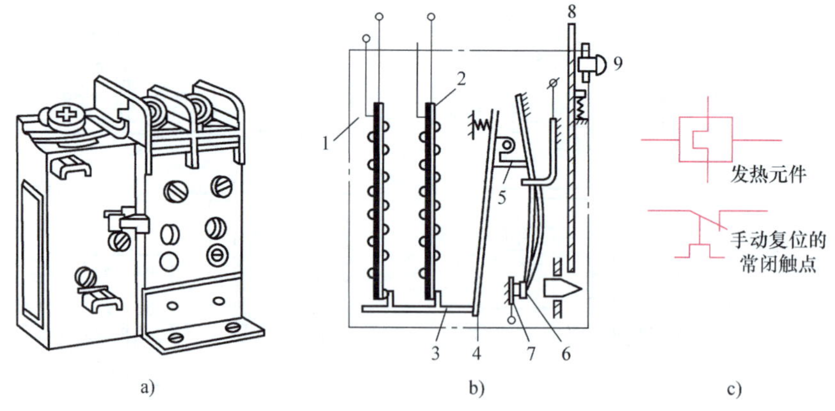

图 9-18　热继电器

a）外形图　b）动作原理图　c）电气符号

1—发热元件　2—主金属片　3—导板　4—补偿片　5—推杆

6—动触头　7—静触头　8—复位按钮　9—调节装置

9.3　机床控制电路

9.3.1　机床控制基本要求

机床控制线路是按机床的控制要求，选取接触器、继电器等电器元件，用导线按一定方式连接起来，组成的控制线路。其作用是实现机床的启动、调速、停止、正反转和制动，并对机床进行保护。以最简单的控制线路实现最可靠的保护是机床控制的基本要求。

电气控制线路的工作原理可用电气原理图来表示，它不考虑电气设备和电气元件的实际结构和安装情况，用国家标准规定的图形符号和文字表示所用的电气元件及控制方式，并表示电器元件在无电压、无外力作用时的正常状态。

不同制造装备的电气控制有不同的电气控制线路，这些控制线路不论是简单还是复杂的，一般是由一些基本控制环节组成的。在分析线路原理和判断其故障时，一般都是从基本控制环节入手。因此，掌握基本电气控制线路，对制造装备的整个工作过程的正确理解是必要的。

9.3.2　单向点动控制线路

单向点动控制线路如图 9-19 所示，当电动机需要单向点动控制时，先合上电源开关 S，然后按下启动按钮 SB，接触器 KM 线圈得电吸合，KM 动合主触头闭合，电动机 M 启动运转。当松开按钮 SB 时，接触器 KM 线圈失电释放，KM 动合主触头断开，电动机 M 断电停转。

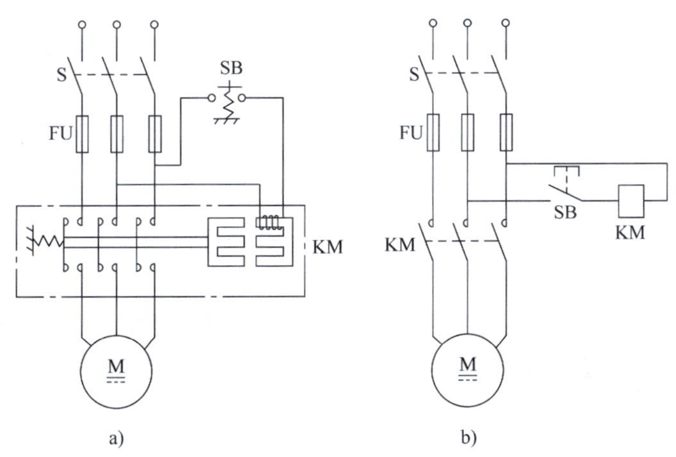

图 9-19　单向点动控制线路

a）接线示意图　b）电气原理图

9.3.3　单向起动和连续运转控制电路

电动机的单向连续运行控制电路如图 9-20 所示。

9

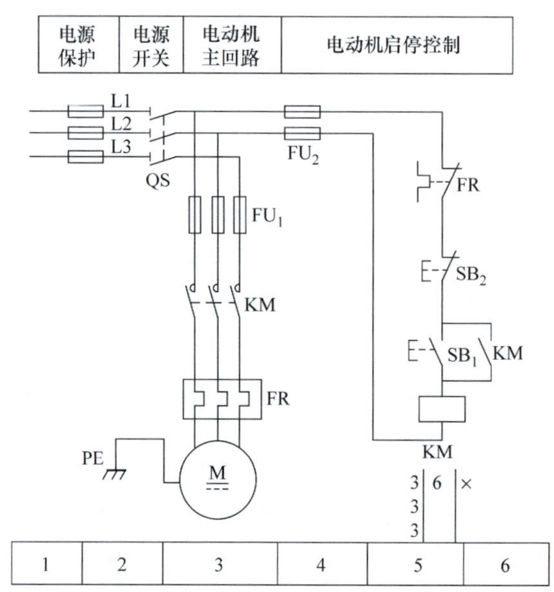

图 9-20 简单的启停、保护电气控制线路

(1) 起动过程　按下起动按钮 SB_1，接触器 KM 线圈通电，与 SB_1 并联的 KM 的辅助常开触点闭合，以保证松开按钮 SB_1 后 KM 线圈持续通电，串联在电动机回路中的 KM 的主触点持续闭合，也称自锁，电动机连续运转，从而实现连续运转控制。

(2) 停止过程　按下停止按钮 SB_2，接触器 KM 线圈断电，与 SB_1 并联的 KM 辅助常开触点断开，以保证松开按钮 SB_2 后 KM 线圈持续失电，串联在电动机回路的主触点持续断开，电动机停转。与 SB_1 并联的 KM 的辅助常开触点的这种作用称为自锁。

图 9-20 所示控制电路还可实现短路保护、过载保护和零压保护。

1）短路保护的是串接在主电路中的熔断器 FU。一旦电路发生短路故障，熔体立即熔断，电动机立即停转。

2）过载保护的是热继电器 FR。当过载时，热继电器的发热元件发热，将其常闭触点断开，使接触器 KM 线圈断电，串联在电动机回路中的 KM 的主触点断开，电动机停转。同时 KM 辅助触点也断开，解除自锁。故障排除后若要重新起动，需按下 FR 的复位按钮，使 FR 的常闭触点复位（闭合）即可。

3）零压（或欠压）保护的是接触器 KM 本身。当电源暂时断电或电压严重下降时，接触器 KM 线圈的电磁吸力不足，衔铁自行释放，使主、辅触点自行复位，切断电源，电动机停转，同时解除自锁。

9

9.3.4 正反转控制线路

制造装备的运动部件一般都具有正、反两个方向运动，驱动电动机的正、反转控制也是必需的。接触器联锁正、反转控制线路的基本原理是将接至电动机三相电源进线中任意两相接线对调，即可实现电动机反转。

接触器联锁正反转控制线路如图 9-21 所示，在 KM_1 和 KM_2 线圈各支路中相互串联一个动断辅助触头，以保证接触器 KM_1 和 KM_2 的线圈不会同时通电。KM_1 和 KM_2 这两个动断辅助触头在线路中起联锁作用，这两个动断触头就叫联锁触头（又称互锁触头）。

正转控制时，按下 SB_2，接触器 KM_1 线圈得电吸合，使 KM_1 主触头闭合，电动机 M 启动正转，同时自锁触头 KM_1 闭合、联锁触头 KM_1 断开。

反转控制时，必须先按停止按钮 SB_3，接触器 KM_1 线圈失电释放，KM_1 触头复位，电动机 M 断电停转；然后按下反转按钮 SB_1，接触器 KM_2 线圈得电吸合，KM_2 主触头闭合，电动机 M 启动反转，同时自锁触头 KM_2 闭合，联锁触头 KM_2 断开。

这种电路要改变电动机的转向，必须先按停止按钮 SB_3，再按反转按钮 SB_1 才能使电动机反转。因此称“正-停-反”控制线路。

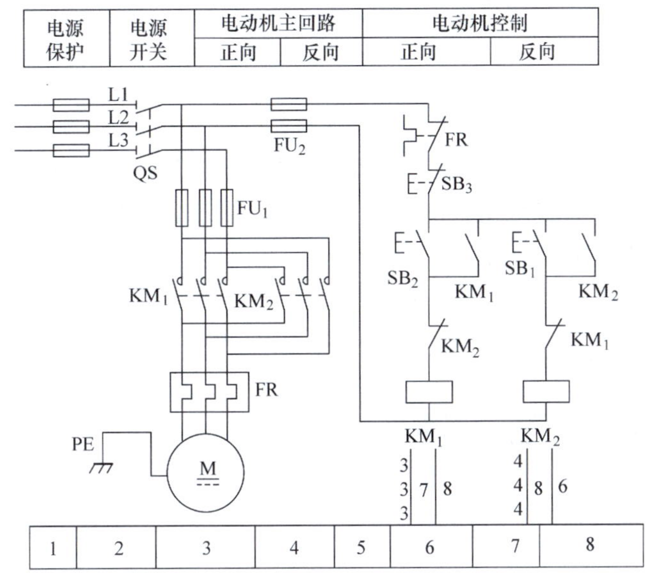

图 9-21　接触器连锁正反转控制线路

复习思考题

9-1　常用电工工具有哪些，各有什么用途？

9-2　常用的导电材料有哪些？

9-3　常用绝缘材料有哪些？

9-4　防止触电的安全电压是多少？人体触电后如何急救？

9-5　开关型电器起何作用？常用开关型电器有哪几种？

9-6　主令电器起何作用？常用主令电器有哪几种？

9-7　行程开关常用在什么场合？

9-8　交流接触器由哪几部分组成？其工作特点是什么？

9-9　继电器起何作用？常用继电器有哪几种？

9-10　机床控制线路常用到哪些电器器件？

第10章 实习件制作

本章导读

工程训练教学目标旨在帮助学生正确掌握材料的加工方法，了解机械制造的工艺过程和新工艺以及新技术的应用等。在工程训练过程中，学生通过实习件制作，可以将各工种所学知识有机串联起来，获得初步的操作技能，较为完整的工艺步骤，进而树立工程意识，培养分析和解决实际问题的能力。

实训目的与要求

1）正确识读简单机械零件工程图。

2）综合运用工程训练所学知识和技能独立制作实习件。

10.1 概述

实习件制作的目的是综合运用工程训练所学知识和技能制作简单的器具，通过实习件的制作，了解机械产品的制造过程，培养学生的工程意识。

适合作实习件的器具很多，如蜡烛台、台灯、哑铃、台虎钳和手锤等，如图10-1所示。

a)

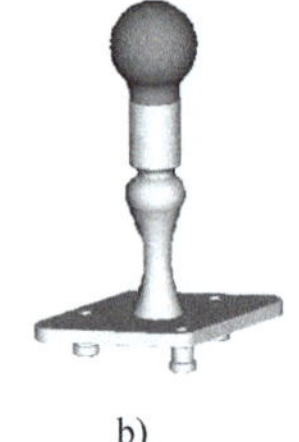

b)

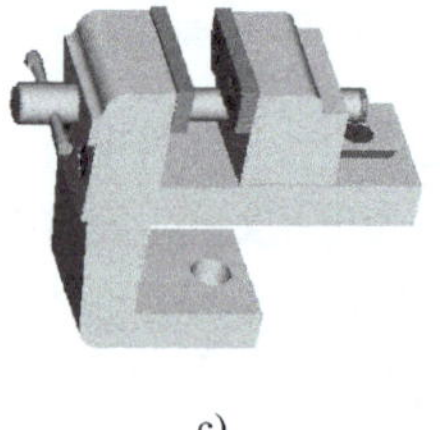

c)

d)

图10-1 实习件种类

a）蜡烛台 b）台灯 c）台虎钳 d）手锤

本章选用锤子作为实习件，锤子主要用于打击坯料、楔、钉子等。其工作原理是根据动量定理：$mv_2 - mv_1 = Ft$，将锤子的动量转变为打击力，打击力 F 的大小与锤子的质量 m、初始速度 v_1 和作用时间 t 有关（终止速度 $v_2 = 0$）。锤子按材质分为铁锤和木锤，按打击对象分为抡锤和手锤等。

10.2　手锤工程图

10.2.1　手锤三维图

手锤是由锤头和锤柄两个零件组成，根据锤头和锤柄的制作工艺和形状不同，可分为车削手锤、羊角手锤和鸭嘴手锤等，其三维图如图 10-2 所示。车削手锤车工一个工种即可加工完成，羊角手锤和鸭嘴手锤则需要多个工种的加工。本章主要介绍鸭嘴手锤（以下简称手锤）实习件的制作过程。

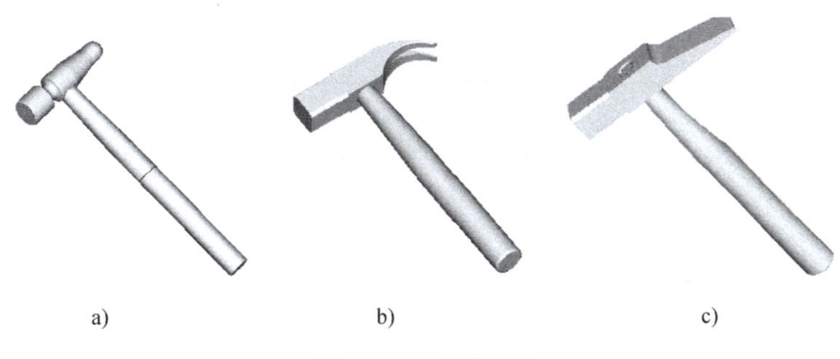

图 10-2　手锤种类

a）车削手锤　b）羊角手锤　c）鸭嘴手锤

10.2.2　锤头和锤柄的二维图

在机械设计、制造过程中，需要用图样来准确表达零部件的形状和尺寸。因此，图样是产品设计、生产、使用全过程信息的集合，是工程制造的“技术语言”。三维图虽然能给人以直观的图象，但表达的信息不完整，不能直接用于制造。零件的二维图是根据三维图绘制的，它能完整地表达零件的形状、尺寸、公差、材料和技术要求信息，零件的二维图是零件制造所必须的。

一张完整的二维图一般由图幅、标题栏、图形、尺寸、公差和技术要求等信息组成。锤头和锤柄的二维图如图 10-3 所示。

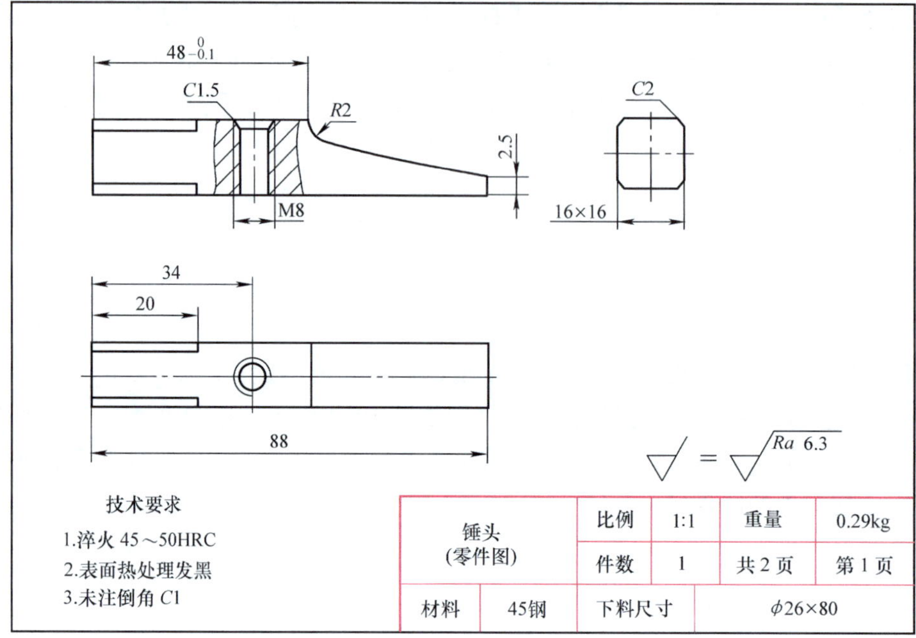

技术要求

1.淬火 45～50HRC

2.表面热处理发黑

3.未注倒角 C1

锤头 (零件图)		比例	1:1	重量	0.29kg
		件数	1	共 2 页	第 1 页
材料	45钢	下料尺寸		ϕ26×80	

a)

滚花

ϕ8

M8

ϕ14

15

20

88

148

$\sqrt{}$ = $\sqrt{Ra\ 6.3}$

技术要求

1. 表面热处理发黑

2. 未注倒角 C1

锤柄 (零件图)		比例	1:1	重量	0.24kg
		件数	1	共 2 页	第 2 页
材料	Q235	下料尺寸		ϕ16×152	

b)

图 10-3 手锤二维图

a）锤头二维图 b）锤柄二维图

10.3　手锤制作工艺

机械加工工艺是指用机械加工方法，按一定的程序直接改变毛坯的形状和尺寸，使之成为符合图样要求的零件过程。

制订零件加工工艺过程的一般步骤是：对零件图样进行分析，选择毛坯，拟订工艺路线，选择加工方法、设备和工艺装备，安排加工顺序，确定各工序的加工余量、工艺尺寸、切削用量，填写工艺文件等。

手锤的制作包括锤头的制作和锤柄的制作。

10.3.1　锤头加工工艺

锤头的加工工艺过程是：选择毛坯（锻造）→铣工加工（四个表面）→钳工加工（锉端面、划线、加工斜面、钻孔、攻螺纹、倒角）→热处理（淬火、发黑）。

1. 选择毛坯

从锤头的二维图可知，锤头零件是一长方体，毛坯制作有两种方式：

（1）锻造　将圆钢进行加热，到始锻温度时，锻造拔长为长方体毛坯。

（2）选购方钢　方钢尺寸等于零件尺寸＋加工余量。

2. 铣工加工

铣工是将锤头四个表面加工至零件尺寸，可在卧式铣床上用圆柱形铣刀加工或在立式铣床上用立铣刀加工。采用铣床上配备的平口钳进行夹紧，如图10-4所示。

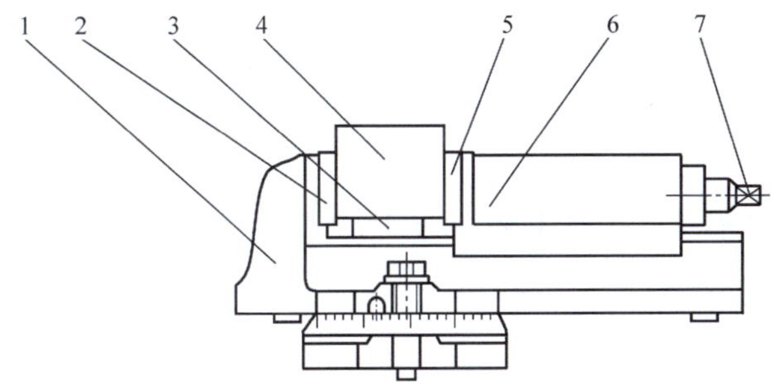

图10-4　锤头毛坯装夹示意图

1—钳体　2—固定钳口　3—垫铁　4—锤头毛坯
5—活动钳口　6—活动钳身　7—丝杠方头

装夹加工方法：

1）将锤头毛坯4放入钳口（注意垫铁3宽度尺寸应小于锤头加工后的宽度尺寸），转动丝杠方头7夹紧毛坯，用铣刀加工毛坯向上的表面（铣平即可，达到表面粗糙度要求）。

2）松开钳口，取出毛坯，将加工过的表面对准固定钳口2，再次夹紧用铣刀加工向上的表面（铣平，达到表面粗糙度要求）。

3）松开钳口，取出毛坯，将钳口和垫铁上的铁屑清扫干净，再将第二次加工过的表面对准固定钳口 2，微夹紧时，用榔头轻敲毛坯向上表面，使其向下表面与垫铁表面保持接触，再夹紧，用铣刀加工向上的表面，注意测量加工尺寸，保证加工后的上、下表面尺寸和表面粗糙度符合图样要求。

4）重复第三次加工，完成锤头毛坯加工。

注意如加工工件表面有平行度要求，则在第二步骤加工时，应采取适当方法，夹紧时使活动钳口与工件表面为线接触（例如将活动钳口换成刀口钳口，或在工件与活动钳口之间放入一截圆钢），保证平行度公差要求。

3. 钳工加工

（1）锉端面　将铣加工过的锤头毛坯垂直放入台虎钳，使其已加工面分别对应固定钳口和活动钳口，用锉刀将上端面锉平。

（2）划线　按照图样尺寸要求，以已加工面和端面为基准，在划线平台上用游标高度尺、划针和金属直尺画出鸭嘴轮廓线（注意留出最后精加工余量）和 M8 螺纹孔中心线，并在轮廓线上冲样冲眼。

（3）加工斜面　用手锯按照轮廓线锯削锤头斜面，再用平口锉和半圆锉修整至图样尺寸要求。

（4）钻孔、攻螺纹、倒角　根据划线定位尺寸，在台式钻床上钻削 M8 螺纹底孔，在台虎钳上手攻 M8 螺纹，最后按图样要求进行倒角。

4. 热处理

按照热处理加工工艺，对锤头进行淬火和发蓝处理。

10.3.2 锤柄加工工艺

锤柄是回转体，采用车削加工。因尺寸精度要求不高，不再分粗加工、精加工，直接加工到图样尺寸。

锤柄的加工工艺过程是：选择毛坯→车工加工（车表面、钻中心孔、套螺纹、车锥面、滚花）→热处理（发蓝）。

1. 选择毛坯

根据锤柄的图样尺寸，选择毛坯为 $\phi16$ 的圆钢，在车床上进行切断（长度为 126mm）。

2. 车削加工

1）用车床自定心卡盘夹紧毛坯外圆，车外圆至尺寸 $\phi14$，利用车床尾座钻中心孔；

2）取出工件，调头夹紧，车剩余外圆至尺寸 $\phi14$，车一端 $\phi8$ 表面，至端面长度为 20mm，套螺纹 M8，长度 15mm，钻中心孔；

3）毛坯一端用自定心卡盘夹紧，另一端车床尾座顶尖顶紧，车锥面；

4）取出工件，调头夹紧外圆 $\phi14$，另一端车床尾座顶尖顶紧，用滚花刀滚花。

3. 热处理

按照热处理加工工艺，对锤柄进行发蓝处理。

10.3.3 手锤的装配

把热处理好的锤头、锤柄清洗干净，将锤柄外螺纹对准锤头加工出的内螺纹，旋进至紧，即完成手锤的装配，至此，手锤的制作完成。

复习思考题

10-1 简述手锤锤头的加工工艺路线。

10-2 简述手锤锤柄的加工工艺路线。

参考文献

[1] 范培耕. 金属材料工程实习实训教程 [M]. 北京：冶金工业出版社，2011.
[2] 李海越，刘凤臣，管晓光. 机械工程训练：机械类 [M]. 哈尔滨：哈尔滨工程大学出版社，2010.
[3] 王顺兴. 金属热处理原理及工艺 [M]. 哈尔滨：哈尔滨工业大学出版社，2009.
[4] 高正一. 金工实习 [M]. 北京：机械工业出版社，2006.
[5] 李文双，邵文冕，杜林娟. 工程训练：非工科类 [M]. 哈尔滨：哈尔滨工程大学出版社，2010.
[6] 商利容，汤胜常. 大学工程训练教程 [M]. 2 版. 上海：华东理工大学出版社，2010.
[7] 刘天祥. 工程训练教程 [M]. 北京：中国水利水电出版社，2009.
[8] 刘世平，贝恩海. 工程训练（制造技术实习部分）[M]. 武汉：华中科技大学出版社，2008.
[9] 郝兴明，姚宪华. 工程训练：制造技术基础 [M]. 北京：国防工业出版社，2011.
[10] 郭术义. 金工实习 [M]. 北京：清华大学出版社，2011.
[11] 杨有刚，张炜. 工程训练基础 [M]. 北京：清华大学出版社，2012.
[12] 王瑞芳. 金工实习 [M]. 北京：机械工业出版社，2001.
[13] 刘胜青，陈金水. 工程训练 [M]. 北京：高等教育出版社，2005.
[14] 郑红梅. 工程训练（非机械类用）[M]. 北京：机械工业出版社，2009.
[15] 傅水根，李双寿. 机械制造实习 [M]. 北京：清华大学出版社，2009.
[16] 傅水根. 机械制造工艺基础（金属工艺学冷加工部分）[M]. 北京：清华大学出版社，1998.
[17] 周世权，杨雄. 基于项目的工程训练 [M]. 武汉：华中科技大学出版社，2009.
[18] 何国旗，何瑛，刘兆吉. 机械制造工程训练 [M]. 长沙：中南大学出版社，2012.
[19] 丁德全. 金属工艺学 [M]. 北京：机械工业出版社，2000.
[20] 沈晓蕾，李宏. 金工实训与考证 [M]. 北京：中国电力出版社，2012.
[21] 杨和. 车钳工技能训练 [M]. 天津：天津大学出版社，2000.
[22] 王公安. 车工工艺学 [M]. 北京：中国劳动社会保障出版社，2005.
[23] 徐平田. 车工工艺与技能训练 [M]. 北京：中国劳动社会保障出版社，2006.
[24] 张涛. 金工实训教程 [M]. 北京：人民邮电出版社，2012.
[25] 崔明铎. 工程训练通识教程 [M]. 北京：清华大学出版社，2011.
[26] 胡建德. 机械工程训练 [M]. 杭州：浙江大学出版社，2007.
[27] 林建榕. 工程训练 [M]. 北京：航空工业出版社，2004.
[28] 刘胜青. 工程训练 [M]. 成都：四川大学出版社，2002.
[29] 尹显明. 机械制造工程训练教程 [M]. 武汉：武汉理工大学出版社，2008.
[30] 南红艳. 工程训练基础 [M]. 北京：煤炭工业出版社，2007.
[31] 李海越. 机械工程训练 [M]. 哈尔滨：哈尔滨工程大学出版社，2010.
[32] 胡友树，来涛. 数控车床编程、操作及实例 [M]. 合肥：合肥工业大学出版社，2005.
[33] 方沂. 数控机床编程与操作 [M]. 北京：国防工业出版社，1999.
[34] 宋树恢，朱华炳. 工程训练 [M]. 合肥：合肥工业大学出版社，2007.
[35] 王瑞金. 特种加工技术 [M]. 北京：机械工业出版社，2011.
[36] 程胜文，刘红芳. 特种加工技术 [M]. 北京：清华大学出版社，2012.
[37] 李家杰. 数控线切割机床培训教程 [M]. 北京：机械工业出版社，2012.

[38] 周旭光. 特种加工技术 [M]. 西安：西安电子科技大学出版社，2011.
[39] 朱树敏. 电化学加工技术 [M]. 北京：化学工业出版社，2006.
[40] 杨建新. 电切削工（初级、中级、高级）[M]. 北京：机械工业出版社，2013.
[41] 陈继文，杨红娟，范文利. 机械设备电气控制及应用实例 [M]. 北京：化学工业出版社，2013.